線形代数

第2版

上野 健爾 監修
工学系数学教材研究会 編

工学系数学テキストシリーズ

LINEAR ALGEBRA

森北出版

監修の言葉

「宇宙という書物は数学の言葉を使って書かれている」とはガリレオ・ガリレイの言葉である．この言葉通り，物理学は微積分の言葉を使って書かれるようになった．今日では，数学は自然科学や工学の種々の分野を記述するための言葉として必要不可欠であるばかりでなく，人文・社会科学でも大切な言葉となっている．しかし，外国語の学習と同様に「数学の言葉」を学ぶことは簡単でない場合が多い．とりわけ大学で数学を学び始めると高校との違いに驚かされることが多い．問題の解き方ではなく理論の展開そのものが重視されることにその一因がある．

「原論」を著し今日の数学の基本をつくったユークリッドは，王様から幾何学を学ぶ近道はないかと聞かれて「幾何学には王道はない」と答えたという伝説が残されている．しかし一方では，優れた教科書と先生に巡り会えば数学の学習が一段と進むことも多くの例が示している．

本シリーズは学習者が数学の本質を理解し，数学を多くの分野で活用するための基礎をつくることができる教科書を，それのみならず数学そのものを楽しむこともできる教科書をめざして作成されている．企画・立案から執筆まで実際に教壇に立って高校から大学初年級の数学を教えている先生方が一貫して行った．長年，数学の教育に携わった立場から，学習者がつまずきやすい箇所，理解に困難を覚えるところなどに特に留意して，取り扱う内容を吟味し，その配列・構成に意を配っている．本書は特に高校数学から大学数学への移行に十分な注意が払われている．この点は従来の大学数学の教科書と大きく異なり，特筆すべき点である．さらに，図版を多く挿入して理解の手助けになるように心がけている．また，定義やあらかじめ与えられた条件とそこから導かれる命題との違いが明瞭になるように従来の教科書以上に注意が払われている．推論の筋道を明確にすることは，数学を他の分野に応用する場合にも大切なことだからである．それだけでなく，数学そのものの面白さを味わうことができるように記述に工夫がなされている．例題もたくさん取り入れ，それに関連する演習問題も多数収録して，多くの問題を解くことによって本文に記された理論の理解を確実にすることができるように配慮してある．このように，本シリーズは，従来の教科書とは一味も二味も違ったものになっている．

本シリーズが大学生のみならず数学の学習を志す多くの人々に学びがいのある教科書となることを切に願っている．

上野　健爾

まえがき

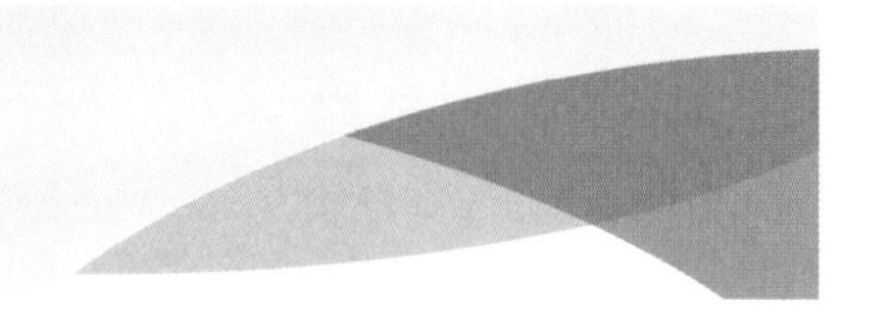

工学系数学テキストシリーズ『基礎数学』,『微分積分』,『線形代数』,『応用数学』,『確率統計』は，発行から７年を経て，このたび改訂の運びとなった．本シリーズは，実際に教壇に立つ経験をもつ教員によって書かれ，これを手に取る学生がその内容を理解しやすいように，教員が教室の中で使いやすいように，細部まで十分な配慮を払った．

改訂にあたっては，従来の方針のとおり，できる限り日常的に用いられる表現を使い，理解を助けるために多くの図版を配置した．また，定義や定理，公式の解説のあとには必ず例または例題をおいて，その理解度を確かめるための問いをおいた．本書を読むにあたっては，実際に問いが解けるかどうか，鉛筆を動かしながら読み進めるようにしてほしい．

本書は十分に教材の厳選を行って編まれたが，改訂版ではさらにそれを進めるとともに，より学びやすいようにいくつかの節の移動を行った．本書によって数学を習得することは，これから多くのことを学ぶ上で計り知れない力となることであろう．粘り強く読破してくれることを祈ってやまない．

線形代数は，数学の骨組みを成す分野である．したがって，線形代数の理解があいまいであれば，数学を活用する上で大きな不安を残すことになる．そのことを考え，私たちはできる限りていねいに本書を書き上げた．本書に取り組むことによって，自分自身のための数学の骨組みをしっかりと築いてくれることを願っている．

改訂作業においても引き続き，京都大学名誉教授の上野健爾先生にこのシリーズ全体の監修をお引き受けいただけることになった．上野先生には「数学は考える方法を学ぶ学問である」という強い信念から，つねに私たちの進むべき方向を示唆していただいた．ここに心からの感謝を申し上げる．

最後に，本シリーズの改訂の機会を与えてくれた森北出版の森北博巳社長，私たちの無理な要求にいつも快く応えてくれた同出版社の上村紗帆さん，太田陽喬さんに，ここに，紙面を借りて深くお礼を申し上げる．

2021 年 12 月

工学系数学テキストシリーズ 執筆者一同

本書について

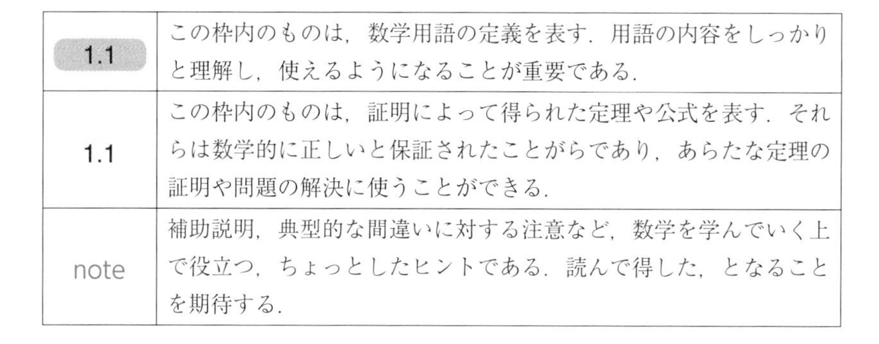

1.1	この枠内のものは，数学用語の定義を表す．用語の内容をしっかりと理解し，使えるようになることが重要である．
1.1	この枠内のものは，証明によって得られた定理や公式を表す．それらは数学的に正しいと保証されたことがらであり，あらたな定理の証明や問題の解決に使うことができる．
note	補助説明，典型的な間違いに対する注意など，数学を学んでいく上で役立つ，ちょっとしたヒントである．読んで得した，となることを期待する．

内容について

◆第1章「ベクトルと図形」では，方向と大きさをもつ量をベクトルとして矢印で表し，その計算や意味について学ぶ．本書では，ベクトルを用いて図形を表す際に，平面上の図形も空間の図形も同時に取り扱う．たとえば，「定まった点からの距離が一定である点の集まり」は平面上では円であるが，空間に舞台を移せば球面を表している．ベクトルを用いると，平面上の円も空間の球面も同じ方程式で扱うことができる．そのような表現がいかに便利であるかをよく味わってほしい．

◆第3節「行列」は，本書の主要なテーマである連立1次方程式についての節である．そこでは，数を長方形に配列した行列とよばれるものの一般的な取り扱いと，その比較的簡単な応用である連立2元1次方程式の解法についてまとめている．そこでは，続く第4，5節で学ぶ内容の基本的な考え方が示されている．説明の細部にわたってしっかりと理解するように心がけよう．

◆第4節で学ぶ「行列式」は，行列の特質を表す1つの数である．行列式は，行列や連立1次方程式の理論と密接に関係している．一般に，行列式はどのようにして定めるのか，行列式にはどんな意味があるのか，ということがわかりにくいようである．本書では，とくにそのことに対して十分な配慮を行った．続く第5節の連立1次方程式の理論とあわせて，行列式のもつ意味をとらえることが大切である．第5節までを読み終わったとき，「行列式の値が0であるとき，あるいは0でないとき，それぞれどのようなことが起こるのか」を明確に答えることができるようになっていてほしい．

◆第6節「線形変換」では，図形の変形について述べている．平面上の線形変換とは，簡単にいえば，正方形を平行四辺形に変形する変換である．ある方向への均質な拡大，回転，対称移動などがそれに当たる．線形変換がどのようなものであるかは行列で表現することができる．線形変換と行列の関係を知ることは，線形変換を理解する上でのキーポイントである．

◆第7節「正方行列の固有値と対角化」で学ぶ行列の対角化は，線形代数のもう1つの主要なテーマである．本書ではその応用として，直交行列による対称行列の対角化，2次曲線の分類などを述べた．さらに，対角化できない行列のジョルダン標準形への変形について，付録Bに収録した．

◆線形代数は，数の組や有向線分で表されるベクトルだけでなく，より広い対象を扱う「ベクトル空間」上の理論である．そこでは「線形変換」は「線形写像」という考え方に発展していく．その概略を第4章で紹介する．

◆数学の理解をより確かなものにするには，多くの問題を解いて学んだ知識を確実に身につける必要がある．そのため本書では，主要な章の終わりには章末問題を設けた．その解答は詳しく，道筋がわかるようにしたので，参照してほしい．

◆数学あるいは数学を用いる学問では，微分積分学と線形代数学がそれぞれの持ち場をもって，さまざまな概念を形成していく．線形代数学は，ともすれば味気なく，形式的なものだと思われがちである．しかし，それだからこそ，いろいろな数学や物理学，工学などの重要な理論的支柱としての役割を果たすことができるのである．線形代数の基本的な考え方は，すべて本書によって培うことができるだろう．計算だけに心を奪われることなく，ここに述べられたひとつひとつのことを着実に理解しながら読み進むことを心がけてほしい．

ギリシャ文字

大文字	小文字	読み	大文字	小文字	読み
A	α	アルファ	N	ν	ニュー
B	β	ベータ	Ξ	ξ	グザイ（クシィ）
Γ	γ	ガンマ	O	o	オミクロン
Δ	δ	デルタ	Π	π	パイ
E	ϵ, ε	イプシロン	P	ρ	ロー
Z	ζ	ゼータ（ツェータ）	Σ	σ	シグマ
H	η	イータ（エータ）	T	τ	タウ
Θ	θ	シータ	Υ	υ	ウプシロン
I	ι	イオタ	Φ	φ, ϕ	ファイ
K	κ	カッパ	X	χ	カイ
Λ	λ	ラムダ	Ψ	ψ	プサイ（プシィ）
M	μ	ミュー	Ω	ω	オメガ

目　次

Chapter 1

ベクトルと図形

1 ベクトル

1.1 ベクトルとその演算

ベクトル　長さや質量，温度などは，それぞれ 1 つの数値で表すことができる．これに対して，たとえば，力を表すには，その作用する方向とその大きさを示す必要がある．また，速度は運動の方向と速さ（速度の大きさ），風の状態は風向（方向）と風力（大きさ）で表される．このように，方向と大きさをもつ量を考え，これを矢印で表す．

平面または空間の 2 点 A, B に対して，A から B へ，という向きが定められた線分を**有向線分** AB という．有向線分 AB は，A から B へ向かう矢印で表し，このとき，点 A を**始点**，点 B を**終点**という（図 1）．有向線分は，その位置に関係なく，方向と大きさだけを考える．すなわち，平行移動によって重ね合わせることができる有向線分をすべて等しいものとしたとき，これを**ベクトル**という．

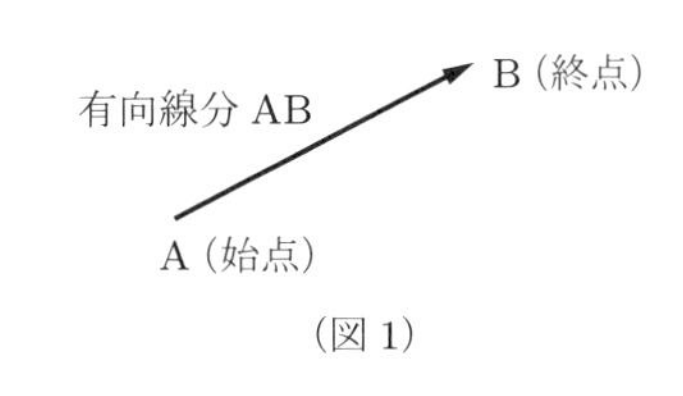

（図 1）

有向線分 AB の表すベクトルを $\overrightarrow{AB}$ とかく．図 2 の有向線分はすべて平行移動によって重ね合わせることができるから，すべて同じベクトルを表す．$\overrightarrow{AB}$ と $\overrightarrow{CD}$ が等しいことを，$\overrightarrow{AB} = \overrightarrow{CD}$ と表す．ベクトルは，始点と終点を指定しない場合には太文字 $\boldsymbol{a}$ や矢印をつけた文字 $\vec{a}$ で表す．本書では太文字 $\boldsymbol{a}$ を用いる．

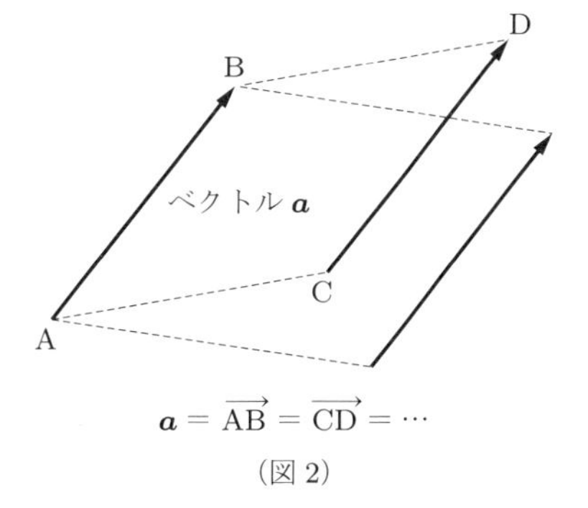

$\boldsymbol{a} = \overrightarrow{AB} = \overrightarrow{CD} = \cdots$

（図 2）

ベクトルの大きさと逆ベクトル　$\boldsymbol{a} = \overrightarrow{\mathrm{AB}}$ であるとき，線分 AB の長さを $\overrightarrow{\mathrm{AB}}$ の**大きさ**といい，$|\boldsymbol{a}|$ または $\left|\overrightarrow{\mathrm{AB}}\right|$ で表す．ベクトルの大きさは 1 つの実数であり，ベクトルではない．1 つの実数で表される量をベクトルに対して**スカラー**という．

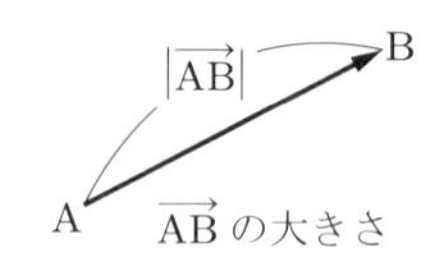

有向線分 AB の始点 A と終点 B が一致するときもベクトルと考え，これを**零ベクトル**といい，$\mathbf{0}$ で表す．零ベクトルの大きさは 0 とし，向きは考えない．

$\boldsymbol{a}$ と同じ大きさで，逆向きのベクトルを $\boldsymbol{a}$ の**逆ベクトル**といい，$-\boldsymbol{a}$ で表す．$\boldsymbol{a}$ と $-\boldsymbol{a}$ の大きさは同じであるから，

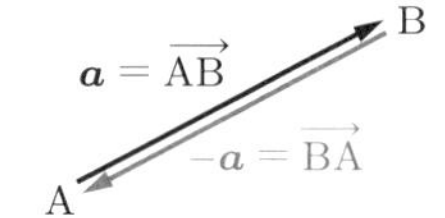

$$|\boldsymbol{a}| = |-\boldsymbol{a}|$$

である．また，$\overrightarrow{\mathrm{AB}}$ と $\overrightarrow{\mathrm{BA}}$ は同じ大きさで，逆向きであるから

$$\overrightarrow{\mathrm{BA}} = -\overrightarrow{\mathrm{AB}}$$

が成り立つ．

例 1.1　右図のように，1 辺の長さが 1 の正六角形 ABCDEF と対角線の交点 O がある．このとき，次が成り立つ．

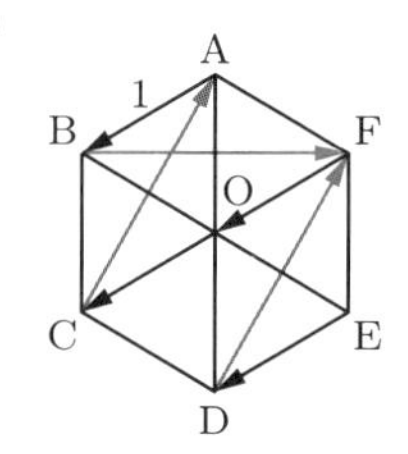

(1)　$\overrightarrow{\mathrm{ED}} = \overrightarrow{\mathrm{OC}} = \overrightarrow{\mathrm{FO}} = \overrightarrow{\mathrm{AB}}$

(2)　$\overrightarrow{\mathrm{CA}} = \overrightarrow{\mathrm{DF}}$

(3)　$\left|\overrightarrow{\mathrm{BF}}\right| = \sqrt{3}$

問 1.1　例 1.1 の図において，次のベクトルをすべて求めよ．

(1)　$\overrightarrow{\mathrm{AF}}$ と等しいベクトル　(2)　$\overrightarrow{\mathrm{OD}}$ の逆ベクトル　(3)　大きさが 2 のベクトル

問 1.2　右図の直方体 ABCD-EFGH において，次のベクトルをすべて求めよ．

(1)　$\overrightarrow{\mathrm{AB}}$ と等しいベクトル

(2)　$\overrightarrow{\mathrm{AE}}$ の逆ベクトル

(3)　$\overrightarrow{\mathrm{AH}}$ と大きさが等しいベクトル

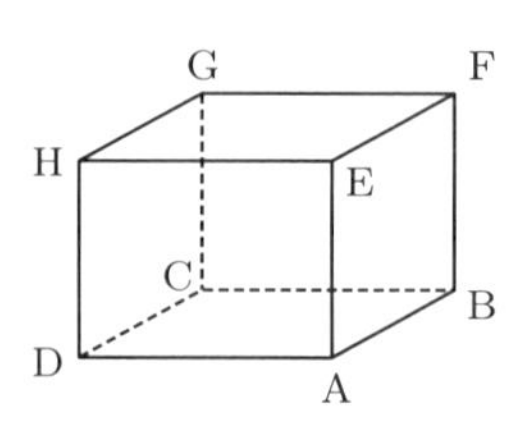

ベクトルの実数倍　実数 t とベクトル $\boldsymbol{a}$ に対して，ベクトル $t\boldsymbol{a}$ を次のように定める．

$t>0$ のとき，$\boldsymbol{a}$ と同じ向きで，大きさが $|\boldsymbol{a}|$ の t 倍であるベクトル

$t=0$ のとき，零ベクトル $\boldsymbol{0}$

$t<0$ のとき，$\boldsymbol{a}$ と逆の向きで，大きさが $|\boldsymbol{a}|$ の $|t|$ 倍であるベクトル

この $t\boldsymbol{a}$ を $\boldsymbol{a}$ の**実数倍**または**スカラー倍**という．とくに，$(-1)\boldsymbol{a}=-\boldsymbol{a}$ である．

$t\boldsymbol{a}$ の大きさは $\boldsymbol{a}$ の大きさの $|t|$ 倍であるから，任意の実数 t に対して

$$|t\boldsymbol{a}|=|t||\boldsymbol{a}| \tag{1.1}$$

が成り立つ．

例 1.2　ベクトル $\boldsymbol{a}$ とその実数倍の例を示す．$-\dfrac{1}{2}\boldsymbol{a}$ は $-\dfrac{\boldsymbol{a}}{2}$ とかいてもよい．

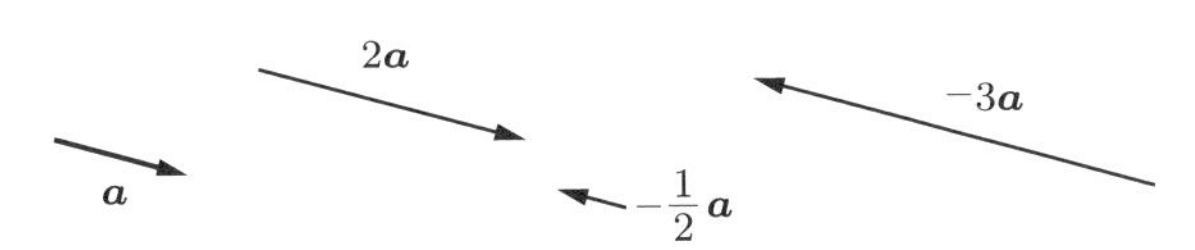

零ベクトルでない 2 つのベクトル $\boldsymbol{a}$ と $\boldsymbol{b}$ が同じ向き，または逆向きであるとき，$\boldsymbol{a}$ と $\boldsymbol{b}$ は互いに**平行**であるといい，

$$\boldsymbol{a} \parallel \boldsymbol{b}$$

と表す．ベクトルの実数倍の定義から，ベクトルの平行について，次のことが成り立つ．

1.1　ベクトルの平行条件

$\boldsymbol{a}\neq\boldsymbol{0},\ \boldsymbol{b}\neq\boldsymbol{0}$ のとき

$$\boldsymbol{a}\parallel\boldsymbol{b} \iff \boldsymbol{b}=t\boldsymbol{a} \text{ となる実数 } t\ (t\neq 0) \text{ が存在する}$$

大きさが1のベクトルを**単位ベクトル**という．零ベクトルでないベクトル $\boldsymbol{a}$ に対して，ベクトル $\dfrac{1}{|\boldsymbol{a}|}\boldsymbol{a}$ の大きさは

$$\left|\frac{1}{|\boldsymbol{a}|}\boldsymbol{a}\right| = \frac{1}{|\boldsymbol{a}|}|\boldsymbol{a}| = 1 \quad [|t\boldsymbol{a}| = |t||\boldsymbol{a}|]$$

であるから，$\dfrac{1}{|\boldsymbol{a}|}\boldsymbol{a}$ は単位ベクトルである．また，$\dfrac{1}{|\boldsymbol{a}|} > 0$ であるから，$\dfrac{1}{|\boldsymbol{a}|}\boldsymbol{a}$ は $\boldsymbol{a}$ と同じ向きである．したがって，次のことが成り立つ．

1.2　同じ向きの単位ベクトル

$\boldsymbol{a} \neq \boldsymbol{0}$ のとき，$\boldsymbol{a}$ と同じ向きの単位ベクトルは $\dfrac{1}{|\boldsymbol{a}|}\boldsymbol{a}$ である．

例1.3　ベクトル $\boldsymbol{a}$ の大きさが3，すなわち $|\boldsymbol{a}| = 3$ であるとする．

(1)　$\boldsymbol{a}$ と同じ向きの単位ベクトルは，$\dfrac{1}{3}\boldsymbol{a}$ である．

(2)　$\boldsymbol{a}$ と平行な単位ベクトルは，$\boldsymbol{a}$ と同じ向きまたは逆向きの2つがあるから，$\pm\dfrac{1}{3}\boldsymbol{a}$ である．

(3)　$\boldsymbol{a}$ と逆向きで大きさが5のベクトルは，$-\dfrac{5}{3}\boldsymbol{a}$ である．

問1.3　次のようなベクトルを求めよ．

(1)　$\boldsymbol{a}$ が単位ベクトルのとき，$\boldsymbol{a}$ と平行で大きさが2のベクトル

(2)　$|\boldsymbol{a}| = 5$ のとき，$\boldsymbol{a}$ と逆向きの単位ベクトル

(3)　$|\boldsymbol{a}| = 4$ のとき，$\boldsymbol{a}$ と同じ向きで大きさが7のベクトル

ベクトルの和と差

2つのベクトル $\boldsymbol{a} = \overrightarrow{\mathrm{OA}}, \boldsymbol{b} = \overrightarrow{\mathrm{OB}}$ の**和** $\boldsymbol{a}+\boldsymbol{b}$ は，$\boldsymbol{a}$ と $\boldsymbol{b}$ を2辺とする平行四辺形を作り，その対角線 $\overrightarrow{\mathrm{OC}}$ として定める（図1）．また，**差** $\boldsymbol{a}-\boldsymbol{b}$ は，$\boldsymbol{a}-\boldsymbol{b} = \boldsymbol{a}+(-\boldsymbol{b}) = \overrightarrow{\mathrm{OD}}$ として定める（図2）．すなわち

$$\overrightarrow{\mathrm{OA}} + \overrightarrow{\mathrm{OB}} = \overrightarrow{\mathrm{OC}}, \quad \overrightarrow{\mathrm{OA}} - \overrightarrow{\mathrm{OB}} = \overrightarrow{\mathrm{OD}}$$

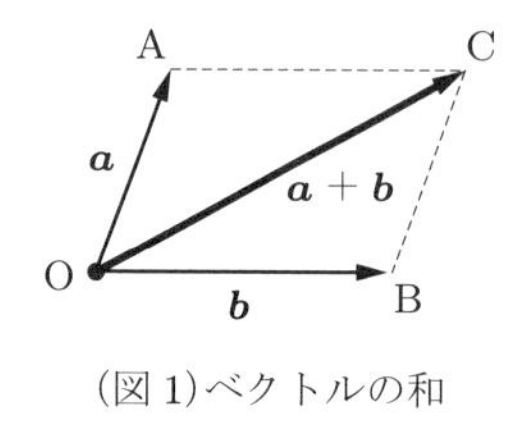

(図1)ベクトルの和

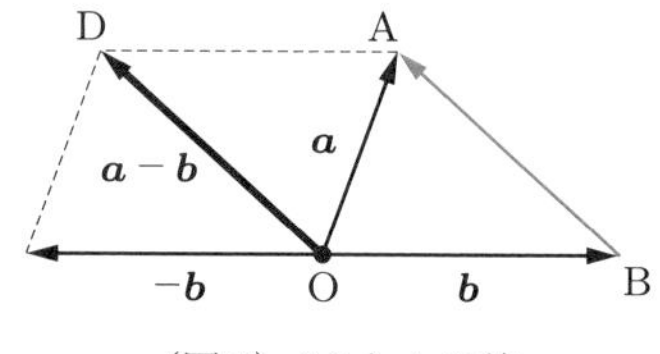

(図2)ベクトルの差

である．

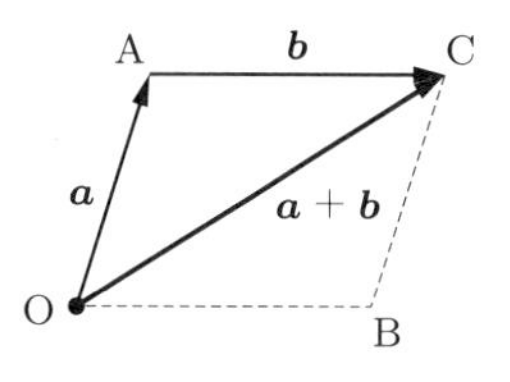

一方，ベクトルの和 $\boldsymbol{a}+\boldsymbol{b}$ は，次のように定義することもできる．$\boldsymbol{b}$ の始点が $\boldsymbol{a}$ の終点と一致するように $\boldsymbol{b}$ を平行移動し，$\boldsymbol{b}=\overrightarrow{\mathrm{AC}}$ として，

$$\boldsymbol{a}=\overrightarrow{\mathrm{OA}},\ \boldsymbol{b}=\overrightarrow{\mathrm{AC}} \quad \text{に対して} \quad \boldsymbol{a}+\boldsymbol{b}=\overrightarrow{\mathrm{OC}}$$

と定める．このように，ベクトルの和は，ベクトルをつなぐことによって得られるベクトルである．

したがって，$\overrightarrow{\mathrm{OA}}+\overrightarrow{\mathrm{AB}}=\overrightarrow{\mathrm{OB}}$ であるから，次が成り立つ．

1.3 2 点を結ぶベクトル

$\boldsymbol{a}=\overrightarrow{\mathrm{OA}},\ \boldsymbol{b}=\overrightarrow{\mathrm{OB}}$ に対して，次の式が成り立つ．

$$\overrightarrow{\mathrm{AB}}=\overrightarrow{\mathrm{OB}}-\overrightarrow{\mathrm{OA}}=\boldsymbol{b}-\boldsymbol{a}$$

例 1.4 図 1 に与えられたベクトル $\boldsymbol{a},\boldsymbol{b}$ に対して，$2\boldsymbol{a},\ -\dfrac{1}{2}\boldsymbol{b},\ 2\boldsymbol{a}-\dfrac{1}{2}\boldsymbol{b}$ を順に作図すれば，図 2 のようになる．

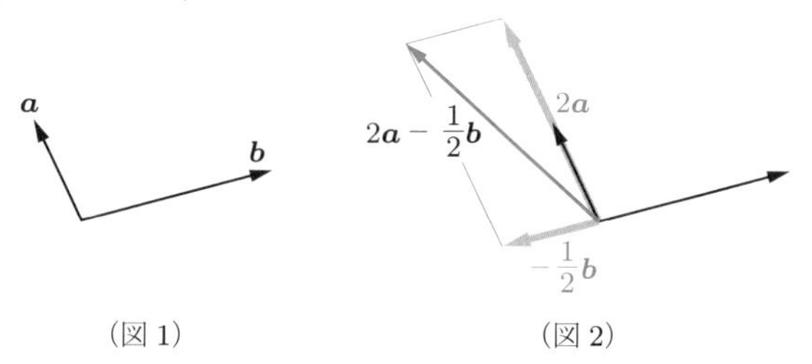

（図 1）　（図 2）

問 1.4 右図のようなベクトル $\boldsymbol{a},\boldsymbol{b}$ に対して，次のベクトルを作図せよ．

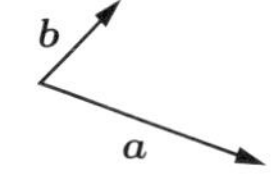

(1) $2\boldsymbol{a}$　(2) $-3\boldsymbol{b}$　(3) $\boldsymbol{a}+\boldsymbol{b}$

(4) $\boldsymbol{a}-\boldsymbol{b}$　(5) $\boldsymbol{a}+\dfrac{1}{2}\boldsymbol{b}$　(6) $2\boldsymbol{b}-\boldsymbol{a}$

問 1.5 右図の直方体 ABCD-EFGH で，$\boldsymbol{a}=\overrightarrow{\mathrm{AB}},\ \boldsymbol{b}=\overrightarrow{\mathrm{AE}},\ \boldsymbol{c}=\overrightarrow{\mathrm{AD}}$ とするとき，次のベクトルと等しいベクトルをすべて求めよ．

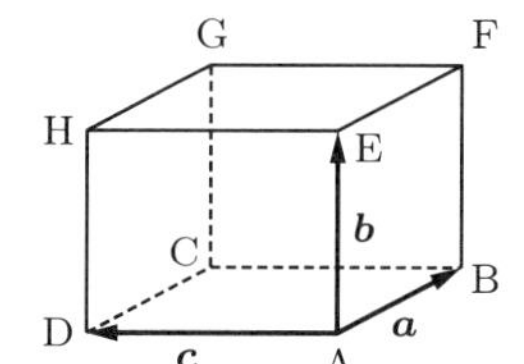

(1) $\boldsymbol{a}+\boldsymbol{b}$　(2) $\boldsymbol{c}-\boldsymbol{a}$　(3) $(\boldsymbol{a}+\boldsymbol{b})-\boldsymbol{c}$

ベクトルの演算の基本法則　2つのベクトルの和は，それらのベクトルをつなぐことによって得られる．図1のベクトル $\boldsymbol{a}, \boldsymbol{b}, \boldsymbol{c}$ を加えるとき，$(\boldsymbol{a}+\boldsymbol{b})+\boldsymbol{c}$ と $\boldsymbol{a}+(\boldsymbol{b}+\boldsymbol{c})$ は，3つのベクトル $\boldsymbol{a}, \boldsymbol{b}, \boldsymbol{c}$ をつなぎ合わせる順序が異なるだけで，同じベクトルである（図2, 3）．したがって，

$$(\boldsymbol{a}+\boldsymbol{b})+\boldsymbol{c}=\boldsymbol{a}+(\boldsymbol{b}+\boldsymbol{c})$$

が成り立つ．これは，任意のベクトル $\boldsymbol{a}, \boldsymbol{b}, \boldsymbol{c}$ について成り立つ．

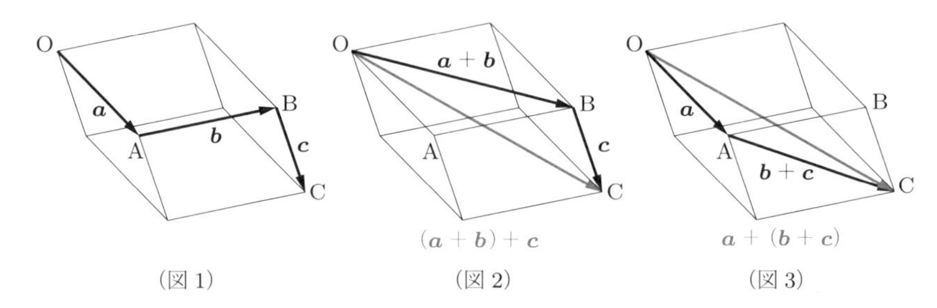

（図1）　（図2）　（図3）

ベクトルの演算について，その他の法則もあわせてまとめると，次のようになる．

1.4　ベクトルの演算の基本法則

ベクトル $\boldsymbol{a}, \boldsymbol{b}, \boldsymbol{c}$ と実数 s, t について，次が成り立つ．

(1)　交換法則：$\boldsymbol{a}+\boldsymbol{b}=\boldsymbol{b}+\boldsymbol{a}$

(2)　結合法則：$(\boldsymbol{a}+\boldsymbol{b})+\boldsymbol{c}=\boldsymbol{a}+(\boldsymbol{b}+\boldsymbol{c})$,　$s(t\boldsymbol{a})=(st)\boldsymbol{a}$

(3)　分配法則：$t(\boldsymbol{a}+\boldsymbol{b})=t\boldsymbol{a}+t\boldsymbol{b}$,　$(s+t)\boldsymbol{a}=s\boldsymbol{a}+t\boldsymbol{a}$

(4)　零ベクトルの性質：$\boldsymbol{a}+\boldsymbol{0}=\boldsymbol{0}+\boldsymbol{a}=\boldsymbol{a}$,　$0\boldsymbol{a}=\boldsymbol{0}$,　$t\boldsymbol{0}=\boldsymbol{0}$

(5)　逆ベクトルの性質：$\boldsymbol{a}+(-\boldsymbol{a})=(-\boldsymbol{a})+\boldsymbol{a}=\boldsymbol{0}$

(2) のベクトルを，それぞれ単に $\boldsymbol{a}+\boldsymbol{b}+\boldsymbol{c}$, $st\boldsymbol{a}$ とかく．

例 1.5　$\boldsymbol{x}=2\boldsymbol{a}+\boldsymbol{b}$, $\boldsymbol{y}=3\boldsymbol{a}-2\boldsymbol{b}$ のとき，$2\boldsymbol{x}-3\boldsymbol{y}$ を $\boldsymbol{a}, \boldsymbol{b}$ を用いて表すと，

$$\begin{aligned}2\boldsymbol{x}-3\boldsymbol{y}&=2(2\boldsymbol{a}+\boldsymbol{b})-3(3\boldsymbol{a}-2\boldsymbol{b})\\&=4\boldsymbol{a}+2\boldsymbol{b}-9\boldsymbol{a}+6\boldsymbol{b}=-5\boldsymbol{a}+8\boldsymbol{b}\end{aligned}$$

となる．

問 1.6　$\boldsymbol{x}=2\boldsymbol{a}+\boldsymbol{b}$, $\boldsymbol{y}=3\boldsymbol{a}-2\boldsymbol{b}$ のとき，次のベクトルを $\boldsymbol{a}, \boldsymbol{b}$ を用いて表せ．

(1)　$\boldsymbol{x}+2\boldsymbol{y}$　　(2)　$-3\boldsymbol{x}+\boldsymbol{y}$　　(3)　$3(2\boldsymbol{y}-\boldsymbol{x})$

1.2 点の位置ベクトル

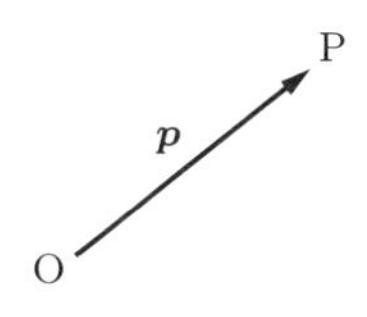

点の位置ベクトル 平面または空間に 1 点 O を定めると，各点 P に対してベクトル $\boldsymbol{p} = \overrightarrow{\mathrm{OP}}$ がただ 1 つ定まる．このベクトル $\boldsymbol{p}$ を，点 O に関する点 P の**位置ベクトル**という．以下，とくに断らない限り，位置ベクトルは点 O に関する位置ベクトルとする．

例 1.6 図のように，平行四辺形 OACB の対角線の交点を M とする．点 A, B の位置ベクトルをそれぞれ $\boldsymbol{a}, \boldsymbol{b}$ とすると，

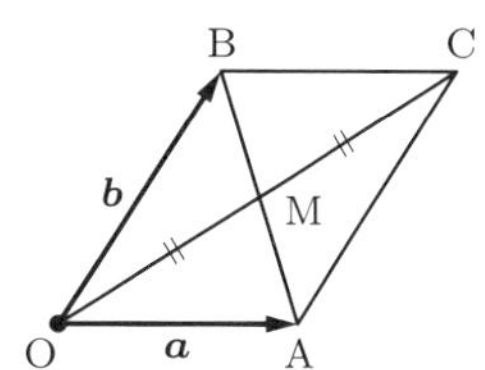

点 C の位置ベクトルは $\overrightarrow{\mathrm{OC}} = \boldsymbol{a} + \boldsymbol{b}$

点 M の位置ベクトルは $\overrightarrow{\mathrm{OM}} = \dfrac{1}{2}(\boldsymbol{a} + \boldsymbol{b})$

である．

内分点の位置ベクトル 直線 AB 上の点 P が $\overrightarrow{\mathrm{AP}} = t\overrightarrow{\mathrm{AB}}$ を満たすとき

$$\overrightarrow{\mathrm{OP}} = \overrightarrow{\mathrm{OA}} + \overrightarrow{\mathrm{AP}} = \overrightarrow{\mathrm{OA}} + t\overrightarrow{\mathrm{AB}}$$

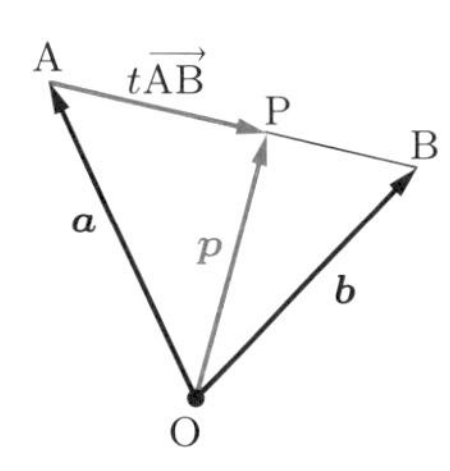

である．したがって，点 A, B の位置ベクトルをそれぞれ $\boldsymbol{a}, \boldsymbol{b}$，点 P の位置ベクトルを $\boldsymbol{p}$ とすれば

$$\boldsymbol{p} = \boldsymbol{a} + t(\boldsymbol{b} - \boldsymbol{a}) = (1-t)\boldsymbol{a} + t\boldsymbol{b}$$

となる．点 P が線分 AB 上の点であるとき，$0 \leqq t \leqq 1$ である．とくに，P が AB を $m:n$ に内分する点であるとき，$t = \dfrac{m}{m+n}$ となるから，次が成り立つ．

$$\boldsymbol{p} = (1-t)\,\boldsymbol{a} + t\boldsymbol{b} = \left(1 - \frac{m}{m+n}\right)\boldsymbol{a} + \frac{m}{m+n}\boldsymbol{b} = \frac{n\boldsymbol{a} + m\boldsymbol{b}}{m+n} \tag{1.2}$$

例 1.7 2 点 A, B の位置ベクトルをそれぞれ $\boldsymbol{a}, \boldsymbol{b}$ とする．線分 AB の中点 M は AB を 1 : 1 に内分する点であるから，その位置ベクトル $\boldsymbol{m}$ は，

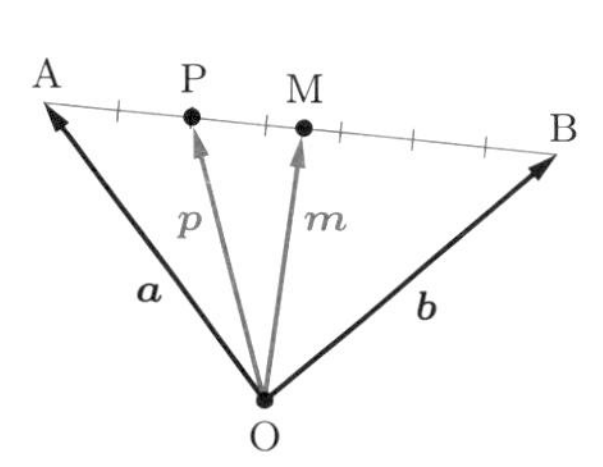

$$\boldsymbol{m} = \frac{\boldsymbol{a} + \boldsymbol{b}}{2}$$

となる．また，線分 AB を 2 : 5 に内分する点 P の位置ベクトルを $\boldsymbol{p}$ とするとき，

$$\boldsymbol{p} = \frac{5\boldsymbol{a} + 2\boldsymbol{b}}{2+5} = \frac{5\boldsymbol{a} + 2\boldsymbol{b}}{7}$$

となる．

問1.7　2点A, Bの位置ベクトルをそれぞれ $\boldsymbol{a}, \boldsymbol{b}$ とするとき，線分ABを次のように内分する点の位置ベクトル $\boldsymbol{p}$ を $\boldsymbol{a}, \boldsymbol{b}$ を用いて表せ．

(1)　1 : 1　　(2)　3 : 1　　(3)　2 : 7

ベクトルの分解　与えられたベクトルを，方向が指定された2つの平行でないベクトルの和として表すことができる．

例題 1.1　ベクトルの分解

1つの平面上において，図のベクトル $\boldsymbol{a}$ を，直線 ℓ_1, ℓ_2 と平行なベクトル $\boldsymbol{a}_1, \boldsymbol{a}_2$ の和として表したい．$\boldsymbol{a}_1, \boldsymbol{a}_2$ を作図せよ．

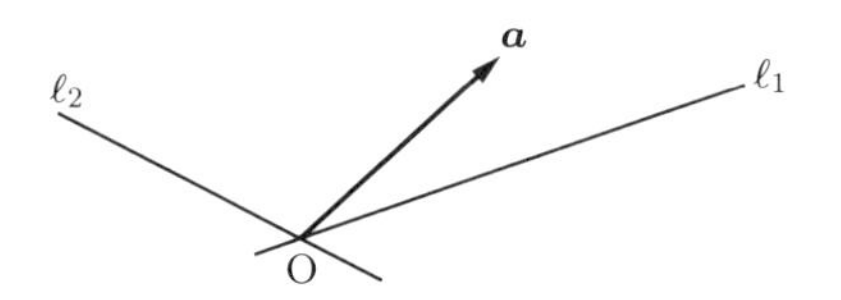

解　$\boldsymbol{a}$ の終点を通り，ℓ_1, ℓ_2 に平行な直線 ℓ_1', ℓ_2' を引く．ℓ_2' と ℓ_1 の交点をP，ℓ_1' と ℓ_2 の交点をQとする．このとき，$\boldsymbol{a}_1 = \overrightarrow{\mathrm{OP}}, \boldsymbol{a}_2 = \overrightarrow{\mathrm{OQ}}$ とすれば，$\boldsymbol{a} = \boldsymbol{a}_1 + \boldsymbol{a}_2$ が成り立つ．

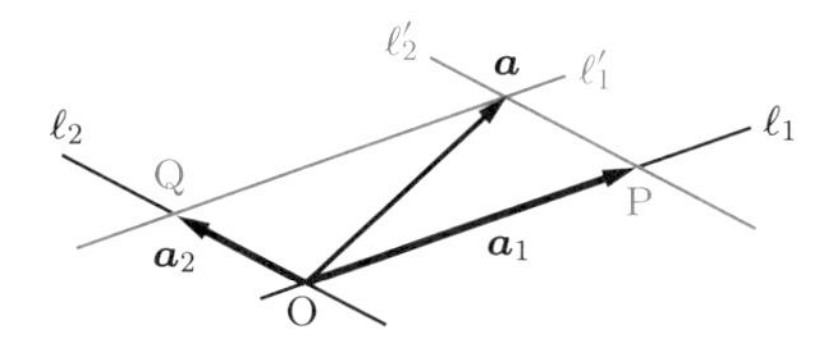

例題1.1の $\boldsymbol{a}_1, \boldsymbol{a}_2$ は一意的に定まることに注意する．このように，ベクトル $\boldsymbol{a}$ を ℓ_1, ℓ_2 と平行なベクトルの和として表すことを，$\boldsymbol{a}$ の ℓ_1, ℓ_2 方向への**分解**という．

note　ベクトルの分解は，たとえば，次のような力学の問題を考える場合に必要になる．

(1)　斜面上の物体に加わる重力 $\boldsymbol{F}$ を，斜面を滑り落ちようとする力 $\boldsymbol{F}_1$ と斜面を垂直に押す力 $\boldsymbol{F}_2$ に分解する場合（図1）

(2)　天井から2本の糸によってつり下げられたおもりを支える力 $\boldsymbol{F}$ を，それぞれの糸の張力 $\boldsymbol{F}_1, \boldsymbol{F}_2$ に分解する場合（図2）

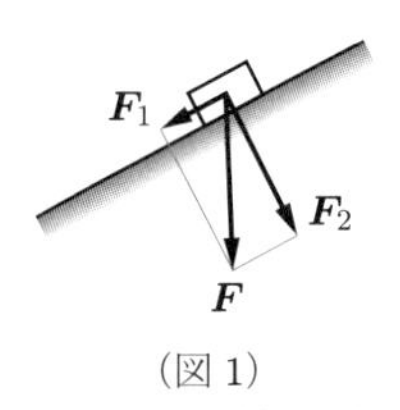

（図1）

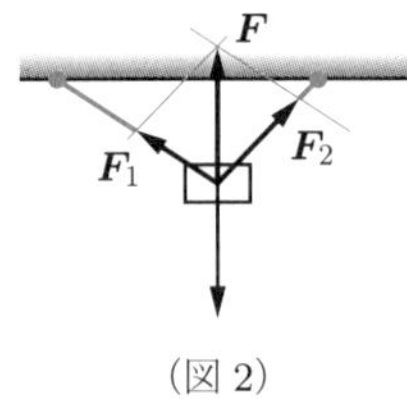

（図2）

問1.8 次の図のベクトル $\boldsymbol{a}$ を，直線 ℓ_1, ℓ_2 方向のベクトル $\boldsymbol{a}_1, \boldsymbol{a}_2$ に分解し，$\boldsymbol{a}_1, \boldsymbol{a}_2$ を作図せよ．

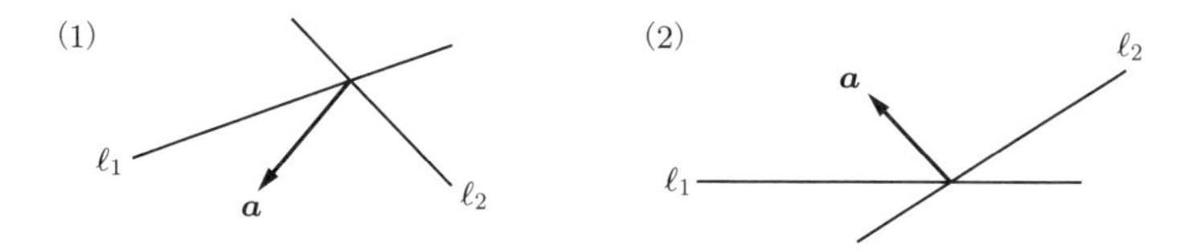

1.3 座標と距離

座標平面上の 2 点間の距離

座標軸が定められた平面を**座標平面**といい，点 A の座標が (a_1, a_2) であることを $\mathrm{A}(a_1, a_2)$ と表す．座標平面上の 2 点間の距離は，次のようになる．

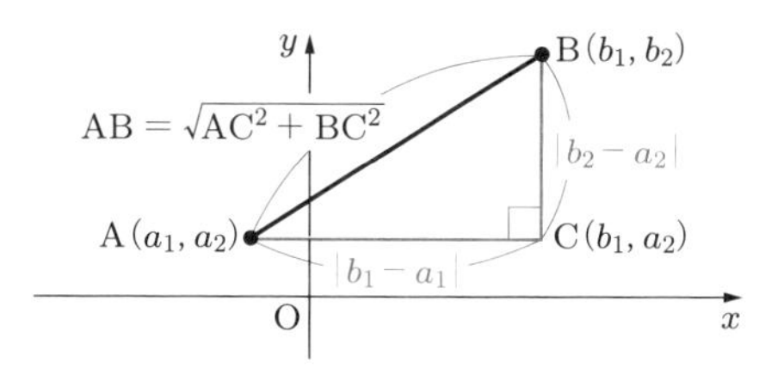

1.5 座標平面上の 2 点間の距離

2 点 $\mathrm{A}(a_1, a_2)$, $\mathrm{B}(b_1, b_2)$ 間の距離は，

$$\mathrm{AB} = \sqrt{(b_1 - a_1)^2 + (b_2 - a_2)^2}$$

である．とくに，原点 O と点 $\mathrm{A}(a_1, a_2)$ との距離は，次の式で表される．

$$\mathrm{OA} = \sqrt{{a_1}^2 + {a_2}^2}$$

例 1.8 $\mathrm{A}(-1, 2)$, $\mathrm{B}(3, -4)$ に対して，2 点間の距離 AB, OA は次のようになる．

$$\mathrm{AB} = \sqrt{\{3 - (-1)\}^2 + (-4 - 2)^2} = 2\sqrt{13}, \quad \mathrm{OA} = \sqrt{(-1)^2 + 2^2} = \sqrt{5}$$

問1.9 $\mathrm{A}(-3, 4)$, $\mathrm{B}(-1, 2)$, $\mathrm{C}(-3, -7)$ に対して，次の 2 点間の距離を求めよ．

(1) AB　　(2) AC　　(3) OA

座標空間　平面と同じように，空間に座標を定める．空間に 1 点 O をとり，これを**原点**という．原点 O において，互いに直交する 3 本の数直線をとる．これらの直線をそれぞれ x 軸，y 軸，z 軸といい，それらをまとめて空間の**座標軸**という．また，x 軸と y 軸，y 軸と z 軸，z 軸と x 軸を含む平面を，それぞれ $\boldsymbol{xy}$ **平面**，$\boldsymbol{yz}$ **平面**，$\boldsymbol{zx}$ **平面**という．

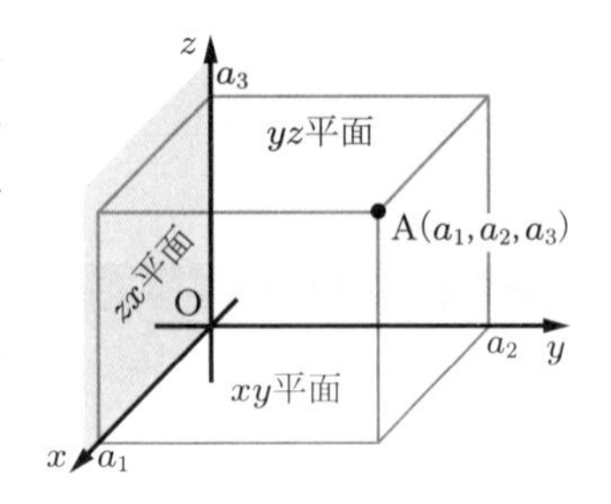

空間内の任意の点 A に対して，A を通り，yz 平面，zx 平面，xy 平面に平行な平面が x 軸，y 軸，z 軸と交わる点の座標を，それぞれ a_1, a_2, a_3 とするとき，(a_1, a_2, a_3) を点 A の**座標**という．a_1, a_2, a_3 をそれぞれ点 A の $\boldsymbol{x}$ **座標**，$\boldsymbol{y}$ **座標**，$\boldsymbol{z}$ **座標**といい，点 A の座標が (a_1, a_2, a_3) であることを $\mathrm{A}(a_1, a_2, a_3)$ と表す．また，原点 O の座標は $(0, 0, 0)$ である．座標軸が定められた空間を**座標空間**という．

note　x 軸，y 軸，z 軸をそれぞれ右手の親指，人差し指，中指に対応させるような座標軸のとり方を**右手系**という．通常は右手系の座標軸を考える．

例 1.9　点 $\mathrm{A}(a, b, c)$ を通って xy 平面に平行な平面が z 軸と交わる点は $\mathrm{B}(0, 0, c)$，点 A を通って xy 平面に垂直な直線が xy 平面と交わる点は $\mathrm{C}(a, b, 0)$ である．

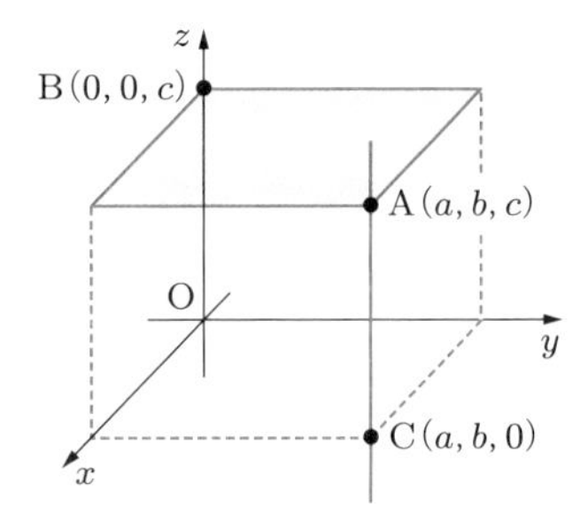

問 1.10　$\mathrm{A}(-3, 5, -1)$ に対して，次の点の座標を求めよ．

(1)　点 A を通り，yz 平面に平行な平面が x 軸と交わる点 B

(2)　点 A を通り，zx 平面に垂直な直線が zx 平面と交わる点 C

座標空間の 2 点間の距離　座標空間の 2 点 A, B 間の距離 AB を求める．

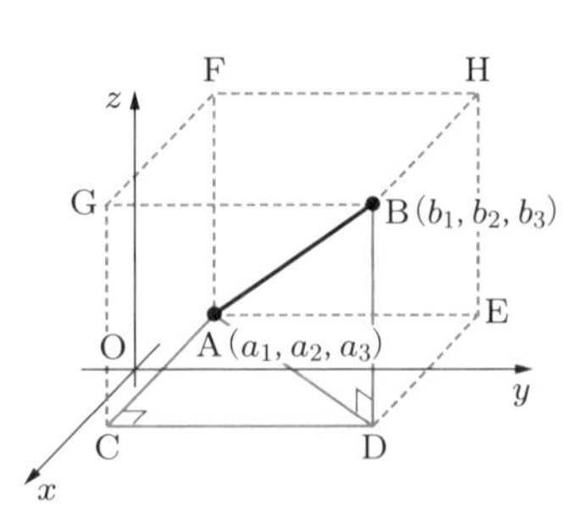

$\mathrm{A}(a_1, a_2, a_3)$, $\mathrm{B}(b_1, b_2, b_3)$ とするとき，図のように点 A, B を結ぶ線分を対角線とする直方体 ACDE-FGBH を作る．

$\mathrm{AC} = |b_1 - a_1|$, $\mathrm{CD} = |b_2 - a_2|$, $\mathrm{DB} = |b_3 - a_3|$ であり，$\angle \mathrm{BDA}$ は直角であるから，三平

方の定理によって

$$
\begin{aligned}
\mathrm{AB}^2 &= \mathrm{AD}^2 + \mathrm{DB}^2 \\
&= \mathrm{AC}^2 + \mathrm{CD}^2 + \mathrm{DB}^2 = (b_1 - a_1)^2 + (b_2 - a_2)^2 + (b_3 - a_3)^2
\end{aligned}
$$

が成り立つ．$\mathrm{AB} > 0$ であるから，次の式が得られる．

$$\mathrm{AB} = \sqrt{(b_1 - a_1)^2 + (b_2 - a_2)^2 + (b_3 - a_3)^2}$$

1.6 座標空間の 2 点間の距離

2 点 $\mathrm{A}(a_1, a_2, a_3)$, $\mathrm{B}(b_1, b_2, b_3)$ 間の距離は，

$$\mathrm{AB} = \sqrt{(b_1 - a_1)^2 + (b_2 - a_2)^2 + (b_3 - a_3)^2}$$

である．とくに，原点 O と点 $\mathrm{A}(a_1, a_2, a_3)$ との距離は，次の式で表される．

$$\mathrm{OA} = \sqrt{{a_1}^2 + {a_2}^2 + {a_3}^2}$$

例 1.10　2 点 $\mathrm{A}(1, -3, 4)$, $\mathrm{B}(2, -1, -2)$ に対して，2 点間の距離 AB, OA は次のようになる．

$$\mathrm{AB} = \sqrt{(2-1)^2 + \{-1-(-3)\}^2 + (-2-4)^2} = \sqrt{41}$$

$$\mathrm{OA} = \sqrt{1^2 + (-3)^2 + 4^2} = \sqrt{26}$$

問 1.11　$\mathrm{A}(3, 1, -4)$, $\mathrm{B}(2, -2, 0)$, $\mathrm{C}(2, 3, 4)$ に対して，次の 2 点間の距離を求めよ．

(1) AB　　(2) BC　　(3) OC

1.4 ベクトルの成分表示と大きさ

平面ベクトルの成分表示　座標平面のベクトルを**平面ベクトル**または**2 次元ベクトル**という．座標平面においては，原点を O とし，位置ベクトルはつねに原点を始点とするものとする．座標平面の x 軸，y 軸の正の向きと同じ向きの単位ベクトルをそれぞれ $\boldsymbol{e}_1$, $\boldsymbol{e}_2$ で表し，これらを**基本ベクトル**という．

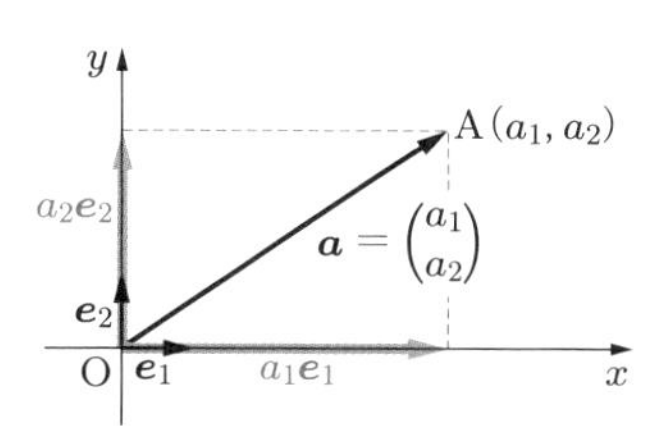

点 $\mathrm{A}(a_1, a_2)$ の位置ベクトルを $\boldsymbol{a}$ とするとき，$\boldsymbol{a}$ は基本ベクトルを用いて

$$\boldsymbol{a} = a_1\boldsymbol{e}_1 + a_2\boldsymbol{e}_2 \tag{1.3}$$

と表すことができる．このとき，ベクトル $\boldsymbol{a}$ を，点 A の座標 (a_1, a_2) と区別して

$$\boldsymbol{a} = \begin{pmatrix} a_1 \\ a_2 \end{pmatrix} \tag{1.4}$$

と表し，これを $\boldsymbol{a}$ の**成分表示**という．a_1, a_2 をそれぞれ $\boldsymbol{a}$ の **$\boldsymbol{x}$ 成分**，**$\boldsymbol{y}$ 成分**という．

$\boldsymbol{e}_1$, $\boldsymbol{e}_2$ はそれぞれ点 $(1, 0)$, $(0, 1)$ の位置ベクトルであり，それらの成分表示は，

$$\boldsymbol{e}_1 = \begin{pmatrix} 1 \\ 0 \end{pmatrix}, \quad \boldsymbol{e}_2 = \begin{pmatrix} 0 \\ 1 \end{pmatrix} \tag{1.5}$$

となる．$\boldsymbol{0} = 0\boldsymbol{e}_1 + 0\boldsymbol{e}_2$ であるから，零ベクトル $\boldsymbol{0}$ の成分表示は，

$$\boldsymbol{0} = \begin{pmatrix} 0 \\ 0 \end{pmatrix}$$

である．

例 1.11　右図のベクトル $\boldsymbol{a}$ は，点 $\mathrm{A}(2, 3)$ の位置ベクトルに等しいから，$\boldsymbol{a}$ の成分表示は $\boldsymbol{a} = \begin{pmatrix} 2 \\ 3 \end{pmatrix}$ である．

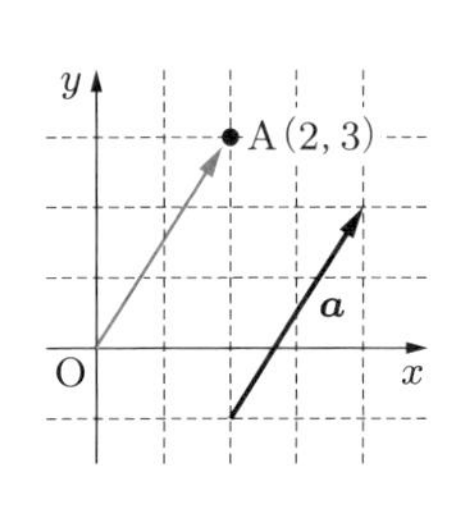

問 1.12　下図において，各ベクトルの成分表示を求めよ．ただし，1 目盛は 1 とする．

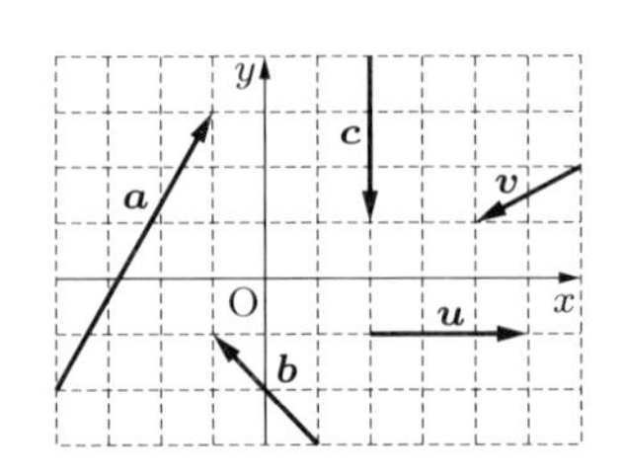

ベクトルの成分表示と演算　2つのベクトル $\boldsymbol{a}=\begin{pmatrix} a_1 \\ a_2 \end{pmatrix}$, $\boldsymbol{b}=\begin{pmatrix} b_1 \\ b_2 \end{pmatrix}$ について，

$$\boldsymbol{a}=\boldsymbol{b} \iff a_1=b_1,\ a_2=b_2$$

となる．また，ベクトルの和・差について，

$$\begin{aligned}\begin{pmatrix} a_1 \\ a_2 \end{pmatrix} \pm \begin{pmatrix} b_1 \\ b_2 \end{pmatrix} &= (a_1\boldsymbol{e}_1+a_2\boldsymbol{e}_2) \pm (b_1\boldsymbol{e}_1+b_2\boldsymbol{e}_2) \\ &= (a_1 \pm b_1)\boldsymbol{e}_1 + (a_2 \pm b_2)\boldsymbol{e}_2 \\ &= \begin{pmatrix} a_1 \pm b_1 \\ a_2 \pm b_2 \end{pmatrix} \quad \text{（複号同順）}\end{aligned}$$

となる．実数倍も同様に計算することによって，次のことが成り立つ．

1.7　平面ベクトルの和・差，実数倍の成分表示

t を実数とするとき，次が成り立つ．ただし，(1) は複号同順とする．

(1)　$\begin{pmatrix} a_1 \\ a_2 \end{pmatrix} \pm \begin{pmatrix} b_1 \\ b_2 \end{pmatrix} = \begin{pmatrix} a_1 \pm b_1 \\ a_2 \pm b_2 \end{pmatrix}$　　(2)　$t\begin{pmatrix} a_1 \\ a_2 \end{pmatrix} = \begin{pmatrix} ta_1 \\ ta_2 \end{pmatrix}$

$\mathrm{A}(a_1, a_2)$, $\mathrm{B}(b_1, b_2)$ であるとき，$\overrightarrow{\mathrm{AB}}$ の成分表示は次のようになる．

$$\overrightarrow{\mathrm{AB}} = \overrightarrow{\mathrm{OB}} - \overrightarrow{\mathrm{OA}} = \begin{pmatrix} b_1 \\ b_2 \end{pmatrix} - \begin{pmatrix} a_1 \\ a_2 \end{pmatrix} = \begin{pmatrix} b_1 - a_1 \\ b_2 - a_2 \end{pmatrix}$$

例 1.12　$\boldsymbol{a}=\begin{pmatrix} 1 \\ -2 \end{pmatrix}$, $\boldsymbol{b}=\begin{pmatrix} -2 \\ 3 \end{pmatrix}$ であるとき，ベクトル $2\boldsymbol{a}+3\boldsymbol{b}$ の成分表示は，次のようになる．

$$2\boldsymbol{a}+3\boldsymbol{b} = 2\begin{pmatrix} 1 \\ -2 \end{pmatrix} + 3\begin{pmatrix} -2 \\ 3 \end{pmatrix} = \begin{pmatrix} 2 \\ -4 \end{pmatrix} + \begin{pmatrix} -6 \\ 9 \end{pmatrix} = \begin{pmatrix} -4 \\ 5 \end{pmatrix}$$

問 1.13　$\boldsymbol{a}=\begin{pmatrix} -2 \\ 2 \end{pmatrix}$, $\boldsymbol{b}=\begin{pmatrix} 3 \\ -1 \end{pmatrix}$ であるとき，次のベクトルの成分表示を求めよ．

(1)　$\boldsymbol{a}+\boldsymbol{b}$　　(2)　$\boldsymbol{a}-\boldsymbol{b}$　　(3)　$2\boldsymbol{b}-3\boldsymbol{a}$

空間ベクトルの成分表示　座標空間のベクトルを**空間ベクトル**または**3次元ベクトル**という．座標空間においては，原点をOとし，位置ベクトルはつねに原点を始点とするものとする．座標空間の x 軸，y 軸，z 軸の正の向きと同じ向きをもつ単位ベクトルをそれぞれ $\boldsymbol{e}_1$, $\boldsymbol{e}_2$, $\boldsymbol{e}_3$ で表し，これらを空間の**基本ベクトル**という．点 $\mathrm{A}(a_1, a_2, a_3)$ の位置ベクトルを $\boldsymbol{a}$ とするとき，$\boldsymbol{a}$ は基本ベクトルを用いて

$$\boldsymbol{a} = a_1\boldsymbol{e}_1 + a_2\boldsymbol{e}_2 + a_3\boldsymbol{e}_3 \tag{1.6}$$

と表すことができる．このとき，ベクトル $\boldsymbol{a}$ を点Aの座標 (a_1, a_2, a_3) と区別して

$$\boldsymbol{a} = \begin{pmatrix} a_1 \\ a_2 \\ a_3 \end{pmatrix} \tag{1.7}$$

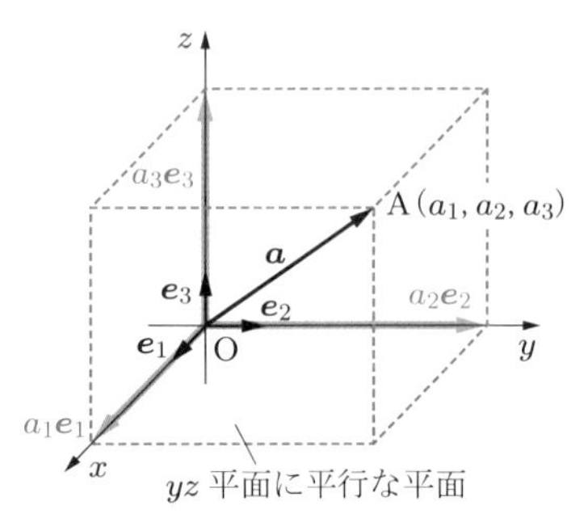

と表し，これを $\boldsymbol{a}$ の**成分表示**という．a_1, a_2, a_3 をそれぞれ $\boldsymbol{a}$ の **x 成分**，**y 成分**，**z 成分**という．

$\boldsymbol{e}_1$, $\boldsymbol{e}_2$, $\boldsymbol{e}_3$ はそれぞれ点 $(1,0,0)$, $(0,1,0)$, $(0,0,1)$ の位置ベクトルであり，それらの成分表示は，

$$\boldsymbol{e}_1 = \begin{pmatrix} 1 \\ 0 \\ 0 \end{pmatrix}, \quad \boldsymbol{e}_2 = \begin{pmatrix} 0 \\ 1 \\ 0 \end{pmatrix}, \quad \boldsymbol{e}_3 = \begin{pmatrix} 0 \\ 0 \\ 1 \end{pmatrix} \tag{1.8}$$

となる．また，零ベクトル $\mathbf{0}$ の成分表示は

$$\mathbf{0} = \begin{pmatrix} 0 \\ 0 \\ 0 \end{pmatrix}$$

である．

2つのベクトル $\boldsymbol{a} = \begin{pmatrix} a_1 \\ a_2 \\ a_3 \end{pmatrix}, \boldsymbol{b} = \begin{pmatrix} b_1 \\ b_2 \\ b_3 \end{pmatrix}$ について，

$$\boldsymbol{a} = \boldsymbol{b} \iff a_1 = b_1,\ a_2 = b_2,\ a_3 = b_3$$

となる．

さらに，平面の場合と同じように，空間ベクトルについて，次のことが成り立つ．

1.8 空間ベクトルの和・差，実数倍の成分表示

t を実数とするとき，次が成り立つ．ただし，(1) は複号同順とする．

(1) $\begin{pmatrix} a_1 \\ a_2 \\ a_3 \end{pmatrix} \pm \begin{pmatrix} b_1 \\ b_2 \\ b_3 \end{pmatrix} = \begin{pmatrix} a_1 \pm b_1 \\ a_2 \pm b_2 \\ a_3 \pm b_3 \end{pmatrix}$　　(2) $t\begin{pmatrix} a_1 \\ a_2 \\ a_3 \end{pmatrix} = \begin{pmatrix} ta_1 \\ ta_2 \\ ta_3 \end{pmatrix}$

$\mathrm{A}(a_1, a_2, a_3)$, $\mathrm{B}(b_1, b_2, b_3)$ であるとき，$\overrightarrow{\mathrm{AB}}$ の成分表示は次のようになる．

$$\overrightarrow{\mathrm{AB}} = \overrightarrow{\mathrm{OB}} - \overrightarrow{\mathrm{OA}} = \begin{pmatrix} b_1 \\ b_2 \\ b_3 \end{pmatrix} - \begin{pmatrix} a_1 \\ a_2 \\ a_3 \end{pmatrix} = \begin{pmatrix} b_1 - a_1 \\ b_2 - a_2 \\ b_3 - a_3 \end{pmatrix} \tag{1.9}$$

例 1.13　(1)　2 点 $\mathrm{A}(1, 3, -4)$, $\mathrm{B}(-3, 2, 1)$ に対して，$\overrightarrow{\mathrm{AB}}$ の成分表示は

$$\overrightarrow{\mathrm{AB}} = \overrightarrow{\mathrm{OB}} - \overrightarrow{\mathrm{OA}} = \begin{pmatrix} -3-1 \\ 2-3 \\ 1-(-4) \end{pmatrix} = \begin{pmatrix} -4 \\ -1 \\ 5 \end{pmatrix}$$

である．

(2)　$\boldsymbol{a} = \begin{pmatrix} 3 \\ 2 \\ -1 \end{pmatrix}, \boldsymbol{b} = \begin{pmatrix} 2 \\ 0 \\ -4 \end{pmatrix}$ のとき，

$$2\boldsymbol{a} - 3\boldsymbol{b} = 2\begin{pmatrix} 3 \\ 2 \\ -1 \end{pmatrix} - 3\begin{pmatrix} 2 \\ 0 \\ -4 \end{pmatrix} = \begin{pmatrix} 6 \\ 4 \\ -2 \end{pmatrix} - \begin{pmatrix} 6 \\ 0 \\ -12 \end{pmatrix} = \begin{pmatrix} 0 \\ 4 \\ 10 \end{pmatrix}$$

である．

問 1.14　次の点 A, B について，$\overrightarrow{\mathrm{AB}}$ の成分表示を求めよ．

(1)　$\mathrm{A}(0, 2, 1)$,　$\mathrm{B}(-1, 3, -5)$　　(2)　$\mathrm{A}(4, 1, -2)$,　$\mathrm{B}(3, -2, 0)$

問1.15　$\boldsymbol{a} = \begin{pmatrix} 1 \\ 2 \\ 3 \end{pmatrix}, \boldsymbol{b} = \begin{pmatrix} 4 \\ -3 \\ -1 \end{pmatrix}$ のとき，次のベクトルの成分表示を求めよ．

(1)　$\boldsymbol{a} - \boldsymbol{b}$　　(2)　$-2\boldsymbol{b}$　　(3)　$-2\boldsymbol{a} + 3\boldsymbol{b}$

ベクトルの大きさ　ベクトル $\boldsymbol{a} = \overrightarrow{\mathrm{OA}}$ の大きさ $|\boldsymbol{a}|$ は線分 OA の長さであるから，次のことが成り立つ．

1.9　ベクトルの大きさ

(1)　$\boldsymbol{a} = \begin{pmatrix} a_1 \\ a_2 \end{pmatrix}$ のとき　$|\boldsymbol{a}| = \sqrt{{a_1}^2 + {a_2}^2}$

(2)　$\boldsymbol{a} = \begin{pmatrix} a_1 \\ a_2 \\ a_3 \end{pmatrix}$ のとき　$|\boldsymbol{a}| = \sqrt{{a_1}^2 + {a_2}^2 + {a_3}^2}$

例1.14　(1)　$\boldsymbol{a} = \begin{pmatrix} 3 \\ -2 \end{pmatrix}$ の大きさは，$|\boldsymbol{a}| = \sqrt{3^2 + (-2)^2} = \sqrt{13}$ である．

(2)　$\boldsymbol{a} = \begin{pmatrix} 2 \\ 3 \\ -1 \end{pmatrix}$ の大きさは，$|\boldsymbol{a}| = \sqrt{2^2 + 3^2 + (-1)^2} = \sqrt{14}$ である．

例題 1.2　ベクトルの大きさ

次の問いに答えよ．

(1)　$\boldsymbol{a} = \begin{pmatrix} 1 \\ -2 \end{pmatrix}, \boldsymbol{b} = \begin{pmatrix} -2 \\ 3 \end{pmatrix}$ のとき，$|2\boldsymbol{a} + 3\boldsymbol{b}|$ を求めよ．

(2)　点 $\mathrm{P}(3, 4, -1)$, $\mathrm{Q}(-2, 6, 1)$ のとき，$\left|\overrightarrow{\mathrm{PQ}}\right|$ を求めよ．

解　(1)　$2\boldsymbol{a} + 3\boldsymbol{b} = 2\begin{pmatrix} 1 \\ -2 \end{pmatrix} + 3\begin{pmatrix} -2 \\ 3 \end{pmatrix} = \begin{pmatrix} -4 \\ 5 \end{pmatrix}$ となるから，

$$|2\boldsymbol{a} + 3\boldsymbol{b}| = \sqrt{(-4)^2 + 5^2} = \sqrt{41}$$

である．

(2) $\overrightarrow{\mathrm{PQ}} = \overrightarrow{\mathrm{OQ}} - \overrightarrow{\mathrm{OP}} = \begin{pmatrix} -2 \\ 6 \\ 1 \end{pmatrix} - \begin{pmatrix} 3 \\ 4 \\ -1 \end{pmatrix} = \begin{pmatrix} -5 \\ 2 \\ 2 \end{pmatrix}$ となるから,

$$\left|\overrightarrow{\mathrm{PQ}}\right| = \sqrt{(-5)^2 + 2^2 + 2^2} = \sqrt{33}$$

である.

問1.16 $\boldsymbol{a} = \begin{pmatrix} -2 \\ 2 \end{pmatrix}$, $\boldsymbol{b} = \begin{pmatrix} 3 \\ -1 \end{pmatrix}$ であるとき, 次のベクトルの大きさを求めよ.

(1) $\boldsymbol{a} + \boldsymbol{b}$　(2) $\boldsymbol{a} - \boldsymbol{b}$　(3) $2\boldsymbol{b} - 3\boldsymbol{a}$

問1.17 $\mathrm{P}(2, -2, 1)$, $\mathrm{Q}(-4, 1, -3)$ であるとき, 次のベクトルの大きさを求めよ.

(1) $\overrightarrow{\mathrm{OP}}$　(2) $\overrightarrow{\mathrm{OQ}}$　(3) $\overrightarrow{\mathrm{PQ}}$

ベクトルの平行条件　2つのベクトル $\boldsymbol{a}, \boldsymbol{b}$ $(\boldsymbol{a} \neq \boldsymbol{0}, \boldsymbol{b} \neq \boldsymbol{0})$ が互いに平行であるための必要十分条件は, 適当な実数 t を用いて

$$\boldsymbol{b} = t\boldsymbol{a} \quad (t \neq 0) \tag{1.10}$$

と表せることである [→定理 1.1].

例題 1.3 ベクトルの平行条件

ベクトル $\boldsymbol{a} = \begin{pmatrix} 3 \\ -2 \end{pmatrix}$, $\boldsymbol{b} = \begin{pmatrix} 2 \\ k \end{pmatrix}$ が互いに平行であるような実数 k の値を求めよ.

解 与えられた条件から, 適当な実数 t に対して

$$\begin{pmatrix} 2 \\ k \end{pmatrix} = t\begin{pmatrix} 3 \\ -2 \end{pmatrix} \quad \text{すなわち} \quad \begin{cases} 2 = 3t \\ k = -2t \end{cases}$$

が成り立つ. したがって, $t = \dfrac{2}{3}$ となる. よって, k の値は $k = -\dfrac{4}{3}$ である.

問1.18　次のベクトル $\boldsymbol{a}, \boldsymbol{b}$ が互いに平行であるとき，実数 k, k_1, k_2 の値を求めよ．

(1)　$\boldsymbol{a} = \begin{pmatrix} 3 \\ 1 \end{pmatrix}$,　$\boldsymbol{b} = \begin{pmatrix} k \\ 2 \end{pmatrix}$　　(2)　$\boldsymbol{a} = \begin{pmatrix} k+4 \\ k \end{pmatrix}$,　$\boldsymbol{b} = \begin{pmatrix} k \\ 2 \end{pmatrix}$

(3)　$\boldsymbol{a} = \begin{pmatrix} 1 \\ -2 \\ k_1 \end{pmatrix}$,　$\boldsymbol{b} = \begin{pmatrix} -3 \\ k_2 \\ -4 \end{pmatrix}$

1.5　方向ベクトルと直線

直線のベクトル方程式　座標平面または座標空間に，点 A とベクトル $\boldsymbol{v}$ $(\boldsymbol{v} \neq \boldsymbol{0})$ が与えられているとする．このとき，点 A を通り，ベクトル $\boldsymbol{v}$ に平行な直線 ℓ がただ1つ定まる．直線 ℓ 上の任意の点を P とすれば，$\overrightarrow{\mathrm{AP}} \parallel \boldsymbol{v}$ であるから，$\overrightarrow{\mathrm{AP}} = t\boldsymbol{v}$（$t$ は実数）と表すことができる．点 A, P の位置ベクトルをそれぞれ $\boldsymbol{a}, \boldsymbol{p}$ とすれば，$\overrightarrow{\mathrm{OP}} = \overrightarrow{\mathrm{OA}} + \overrightarrow{\mathrm{AP}}$ であるから，

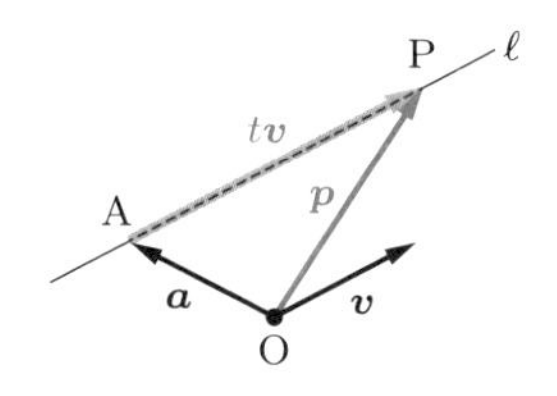

$$\boldsymbol{p} = \boldsymbol{a} + t\boldsymbol{v} \tag{1.11}$$

が成り立つ．

逆に，任意の実数 t に対して，式 (1.11) を満たすベクトル $\boldsymbol{p}$ を位置ベクトルとする点 P は，直線 ℓ 上にある．この実数 t を**媒介変数**という．また，直線 ℓ に平行なベクトル $\boldsymbol{v}$ を直線 ℓ の**方向ベクトル**という．

一般に，ある図形上の任意の点 P の位置ベクトル $\boldsymbol{p}$ が満たす方程式を，図形の**ベクトル方程式**という．式 (1.11) は，点 A を通り，方向ベクトルが $\boldsymbol{v}$ である直線のベクトル方程式である．

1.10　方向ベクトルによる直線のベクトル方程式

点 A を通り，方向ベクトルが $\boldsymbol{v}$ $(\boldsymbol{v} \neq \boldsymbol{0})$ である直線のベクトル方程式は，

$$\boldsymbol{p} = \boldsymbol{a} + t\boldsymbol{v}$$

である．ここで，$\boldsymbol{a}$ は点 A の位置ベクトル，t は媒介変数である．

直線の 3 つの表し方 座標平面において，点 $\mathrm{P}(x, y)$, $\mathrm{A}(a_1, a_2)$ の位置ベクトルをそれぞれ $\boldsymbol{p}$, $\boldsymbol{a}$ とする．点 A を通り，方向ベクトルが $\boldsymbol{v} = \begin{pmatrix} v_1 \\ v_2 \end{pmatrix}$ である直線 ℓ のベクトル方程式 $\boldsymbol{p} = \boldsymbol{a} + t\boldsymbol{v}$ の成分表示は，

$$\begin{pmatrix} x \\ y \end{pmatrix} = \begin{pmatrix} a_1 \\ a_2 \end{pmatrix} + t \begin{pmatrix} v_1 \\ v_2 \end{pmatrix} \tag{1.12}$$

となる．両辺の成分を比較すると，x, y は

$$\begin{cases} x = a_1 + tv_1 \\ y = a_2 + tv_2 \end{cases} \tag{1.13}$$

と表すことができる．これを，t を媒介変数とする直線 ℓ の**媒介変数表示**という．$v_1 \neq 0$, $v_2 \neq 0$ のとき，t を消去すると，直線 ℓ の方程式は

$$\frac{x - a_1}{v_1} = \frac{y - a_2}{v_2} \quad \text{すなわち} \quad y - a_2 = \frac{v_2}{v_1}(x - a_1) \tag{1.14}$$

となる．これは，点 A (a_1, a_2) を通り傾きが $\dfrac{v_2}{v_1}$ の直線の方程式である．

このように，直線を表すには，上記の式 (1.12)〜(1.14) の表し方がある．

例 1.15 点 $\mathrm{A}(5, -3)$ を通り，方向ベクトルが $\boldsymbol{v} = \begin{pmatrix} 2 \\ -1 \end{pmatrix}$ である直線 ℓ のベクトル方程式の成分表示は，

$$\begin{pmatrix} x \\ y \end{pmatrix} = \begin{pmatrix} 5 \\ -3 \end{pmatrix} + t \begin{pmatrix} 2 \\ -1 \end{pmatrix}$$

である．したがって，ℓ の媒介変数表示は

$$\begin{cases} x = 5 + 2t \\ y = -3 - t \end{cases}$$

となる．これから t を消去すると，直線 ℓ の方程式は次のようになる．

$$\frac{x - 5}{2} = \frac{y + 3}{-1}$$

座標空間の場合も同じようにして，直線のベクトル方程式，媒介変数表示，媒介変数を消去した方程式を求めることができる．以下，直線の媒介変数表示から媒介変数を消去した式を，単に直線の方程式という．

例題 1.4　直線の表し方

点 $\mathrm{A}(-1,2,1)$ を通り，$\boldsymbol{v}=\begin{pmatrix}2\\-1\\-3\end{pmatrix}$ を方向ベクトルとする直線 ℓ を，次の方法によって表せ．

(1)　ベクトル方程式　　(2)　媒介変数表示　　(3)　方程式

解　t を媒介変数とする．

(1)　直線 ℓ のベクトル方程式は，次のようになる．

$$\boldsymbol{p}=\boldsymbol{a}+t\boldsymbol{v}\quad よって\quad \begin{pmatrix}x\\y\\z\end{pmatrix}=\begin{pmatrix}-1\\2\\1\end{pmatrix}+t\begin{pmatrix}2\\-1\\-3\end{pmatrix}$$

(2)　両辺の成分を比較すれば，媒介変数表示は，次のようになる．

$$\begin{cases}x=-1+2t\\y=2-t\\z=1-3t\end{cases}$$

(3)　媒介変数表示から媒介変数 t を消去すれば，直線の方程式は次のようになる．

$$\frac{x+1}{2}=\frac{y-2}{-1}=\frac{z-1}{-3}$$

問 1.19　次の点 A を通り，$\boldsymbol{v}$ を方向ベクトルとする直線について，そのベクトル方程式，媒介変数表示，方程式を求めよ．

(1)　$\mathrm{A}(1,-3)$,　$\boldsymbol{v}=\begin{pmatrix}4\\2\end{pmatrix}$　　(2)　$\mathrm{A}(0,2,-1)$,　$\boldsymbol{v}=\begin{pmatrix}2\\4\\3\end{pmatrix}$

例題 1.5　2 点を通る直線

次の 2 点を通る直線 ℓ の方程式を求めよ．

(1)　$\mathrm{A}(2,-3,1)$,　$\mathrm{B}(4,0,3)$　　(2)　$\mathrm{A}(2,1,4)$,　$\mathrm{B}(2,3,-1)$

解　(1)　求める直線はベクトル $\overrightarrow{\mathrm{AB}}$ に平行であるから，その方向ベクトル $\boldsymbol{v}$ を

$$\boldsymbol{v}=\overrightarrow{\mathrm{AB}}=\overrightarrow{\mathrm{OB}}-\overrightarrow{\mathrm{OA}}=\begin{pmatrix}4\\0\\3\end{pmatrix}-\begin{pmatrix}2\\-3\\1\end{pmatrix}=\begin{pmatrix}2\\3\\2\end{pmatrix}$$

とすることができる．したがって，直線 ℓ のベクトル方程式および媒介変数表示は，

$$\begin{pmatrix} x \\ y \\ z \end{pmatrix} = \begin{pmatrix} 2 \\ -3 \\ 1 \end{pmatrix} + t\begin{pmatrix} 2 \\ 3 \\ 2 \end{pmatrix} \quad \text{よって} \quad \begin{cases} x = 2 + 2t \\ y = -3 + 3t \\ z = 1 + 2t \end{cases}$$

となる．これらの式から t を消去すれば，次が得られる．

$$\frac{x-2}{2} = \frac{y+3}{3} = \frac{z-1}{2}$$

(2) 方向ベクトル $\boldsymbol{v}$ を

$$\boldsymbol{v} = \overrightarrow{\mathrm{AB}} = \overrightarrow{\mathrm{OB}} - \overrightarrow{\mathrm{OA}} = \begin{pmatrix} 0 \\ 2 \\ -5 \end{pmatrix}$$

とすることができるから，直線 ℓ のベクトル方程式および媒介変数表示は，

$$\begin{pmatrix} x \\ y \\ z \end{pmatrix} = \begin{pmatrix} 2 \\ 1 \\ 4 \end{pmatrix} + t\begin{pmatrix} 0 \\ 2 \\ -5 \end{pmatrix} \quad \text{よって} \quad \begin{cases} x = 2 \\ y = 1 + 2t \\ z = 4 - 5t \end{cases}$$

となる．第 1 式は t を含まないから，第 2 式と第 3 式から t を消去すれば，

$$x = 2, \quad \frac{y-1}{2} = \frac{z-4}{-5}$$

が得られる．

---

note 例題 1.5(2) の直線 ℓ は，直線 ℓ が yz 平面と平行な平面 $x = 2$ 上の直線であることを示す．すなわち，直線 ℓ は yz 平面と平行である．

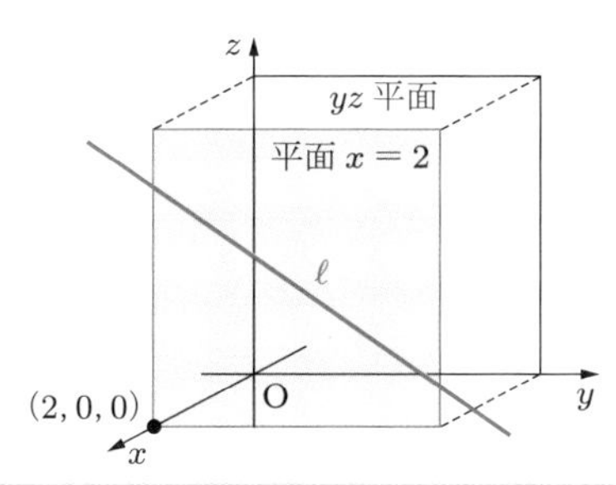

問 1.20 次の 2 点を通る直線の方程式を求めよ．

(1) A$(-2, 5)$，B$(3, 1)$ (2) A$(3, 0)$，B$(0, 8)$

(3) A$(2, 4, -3)$，B$(3, 1, -1)$ (4) A$(-1, 3, 2)$，B$(1, 3, 5)$

練習問題 1

[1] 図のような1辺の長さ1の正六角形 ABCDEF において，$\overrightarrow{\mathrm{AB}} = \boldsymbol{a}$, $\overrightarrow{\mathrm{AF}} = \boldsymbol{b}$ とするとき，次のベクトルを $\boldsymbol{a}$, $\boldsymbol{b}$ で表せ．また，それぞれのベクトルの大きさを求めよ．

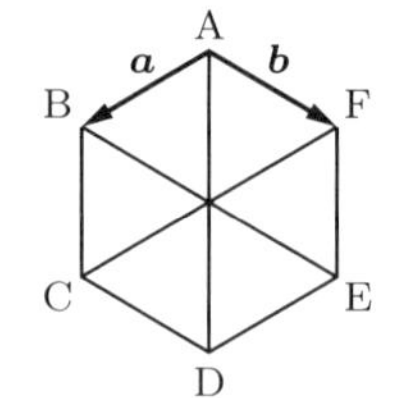

(1) $\overrightarrow{\mathrm{BF}}$　(2) $\overrightarrow{\mathrm{AD}}$　(3) $\overrightarrow{\mathrm{BC}}$

(4) $\overrightarrow{\mathrm{AE}}$　(5) $\overrightarrow{\mathrm{FC}}$　(6) $\overrightarrow{\mathrm{DF}}$

[2] 次の等式を満たす $\boldsymbol{x}$ を $\boldsymbol{a}$, $\boldsymbol{b}$ を用いて表せ．

(1) $4\boldsymbol{x} - 2\boldsymbol{a} = 2\boldsymbol{x} - 6\boldsymbol{b}$　(2) $\boldsymbol{a} + 3(2\boldsymbol{b} - \boldsymbol{x}) + 2(\boldsymbol{x} - 2\boldsymbol{b} + \boldsymbol{a}) = \boldsymbol{0}$

[3] 3点 $\mathrm{A}(2, -4, 1)$, $\mathrm{B}(4, -3, -2)$, $\mathrm{C}(1, 0, 3)$ について，次の問いに答えよ．

(1) $\overrightarrow{\mathrm{AB}}$ を求めよ．　(2) $\overrightarrow{\mathrm{AC}}$ を求めよ．

(3) 四角形 ABCD が平行四辺形となるような点 D の座標を求めよ．

[4] 次の条件を満たす直線の方程式を求めよ．

(1) 方向ベクトルが $\boldsymbol{v} = \begin{pmatrix} -1 \\ 2 \\ -2 \end{pmatrix}$ で，点 $(1, 1, -2)$ を通る直線

(2) 2点 $(-2, 3, 1)$, $(2, 11, -2)$ を通る直線

[5] 3点 $(1, -3, 2)$, $(-2, y, 8)$, $(x, 0, -2)$ が同一直線上にあるような x, y の値を求めよ．

[6] $\triangle$OAB について，$\overrightarrow{\mathrm{OA}} = \boldsymbol{a}$, $\overrightarrow{\mathrm{OB}} = \boldsymbol{b}$ とおく．辺 OA，辺 OB，辺 AB の中点をそれぞれ L, M, N とし，直線 AM と直線 BL の交点を G とする．点 G を $\triangle$OAB の**重心**という．次の問いに答えよ．ただし，s, t は実数である．

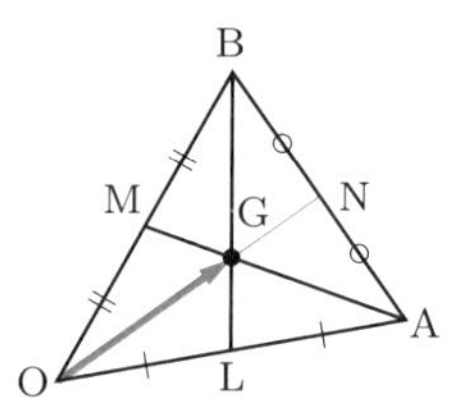

(1) $\mathrm{AG} = s\mathrm{AM}$ として，$\overrightarrow{\mathrm{OG}}$ を $\boldsymbol{a}$, $\boldsymbol{b}$, s を用いて表せ．

(2) $\mathrm{BG} = t\mathrm{BL}$ として，$\overrightarrow{\mathrm{OG}}$ を $\boldsymbol{a}$, $\boldsymbol{b}$, t を用いて表せ．

(3) (1), (2) で求めた $\boldsymbol{a}$, $\boldsymbol{b}$ の係数は一致する．このことを用いて，s, t の値を求めよ．

(4) 点 G は直線 ON 上にあり，$\mathrm{OG} : \mathrm{GN} = 2 : 1$ が成り立つことを示せ．

[7] 図のように，A, B, C の3人がロープを引き合い，3人の力はつりあっている．C の引く力を $\boldsymbol{F}$ とするとき，次の問いに答えよ．

(1) A, B の引く力 $\boldsymbol{F}_{\mathrm{A}}$, $\boldsymbol{F}_{\mathrm{B}}$ を図示せよ．

(2) $\alpha = 60^\circ$, $\beta = 30^\circ$ とする．$\boldsymbol{F}$ の引く力の大きさが 100 N であるとき，A, B それぞれが引く力の大きさ F_{A}, F_{B} を求めよ．ここで，N は力の単位ニュートンである．

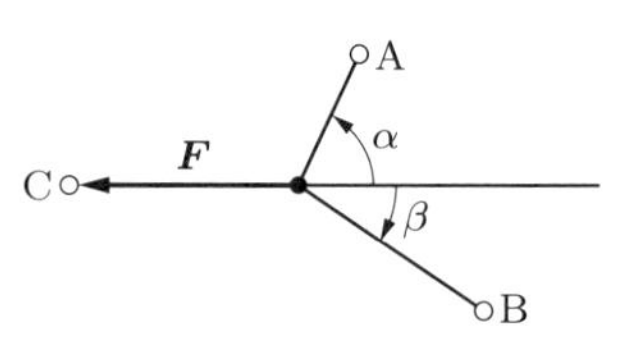

2　ベクトルと図形

2.1　ベクトルの内積

ベクトルの内積　2 つのベクトル $\boldsymbol{a} = \overrightarrow{\mathrm{OA}}$, $\boldsymbol{b} = \overrightarrow{\mathrm{OB}}$ $(\boldsymbol{a} \neq \boldsymbol{0},\ \boldsymbol{b} \neq \boldsymbol{0})$ に対して，

$$\theta = \angle \mathrm{AOB} \quad (0 \leqq \theta \leqq \pi)$$

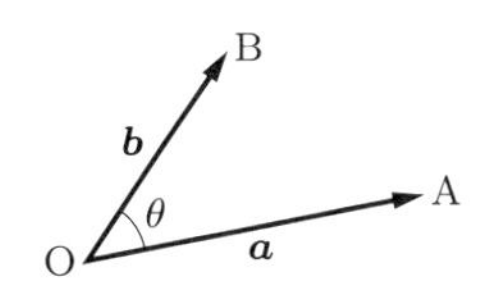

を $\boldsymbol{a}$ と $\boldsymbol{b}$ のなす角という．このとき，

$$|\boldsymbol{a}||\boldsymbol{b}|\cos\theta$$

を $\boldsymbol{a}$ と $\boldsymbol{b}$ の内積といい，$\boldsymbol{a} \cdot \boldsymbol{b}$ で表す．$\boldsymbol{a} = \boldsymbol{0}$ または $\boldsymbol{b} = \boldsymbol{0}$ のときは $\boldsymbol{a} \cdot \boldsymbol{b} = 0$ とし，$\boldsymbol{a}, \boldsymbol{b}$ のなす角は任意とする．

2.1　ベクトルの内積

ベクトル $\boldsymbol{a}, \boldsymbol{b}$ のなす角を θ $(0 \leqq \theta \leqq \pi)$ とするとき，ベクトル $\boldsymbol{a}$ と $\boldsymbol{b}$ の内積 $\boldsymbol{a} \cdot \boldsymbol{b}$ を，次のように定める．

$$\boldsymbol{a} \cdot \boldsymbol{b} = |\boldsymbol{a}||\boldsymbol{b}|\cos\theta$$

例 2.1　$|\boldsymbol{a}| = 5$, $|\boldsymbol{b}| = 4$, $\boldsymbol{a}$ と $\boldsymbol{b}$ のなす角を θ とするとき，次が成り立つ．

(1)　$\theta = \dfrac{\pi}{4}$ のとき　$\boldsymbol{a} \cdot \boldsymbol{b} = |\boldsymbol{a}||\boldsymbol{b}|\cos\theta = 5 \cdot 4 \cdot \dfrac{\sqrt{2}}{2} = 10\sqrt{2}$

(2)　$\theta = \dfrac{2\pi}{3}$ のとき　$\boldsymbol{a} \cdot \boldsymbol{b} = |\boldsymbol{a}||\boldsymbol{b}|\cos\dfrac{2\pi}{3} = 5 \cdot 4 \cdot \left(-\dfrac{1}{2}\right) = -10$

例 2.1 の (1), (2) の場合を図示すると，次のようになる．(1) のとき $|\boldsymbol{b}|\cos\theta = 2\sqrt{2}$，(2) のとき $|\boldsymbol{b}|\cos\theta = -2$ であるから，内積は，図の青字で示した「向きをもった長さ」の積である．負の値は，$\boldsymbol{a}$ と逆向きであることを表す．

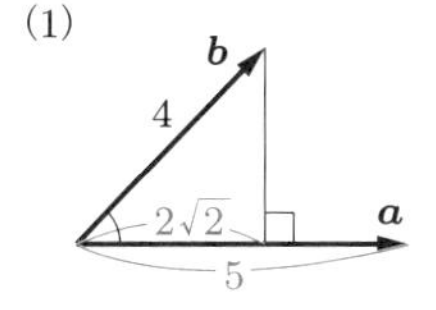

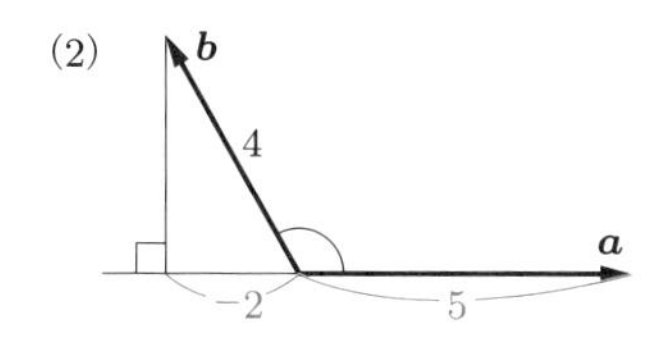

問2.1　$\boldsymbol{a}, \boldsymbol{b}$ が次の条件を満たすとき，内積 $\boldsymbol{a}\cdot\boldsymbol{b}$ を求めよ．ただし，θ は $\boldsymbol{a}$ と $\boldsymbol{b}$ のなす角とする．

(1)　$|\boldsymbol{a}| = 5,\ |\boldsymbol{b}| = 6,\ \theta = \dfrac{\pi}{6}$　　(2)　$|\boldsymbol{a}| = 8,\ |\boldsymbol{b}| = 2,\ \theta = \dfrac{3\pi}{4}$

問2.2　右図の点 O, A, B について，次の内積を求めよ．ただし，1 目盛りは 1 とする．

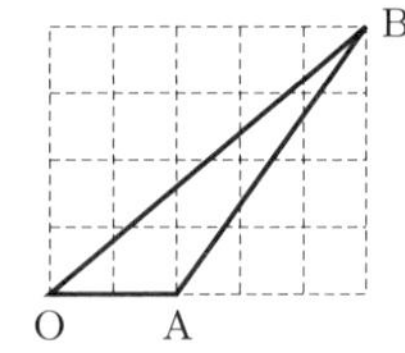

(1)　$\overrightarrow{\mathrm{OA}}\cdot\overrightarrow{\mathrm{OB}}$　　(2)　$\overrightarrow{\mathrm{AB}}\cdot\overrightarrow{\mathrm{OA}}$

note　$|\boldsymbol{a}| = 1$ のとき，内積 $\boldsymbol{a}\cdot\boldsymbol{b}$ は次のように考えることができる．ℓ を O を通り $\boldsymbol{a}$ と平行な直線，$\boldsymbol{b} = \overrightarrow{\mathrm{OB}}$ とし，$\boldsymbol{a}$ と $\boldsymbol{b}$ のなす角を θ とする．点 B から ℓ に下ろした垂線と ℓ との交点を H とする．このとき内積は $\boldsymbol{a}\cdot\boldsymbol{b} = |\boldsymbol{b}|\cos\theta$ となり，角 θ の大きさによって，次のようになる．

(i)　$0 \leqq \theta < \dfrac{\pi}{2}$ のとき　$\boldsymbol{a}\cdot\boldsymbol{b} = |\overrightarrow{\mathrm{OH}}| = \mathrm{OH} > 0$

(ii)　$\theta = \dfrac{\pi}{2}$ のとき　$\boldsymbol{a}\cdot\boldsymbol{b} = |\overrightarrow{\mathrm{OH}}| = 0$

(iii)　$\dfrac{\pi}{2} < \theta \leqq \pi$ のとき　$\boldsymbol{a}\cdot\boldsymbol{b} = -|\overrightarrow{\mathrm{OH}}| = -\mathrm{OH} < 0$

ベクトル $\overrightarrow{\mathrm{OH}}$ を，$\boldsymbol{b}$ の $\boldsymbol{a}$ 方向への**正射影ベクトル**という．

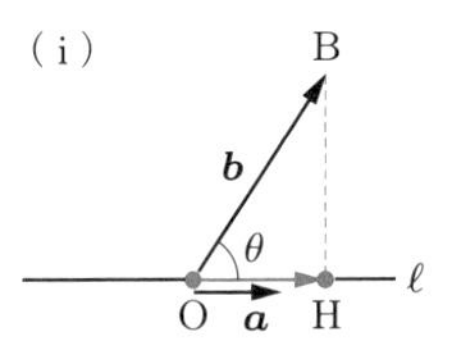

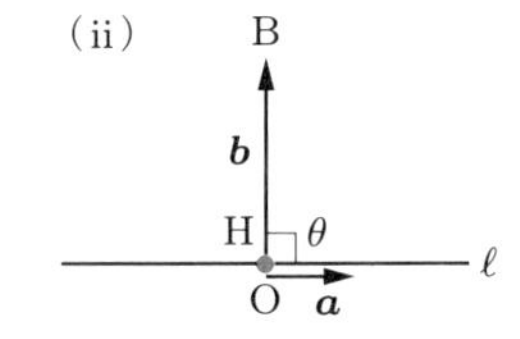

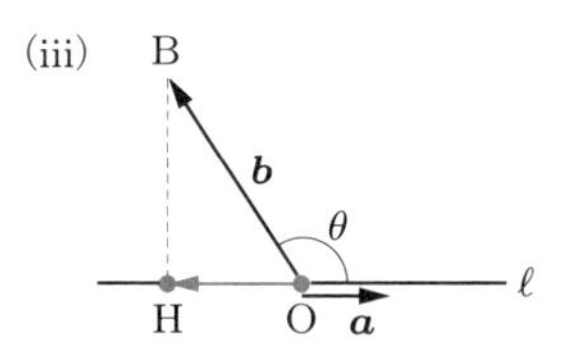

成分による内積の計算　成分表示されたベクトルの内積を考える．2 つのベクトル $\boldsymbol{a} = \overrightarrow{\mathrm{OA}}, \boldsymbol{b} = \overrightarrow{\mathrm{OB}}$ のなす角を θ とし，$\triangle$OAB に余弦定理を用いると，

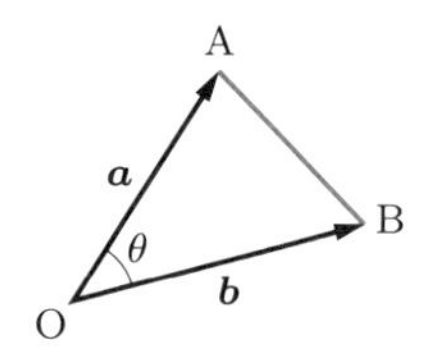

$$\mathrm{AB}^2 = \mathrm{OA}^2 + \mathrm{OB}^2 - 2\,\mathrm{OA}\cdot\mathrm{OB}\cos\theta$$

となる．内積の定義 $\boldsymbol{a}\cdot\boldsymbol{b} = |\boldsymbol{a}||\boldsymbol{b}|\cos\theta = \mathrm{OA}\cdot\mathrm{OB}\cos\theta$ から，

$$\mathrm{AB}^2 = \mathrm{OA}^2 + \mathrm{OB}^2 - 2\boldsymbol{a}\cdot\boldsymbol{b}$$

となり，

$$\boldsymbol{a}\cdot\boldsymbol{b} = \frac{1}{2}\left(\mathrm{OA}^2 + \mathrm{OB}^2 - \mathrm{AB}^2\right) \qquad \cdots\cdots ①$$

が成り立つ．したがって，座標平面では，ベクトル $\boldsymbol{a} = \begin{pmatrix} a_1 \\ a_2 \end{pmatrix}$, $\boldsymbol{b} = \begin{pmatrix} b_1 \\ b_2 \end{pmatrix}$ の内積は，

$$\begin{aligned} \boldsymbol{a} \cdot \boldsymbol{b} &= \frac{1}{2}\left(\mathrm{OA}^2 + \mathrm{OB}^2 - \mathrm{AB}^2\right) \\ &= \frac{1}{2}\left[({a_1}^2 + {a_2}^2) + ({b_1}^2 + {b_2}^2) - \left\{(b_1 - a_1)^2 + (b_2 - a_2)^2\right\}\right] \\ &= a_1 b_1 + a_2 b_2 \end{aligned}$$

となる．この関係は，$\boldsymbol{a}$ または $\boldsymbol{b}$ が零ベクトルの場合でも成り立つ．座標空間の場合も，①を成分でかき直すことにより，次の (2) が得られる．

2.2 成分による内積の表示

ベクトル $\boldsymbol{a}, \boldsymbol{b}$ の内積 $\boldsymbol{a} \cdot \boldsymbol{b}$ は，次のようになる．

(1) $\boldsymbol{a} = \begin{pmatrix} a_1 \\ a_2 \end{pmatrix}$, $\boldsymbol{b} = \begin{pmatrix} b_1 \\ b_2 \end{pmatrix}$ のとき，　$\boldsymbol{a} \cdot \boldsymbol{b} = a_1 b_1 + a_2 b_2$

(2) $\boldsymbol{a} = \begin{pmatrix} a_1 \\ a_2 \\ a_3 \end{pmatrix}$, $\boldsymbol{b} = \begin{pmatrix} b_1 \\ b_2 \\ b_3 \end{pmatrix}$ のとき，　$\boldsymbol{a} \cdot \boldsymbol{b} = a_1 b_1 + a_2 b_2 + a_3 b_3$

問2.3　定理 **2.2** (2) を証明せよ．

例 2.2

(1) $\boldsymbol{a} = \begin{pmatrix} 1 \\ 2 \end{pmatrix}$, $\boldsymbol{b} = \begin{pmatrix} 3 \\ -4 \end{pmatrix}$ のとき，$\boldsymbol{a} \cdot \boldsymbol{b} = 1 \cdot 3 + 2 \cdot (-4) = -5$ である．

(2) $\boldsymbol{a} = \begin{pmatrix} 1 \\ 2 \\ 3 \end{pmatrix}$, $\boldsymbol{b} = \begin{pmatrix} 3 \\ 4 \\ 5 \end{pmatrix}$ のとき，$\boldsymbol{a} \cdot \boldsymbol{b} = 1 \cdot 3 + 2 \cdot 4 + 3 \cdot 5 = 26$ である．

問2.4　次のベクトル $\boldsymbol{a}, \boldsymbol{b}$ の内積 $\boldsymbol{a} \cdot \boldsymbol{b}$ を求めよ．

(1) $\boldsymbol{a} = \begin{pmatrix} 3 \\ 2 \end{pmatrix}$, $\boldsymbol{b} = \begin{pmatrix} -4 \\ 5 \end{pmatrix}$　(2) $\boldsymbol{a} = \begin{pmatrix} 1 \\ 5 \\ 2 \end{pmatrix}$, $\boldsymbol{b} = \begin{pmatrix} 3 \\ -1 \\ 1 \end{pmatrix}$　(3) $\boldsymbol{a} = \begin{pmatrix} -1 \\ 4 \\ 3 \end{pmatrix}$, $\boldsymbol{b} = \begin{pmatrix} 6 \\ 2 \\ -1 \end{pmatrix}$

ベクトルのなす角　2つのベクトル $\boldsymbol{a}, \boldsymbol{b}$ の成分が与えられたとき，内積を利用すると $\boldsymbol{a}, \boldsymbol{b}$ のなす角を求めることができる．

2.3　ベクトルのなす角

$\boldsymbol{a} \neq \boldsymbol{0}, \boldsymbol{b} \neq \boldsymbol{0}$ のとき，$\boldsymbol{a}, \boldsymbol{b}$ のなす角を θ とすれば，次の式が成り立つ．

$$\cos\theta = \frac{\boldsymbol{a} \cdot \boldsymbol{b}}{|\boldsymbol{a}||\boldsymbol{b}|} \quad (0 \leqq \theta \leqq \pi)$$

例題 2.1　ベクトルのなす角

ベクトル $\boldsymbol{a} = \begin{pmatrix} 1 \\ 2 \\ 1 \end{pmatrix}, \boldsymbol{b} = \begin{pmatrix} -1 \\ 1 \\ 2 \end{pmatrix}$ のなす角 θ を求めよ．

解　$|\boldsymbol{a}| = \sqrt{1^2 + 2^2 + 1^2} = \sqrt{6}, |\boldsymbol{b}| = \sqrt{(-1)^2 + 1^2 + 2^2} = \sqrt{6}$ であり，

$$\boldsymbol{a} \cdot \boldsymbol{b} = 1 \cdot (-1) + 2 \cdot 1 + 1 \cdot 2 = 3$$

となる．したがって，

$$\cos\theta = \frac{\boldsymbol{a} \cdot \boldsymbol{b}}{|\boldsymbol{a}||\boldsymbol{b}|} = \frac{3}{\sqrt{6}\sqrt{6}} = \frac{1}{2}$$

である．$0 \leqq \theta \leqq \pi$ であるから，$\theta = \dfrac{\pi}{3}$ である．

問2.5　次のベクトル $\boldsymbol{a}, \boldsymbol{b}$ のなす角を求めよ．

(1)　$\boldsymbol{a} = \begin{pmatrix} 1 \\ \sqrt{3} \end{pmatrix}$，$\boldsymbol{b} = \begin{pmatrix} 3 \\ \sqrt{3} \end{pmatrix}$　　(2)　$\boldsymbol{a} = \begin{pmatrix} 2 \\ 3 \end{pmatrix}$，$\boldsymbol{b} = \begin{pmatrix} -6 \\ 4 \end{pmatrix}$

(3)　$\boldsymbol{a} = \begin{pmatrix} 2 \\ -3 \\ 1 \end{pmatrix}$，$\boldsymbol{b} = \begin{pmatrix} -5 \\ 4 \\ 1 \end{pmatrix}$　　(4)　$\boldsymbol{a} = \begin{pmatrix} -1 \\ 2 \\ 2 \end{pmatrix}$，$\boldsymbol{b} = \begin{pmatrix} 1 \\ 0 \\ -1 \end{pmatrix}$

ベクトル $\boldsymbol{a}$ と $\boldsymbol{b}$ を同じ始点をもつ有向線分で表したとき，$\boldsymbol{a}, \boldsymbol{b}$ を2辺とする平行四辺形を，$\boldsymbol{a}, \boldsymbol{b}$ が作る平行四辺形という．

例題 2.2 平行四辺形の面積

次の問いに答えよ．

(1) $\boldsymbol{a}, \boldsymbol{b}$ が作る平行四辺形の面積を S とすると，次の式が成り立つことを証明せよ．

$$S^2 = |\boldsymbol{a}|^2|\boldsymbol{b}|^2 - (\boldsymbol{a}\cdot\boldsymbol{b})^2$$

(2) $\boldsymbol{a} = \begin{pmatrix} 1 \\ -1 \\ -3 \end{pmatrix}, \boldsymbol{b} = \begin{pmatrix} 5 \\ 2 \\ -1 \end{pmatrix}$ が作る平行四辺形の面積 S を求めよ．

解 (1) $\boldsymbol{a}$ と $\boldsymbol{b}$ のなす角を θ とすると，$S = |\boldsymbol{a}||\boldsymbol{b}|\sin\theta$ である．したがって，

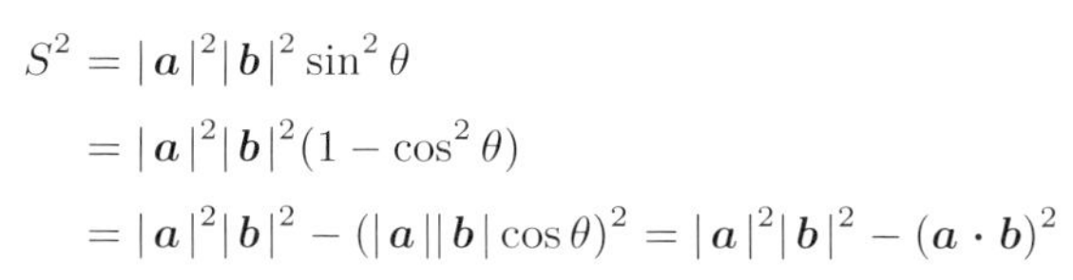

$$\begin{aligned} S^2 &= |\boldsymbol{a}|^2|\boldsymbol{b}|^2\sin^2\theta \\ &= |\boldsymbol{a}|^2|\boldsymbol{b}|^2(1-\cos^2\theta) \\ &= |\boldsymbol{a}|^2|\boldsymbol{b}|^2 - (|\boldsymbol{a}||\boldsymbol{b}|\cos\theta)^2 = |\boldsymbol{a}|^2|\boldsymbol{b}|^2 - (\boldsymbol{a}\cdot\boldsymbol{b})^2 \end{aligned}$$

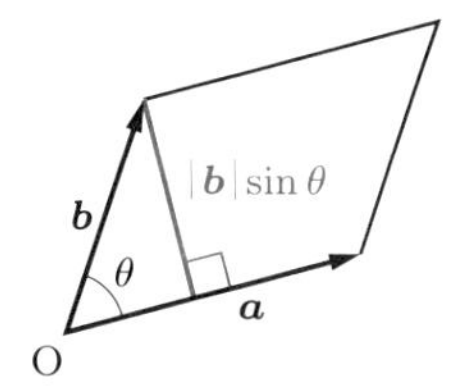

が成り立つ．

(2) $|\boldsymbol{a}|^2 = 11, |\boldsymbol{b}|^2 = 30, \boldsymbol{a}\cdot\boldsymbol{b} = 6$ であるから，

$$S^2 = 11\cdot 30 - 6^2 = 294$$

となる．したがって，$S = 7\sqrt{6}$ である．

問2.6 次のベクトル $\boldsymbol{a}, \boldsymbol{b}$ が作る平行四辺形の面積を求めよ．

(1) $\boldsymbol{a} = \begin{pmatrix} 1 \\ -4 \end{pmatrix},\ \boldsymbol{b} = \begin{pmatrix} 3 \\ 2 \end{pmatrix}$ (2) $\boldsymbol{a} = \begin{pmatrix} 1 \\ 2 \\ 3 \end{pmatrix},\ \boldsymbol{b} = \begin{pmatrix} -2 \\ 1 \\ 0 \end{pmatrix}$

ベクトルの内積の性質

内積は次の性質をもつ．

2.4 内積の性質

ベクトル $\boldsymbol{a}, \boldsymbol{b}, \boldsymbol{c}$ と実数 t について，次のことが成り立つ．

(1) ベクトルの大きさ：$\boldsymbol{a}\cdot\boldsymbol{a} = |\boldsymbol{a}|^2$ とくに $|\boldsymbol{a}| = 0 \iff \boldsymbol{a}\cdot\boldsymbol{a} = 0$

(2) 交換法則：$\boldsymbol{a}\cdot\boldsymbol{b} = \boldsymbol{b}\cdot\boldsymbol{a}$

(3) 分配法則：$\boldsymbol{a}\cdot(\boldsymbol{b}+\boldsymbol{c}) = \boldsymbol{a}\cdot\boldsymbol{b} + \boldsymbol{a}\cdot\boldsymbol{c}$, $(\boldsymbol{a}+\boldsymbol{b})\cdot\boldsymbol{c} = \boldsymbol{a}\cdot\boldsymbol{c} + \boldsymbol{b}\cdot\boldsymbol{c}$

(4) 結合法則：$(t\,\boldsymbol{a})\cdot\boldsymbol{b} = \boldsymbol{a}\cdot(t\,\boldsymbol{b}) = t\,(\boldsymbol{a}\cdot\boldsymbol{b})$

証明 平面ベクトルの場合に分配法則 $\boldsymbol{a}\cdot(\boldsymbol{b}+\boldsymbol{c})=\boldsymbol{a}\cdot\boldsymbol{b}+\boldsymbol{a}\cdot\boldsymbol{c}$ が成り立つことを証明する．$\boldsymbol{a}=\begin{pmatrix}a_1\\a_2\end{pmatrix}$, $\boldsymbol{b}=\begin{pmatrix}b_1\\b_2\end{pmatrix}$, $\boldsymbol{c}=\begin{pmatrix}c_1\\c_2\end{pmatrix}$ とするとき，

$$\begin{aligned}\boldsymbol{a}\cdot(\boldsymbol{b}+\boldsymbol{c})&=a_1(b_1+c_1)+a_2(b_2+c_2)\\&=(a_1b_1+a_2b_2)+(a_1c_1+a_2c_2)=\boldsymbol{a}\cdot\boldsymbol{b}+\boldsymbol{a}\cdot\boldsymbol{c}\end{aligned}$$

となる．したがって，分配法則 $\boldsymbol{a}\cdot(\boldsymbol{b}+\boldsymbol{c})=\boldsymbol{a}\cdot\boldsymbol{b}+\boldsymbol{a}\cdot\boldsymbol{c}$ が成り立つ．

同様にして，他の性質も証明することができる． 証明終

例題 2.3 内積となす角

$|\boldsymbol{a}|=3$, $|\boldsymbol{b}|=2$, $|\boldsymbol{a}-\boldsymbol{b}|=\sqrt{19}$ のとき，次の値を求めよ．

(1) $\boldsymbol{a}\cdot\boldsymbol{b}$　　(2) $\boldsymbol{a}$ と $\boldsymbol{b}$ のなす角 θ

解 (1) $|\boldsymbol{a}-\boldsymbol{b}|^2$ を展開すると，

$$\begin{aligned}|\boldsymbol{a}-\boldsymbol{b}|^2&=(\boldsymbol{a}-\boldsymbol{b})\cdot(\boldsymbol{a}-\boldsymbol{b})\\&=\boldsymbol{a}\cdot\boldsymbol{a}-\boldsymbol{a}\cdot\boldsymbol{b}-\boldsymbol{b}\cdot\boldsymbol{a}+\boldsymbol{b}\cdot\boldsymbol{b}\\&=|\boldsymbol{a}|^2-2\boldsymbol{a}\cdot\boldsymbol{b}+|\boldsymbol{b}|^2\end{aligned}$$

となる．したがって，内積 $\boldsymbol{a}\cdot\boldsymbol{b}$ は次のようになる．

$$\begin{aligned}\boldsymbol{a}\cdot\boldsymbol{b}&=\frac{1}{2}\left(|\boldsymbol{a}|^2+|\boldsymbol{b}|^2-|\boldsymbol{a}-\boldsymbol{b}|^2\right)\\&=\frac{1}{2}(3^2+2^2-\sqrt{19}^2)=-3\end{aligned}$$

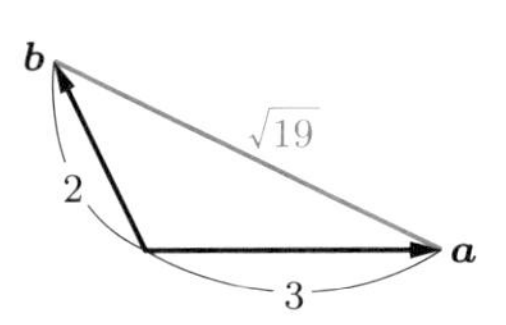

(2) (1) の結果を用いると，次が得られる．

$$\cos\theta=\frac{\boldsymbol{a}\cdot\boldsymbol{b}}{|\boldsymbol{a}||\boldsymbol{b}|}=\frac{-3}{3\cdot 2}=-\frac{1}{2}\quad \text{よって}\quad \theta=\frac{2\pi}{3}\quad [0\leqq\theta\leqq\pi]$$

問2.7 $|\boldsymbol{a}|=3$, $|\boldsymbol{b}|=4$, $|\boldsymbol{a}+\boldsymbol{b}|=\sqrt{37}$ のとき，次の値を求めよ．

(1) $\boldsymbol{a}\cdot\boldsymbol{b}$　　(2) $\boldsymbol{a}$ と $\boldsymbol{b}$ のなす角 θ

さらに，次の不等式が成り立つ．

2.5 内積に関する不等式

任意のベクトル $\boldsymbol{a}, \boldsymbol{b}$ について，次の不等式が成り立つ．

$$|\boldsymbol{a} \cdot \boldsymbol{b}| \leqq |\boldsymbol{a}||\boldsymbol{b}|$$

等号は，$\boldsymbol{a} \,/\!/\, \boldsymbol{b}$, $\boldsymbol{a} = \boldsymbol{0}$ または $\boldsymbol{b} = \boldsymbol{0}$ のときに成り立つ．

証明　$\boldsymbol{0}$ でない 2 つのベクトル $\boldsymbol{a}, \boldsymbol{b}$ のなす角を θ とすると，$|\cos\theta| \leqq 1$ であるから，

$$|\boldsymbol{a} \cdot \boldsymbol{b}| = \Big||\boldsymbol{a}||\boldsymbol{b}|\cos\theta\Big| = |\boldsymbol{a}||\boldsymbol{b}||\cos\theta| \leqq |\boldsymbol{a}||\boldsymbol{b}|$$

が成り立つ．ここで，等号が成り立つのは，$\cos\theta = \pm 1$ すなわち $\theta = 0$ または $\theta = \pi$ のときであり，このとき $\boldsymbol{a} \,/\!/\, \boldsymbol{b}$ となる．$\boldsymbol{a} = \boldsymbol{0}$ または $\boldsymbol{b} = \boldsymbol{0}$ のときも等号が成り立つ．

証明終

ベクトルの垂直条件　$\boldsymbol{a} \neq \boldsymbol{0}, \boldsymbol{b} \neq \boldsymbol{0}$ のとき，2 つのベクトル $\boldsymbol{a}, \boldsymbol{b}$ のなす角を θ とする．$\boldsymbol{a} \cdot \boldsymbol{b} = |\boldsymbol{a}||\boldsymbol{b}|\cos\theta$ であるから，$\cos\theta$ の符号は内積 $\boldsymbol{a} \cdot \boldsymbol{b}$ の符号によって決まる．すなわち，内積の符号と角 θ の大きさについて，次の関係が成り立つ．

(i)　$\cos\theta > 0 \iff \boldsymbol{a} \cdot \boldsymbol{b} > 0 \iff 0 \leqq \theta < \dfrac{\pi}{2}$

(ii)　$\cos\theta = 0 \iff \boldsymbol{a} \cdot \boldsymbol{b} = 0 \iff \theta = \dfrac{\pi}{2}$

(iii)　$\cos\theta < 0 \iff \boldsymbol{a} \cdot \boldsymbol{b} < 0 \iff \dfrac{\pi}{2} < \theta \leqq \pi$

(i) $\cos\theta > 0$

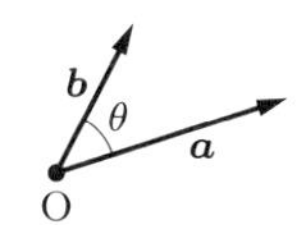

(ii) $\cos\theta = 0$

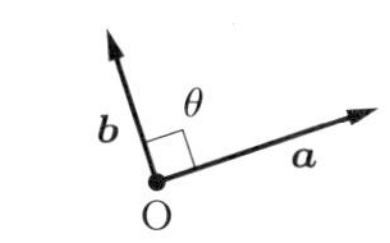

(iii) $\cos\theta < 0$

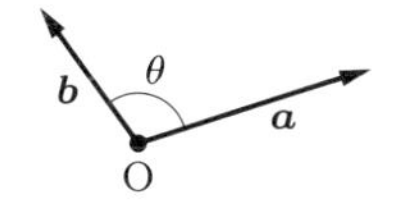

$\theta = \dfrac{\pi}{2}$ のとき，ベクトル $\boldsymbol{a}, \boldsymbol{b}$ は互いに**垂直**であるまたは**直交**するといい，$\boldsymbol{a} \perp \boldsymbol{b}$ と表す．

2.6 ベクトルの垂直条件

$\boldsymbol{a} \neq \boldsymbol{0}, \boldsymbol{b} \neq \boldsymbol{0}$ のとき，次が成り立つ．

$$\boldsymbol{a} \cdot \boldsymbol{b} = 0 \iff \boldsymbol{a} \perp \boldsymbol{b}$$

例2.3　$\boldsymbol{a} = \begin{pmatrix} 5 \\ 2 \end{pmatrix}$, $\boldsymbol{b} = \begin{pmatrix} -2 \\ 5 \end{pmatrix}$ とすれば，

$$\boldsymbol{a} \cdot \boldsymbol{b} = 5 \cdot (-2) + 2 \cdot 5 = 0$$

である．したがって，$\boldsymbol{a} \perp \boldsymbol{b}$ である．

例題 2.4　ベクトルの垂直条件

ベクトル $\boldsymbol{a} = \begin{pmatrix} 2 \\ 5 \\ -1 \end{pmatrix}$, $\boldsymbol{b} = \begin{pmatrix} k+1 \\ 1 \\ 3 \end{pmatrix}$ が互いに垂直となる実数 k の値を求めよ．

解　$\boldsymbol{a} \cdot \boldsymbol{b} = 0$ となればよい．したがって，次が成り立つ．

$$2(k+1) + 5 \cdot 1 + (-1) \cdot 3 = 0 \quad よって \quad k = -2$$

問2.8　次のベクトル $\boldsymbol{a}, \boldsymbol{b}$ が互いに垂直となる実数 k の値を求めよ．

(1)　$\boldsymbol{a} = \begin{pmatrix} 3 \\ 4 \\ -2 \end{pmatrix}$, $\boldsymbol{b} = \begin{pmatrix} 2 \\ k \\ 5 \end{pmatrix}$　　(2)　$\boldsymbol{a} = \begin{pmatrix} 2 \\ 0 \\ 1-k \end{pmatrix}$, $\boldsymbol{b} = \begin{pmatrix} 3 \\ -1 \\ -2 \end{pmatrix}$

例題 2.5　垂直な単位ベクトル

ベクトル $\boldsymbol{a} = \begin{pmatrix} \sqrt{3} \\ -1 \end{pmatrix}$ に垂直な単位ベクトル $\boldsymbol{u}$ を求めよ．

解　$\boldsymbol{u} = \begin{pmatrix} x \\ y \end{pmatrix}$ とおく．$\boldsymbol{a} \perp \boldsymbol{u}$ であるから，

$$\boldsymbol{a} \cdot \boldsymbol{u} = \sqrt{3}x - y = 0 \quad よって \quad y = \sqrt{3}x \qquad \cdots\cdots ①$$

が成り立つ．また，$\boldsymbol{u}$ は単位ベクトルであるから，

$$x^2 + y^2 = 1 \qquad \cdots\cdots ②$$

が成り立つ．① を ② に代入すると，

$$x^2 + 3x^2 = 1 \quad よって \quad x = \pm\frac{1}{2}$$

となる．このとき，$y = \sqrt{3}x = \pm\dfrac{\sqrt{3}}{2}$（複号同順）となるから，求める単位ベクトル $\boldsymbol{u}$ は次のようになる．

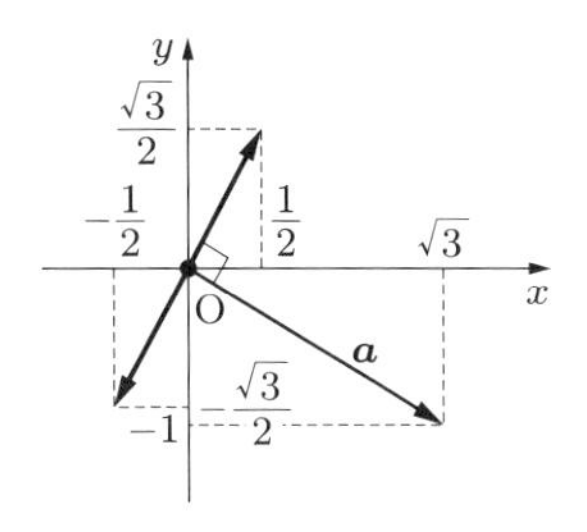

$$\boldsymbol{u} = \pm\begin{pmatrix} \dfrac{1}{2} \\ \dfrac{\sqrt{3}}{2} \end{pmatrix}$$

問2.9 ベクトル $\boldsymbol{a} = \begin{pmatrix} 3 \\ 4 \end{pmatrix}$ に垂直な単位ベクトルを求めよ．

2.2 法線ベクトルと直線・平面の方程式

法線ベクトルと図形　点 P_0 とベクトル $\boldsymbol{n}$ が与えられたとき，P_0 を通り，直線 $\mathrm{P}_0\mathrm{P}$ が $\boldsymbol{n}$ と垂直になるような点 P 全体が作る図形を F とする．

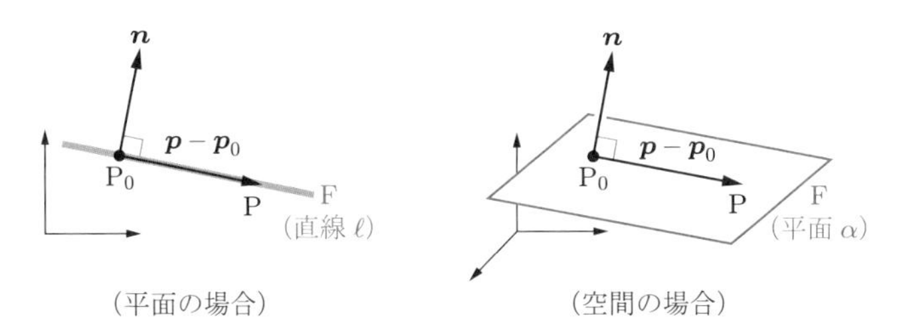

（平面の場合）　（空間の場合）

平面においては，図形 F は点 P_0 を通り，$\boldsymbol{n}$ に垂直な直線 ℓ である．このとき，$\boldsymbol{n}$ を ℓ の**法線ベクトル**という．ℓ 上の点 P は $\overrightarrow{\mathrm{P}_0\mathrm{P}} \perp \boldsymbol{n}$ を満たすから，$\boldsymbol{n}\cdot\overrightarrow{\mathrm{P}_0\mathrm{P}} = 0$ が成り立つ．したがって，点 P_0 の位置ベクトルを $\boldsymbol{p}_0$，点 P の位置ベクトルを $\boldsymbol{p}$ とすると，

$$\boldsymbol{n}\cdot(\boldsymbol{p} - \boldsymbol{p}_0) = 0$$

が成り立つ．これが直線 ℓ のベクトル方程式である．

また，空間においては，図形 F は点 P_0 を通り，$\boldsymbol{n}$ に垂直な平面 α である．このとき，$\boldsymbol{n}$ を α の**法線ベクトル**という．α 上の点 P について，$\boldsymbol{n}\cdot\overrightarrow{\mathrm{P}_0\mathrm{P}} = 0$ が成り立つ．したがって，点 P_0 の位置ベクトル $\boldsymbol{p}_0$ と点 P の位置ベクトル $\boldsymbol{p}$ は，

$$\boldsymbol{n}\cdot(\boldsymbol{p}-\boldsymbol{p}_0)=0$$

を満たす．これが平面 α のベクトル方程式である．

このように，座標平面と座標空間のいずれの場合も，点 P_0 を通り $\boldsymbol{n}$ に垂直な点が作る図形は同じ形のベクトル方程式で表すことができる．

2.7　法線ベクトルと図形

位置ベクトルを $\boldsymbol{p}_0$ とする点 P_0 とベクトル $\boldsymbol{n}$ $(\boldsymbol{n}\neq\boldsymbol{0})$ が与えられたとき，ベクトル方程式

$$\boldsymbol{n}\cdot(\boldsymbol{p}-\boldsymbol{p}_0)=0$$

は，次の図形を表す．

(1)　平面においては，点 P_0 を通り，$\boldsymbol{n}$ に垂直な直線

(2)　空間においては，点 P_0 を通り，$\boldsymbol{n}$ に垂直な平面

座標平面における直線の方程式　座標平面において，点 $\mathrm{P}_0(x_0, y_0)$ を通り，$\boldsymbol{n}=\begin{pmatrix} a \\ b \end{pmatrix}$ に垂直な直線のベクトル方程式 $\boldsymbol{n}\cdot(\boldsymbol{p}-\boldsymbol{p}_0)=0$ は，成分を用いて表すと次のようになる．

$$a\,(x-x_0)+b\,(y-y_0)=0 \tag{2.1}$$

ここで，$-(ax_0+by_0)=c$ とおくと，この直線の方程式は

$$ax+by+c=0 \tag{2.2}$$

とかき直すことができる．これを**直線の方程式の一般形**という．

例 2.4　点 $\mathrm{P}_0(3,1)$ を通り，$\boldsymbol{n}=\begin{pmatrix} 5 \\ 2 \end{pmatrix}$ に垂直な直線の方程式は，

$$5(x-3)+2(y-1)=0 \quad \text{よって} \quad 5x+2y-17=0$$

である．

問2.10　次の点 P_0 を通り，$\boldsymbol{n}$ に垂直な直線の方程式を求めよ．

(1)　$\mathrm{P}_0(3,-2)$,　$\boldsymbol{n}=\begin{pmatrix} 4 \\ 1 \end{pmatrix}$　　(2)　$\mathrm{P}_0(4,1)$,　$\boldsymbol{n}=\begin{pmatrix} -3 \\ 2 \end{pmatrix}$

座標空間における平面の方程式　座標空間において，点 $\mathrm{P}_0(x_0, y_0, z_0)$ を通り，$\boldsymbol{n} = \begin{pmatrix} a \\ b \\ c \end{pmatrix}$ に垂直な平面のベクトル方程式 $\boldsymbol{n} \cdot (\boldsymbol{p} - \boldsymbol{p}_0) = 0$ は，成分を用いて表すと次のようになる．

$$a(x - x_0) + b(y - y_0) + c(z - z_0) = 0 \tag{2.3}$$

ここで，$-(ax_0 + by_0 + cz_0) = d$ とおくと，この平面の方程式は

$$ax + by + cz + d = 0 \tag{2.4}$$

とかき直すことができる．これを**平面の方程式の一般形**という．

平面の方程式が一般形 $ax + by + cz + d = 0$ で与えられると，$\begin{pmatrix} a \\ b \\ c \end{pmatrix}$ はこの平面の法線ベクトルになっている．

例 2.5　点 $\mathrm{P}_0(3, 1, 2)$ を通り，$\boldsymbol{n} = \begin{pmatrix} 5 \\ -1 \\ 4 \end{pmatrix}$ に垂直な平面の方程式は，

$$5(x - 3) - (y - 1) + 4(z - 2) = 0 \quad よって \quad 5x - y + 4z - 22 = 0$$

である．

問2.11　次の点 P_0 を通り，$\boldsymbol{n}$ に垂直な平面の方程式を求めよ．

(1)　$\mathrm{P}_0(1, 2, 3)$，$\boldsymbol{n} = \begin{pmatrix} -4 \\ 3 \\ 1 \end{pmatrix}$　　(2)　$\mathrm{P}_0(0, 4, -2)$，$\boldsymbol{n} = \begin{pmatrix} 3 \\ -1 \\ 0 \end{pmatrix}$

例題 2.6　直線と平面の交点

点 $\mathrm{A}(1, -2, 7)$ から平面 $\alpha : 2x + 3y - z - 3 = 0$ に下ろした垂線 ℓ と，平面 α との交点の座標を求めよ．

解　ベクトル $\boldsymbol{n} = \begin{pmatrix} 2 \\ 3 \\ -1 \end{pmatrix}$ は平面 $2x + 3y - z - 3 = 0$ に垂直である．したがって，$\boldsymbol{n}$

は点 A から平面 α に下ろした垂線 ℓ と平行であるから，ℓ は，点 A を通り $\boldsymbol{n}$ を方向ベクトルとする直線である．よって，直線 ℓ の媒介変数表示は

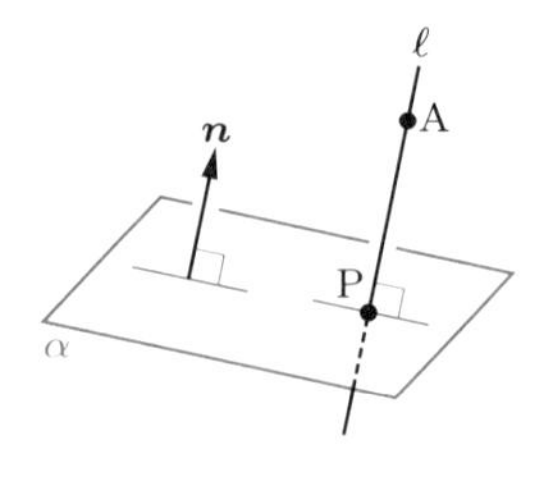

$$\begin{cases} x = 1 + 2t \\ y = -2 + 3t \\ z = 7 - t \end{cases} \qquad \cdots\cdots ①$$

となる．求める交点 P は直線 ℓ と平面 α の共有点であるから，P の座標 (x, y, z) は直線 ℓ の方程式 ① と平面 α の方程式

$$2x + 3y - z - 3 = 0 \qquad \cdots\cdots ②$$

を同時に満たす．① を ②に代入すると，

$$2(1 + 2t) + 3(-2 + 3t) - (7 - t) - 3 = 0 \quad よって \quad t = 1$$

となる．これを ① に代入することによって，交点の座標 $(3, 1, 6)$ が得られる．

問2.12　点 $A(-1, 4, 0)$ から平面 $\alpha : x - 3y + 2z - 1 = 0$ に下ろした垂線 ℓ と，α との交点の座標を求めよ．

点と直線，点と平面との距離　座標空間の点 A と平面 α に対して，点 A を通り平面 α に垂直な直線と，平面 α との交点を H とする．このとき，線分 HA の長さ h を点 A と平面 α との**距離**という．

平面 α の方程式を $ax + by + cz + d = 0$ とし，$A(x_0, y_0, z_0)$, $H(x_1, y_1, z_1)$ であるとき，距離 $h = HA = \left|\overrightarrow{HA}\right|$ を求める．

平面 α の法線ベクトル $\boldsymbol{n} = \begin{pmatrix} a \\ b \\ c \end{pmatrix}$ と $\overrightarrow{HA}$ は平行である．したがって，定理 2.5 から，$\left|\boldsymbol{n} \cdot \overrightarrow{HA}\right| = |\boldsymbol{n}|\left|\overrightarrow{HA}\right|$ が成り立つ．$|\boldsymbol{n}| \neq 0$ であるから，求める距離 h は，

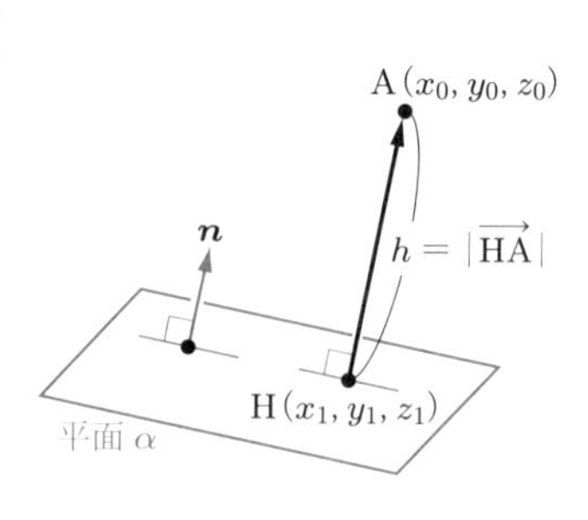

$$h = \left|\overrightarrow{HA}\right| = \frac{|\boldsymbol{n}|\left|\overrightarrow{HA}\right|}{|\boldsymbol{n}|} = \frac{\left|\boldsymbol{n} \cdot \overrightarrow{HA}\right|}{|\boldsymbol{n}|}$$

である．ここで，点 $H(x_1, y_1, z_1)$ は平面 α 上の

点であるから，$ax_1 + by_1 + cz_1 + d = 0$ を満たすことに注意すると，

$$\begin{aligned}\boldsymbol{n} \cdot \overrightarrow{\mathrm{HA}} &= a(x_0 - x_1) + b(y_0 - y_1) + c(z_0 - z_1) \\ &= ax_0 + by_0 + cz_0 - (ax_1 + by_1 + cz_1) \\ &= ax_0 + by_0 + cz_0 + d\end{aligned}$$

となる．$|\boldsymbol{n}| = \sqrt{a^2 + b^2 + c^2}$ であるから，次が得られる．

$$h = \frac{|\boldsymbol{n} \cdot \overrightarrow{\mathrm{HA}}|}{|\boldsymbol{n}|} = \frac{|ax_0 + by_0 + cz_0 + d|}{\sqrt{a^2 + b^2 + c^2}}$$

座標平面における点と直線との距離も，同じようにして求めることができる．よって，次の公式が成り立つ．

2.8 点と直線，点と平面との距離

(1) 点 $\mathrm{A}(x_0, y_0)$ と直線 $\ell : ax + by + c = 0$ との距離 h は，次のようになる．

$$h = \frac{|ax_0 + by_0 + c|}{\sqrt{a^2 + b^2}}$$

(2) 点 $\mathrm{A}(x_0, y_0, z_0)$ と平面 $\alpha : ax + by + cz + d = 0$ との距離 h は，次のようになる．

$$h = \frac{|ax_0 + by_0 + cz_0 + d|}{\sqrt{a^2 + b^2 + c^2}}$$

例 2.6 (1) 点 $(-1, 2)$ と直線 $3x - 4y + 5 = 0$ との距離 h は，次のようになる．

$$h = \frac{|3 \cdot (-1) - 4 \cdot 2 + 5|}{\sqrt{3^2 + (-4)^2}} = \frac{|-6|}{\sqrt{25}} = \frac{6}{5}$$

(2) 点 $(4, -5, 0)$ と平面 $x + 2y - 3z - 1 = 0$ との距離 h は，次のようになる．

$$h = \frac{|1 \cdot 4 + 2 \cdot (-5) - 3 \cdot 0 - 1|}{\sqrt{1^2 + 2^2 + (-3)^2}} = \frac{|-7|}{\sqrt{14}} = \frac{7}{\sqrt{14}} = \frac{\sqrt{14}}{2}$$

問2.13　次の距離を求めよ．

(1)　点 $(2, -4)$ と直線 $2x - y - 3 = 0$ との距離

(2)　原点 O と平面 $6x - 2y + 3z - 5 = 0$ との距離

(3)　点 $(4, -2, -3)$ と平面 $3x + 2y - 6z = 5$ との距離

直線と平面の位置関係　空間の 2 直線の平行，直線と平面の垂直，2 平面の平行条件について考える．

$\boldsymbol{v}, \boldsymbol{v}'$ をそれぞれ直線 ℓ, ℓ' の方向ベクトルとし，$\boldsymbol{n}, \boldsymbol{n}'$ をそれぞれ平面 α, α' の法線ベクトルとする．このとき，図形の位置関係を次のように表すことができる．

(i)　2 直線 ℓ, ℓ' が**平行**であるのは $\boldsymbol{v} \mathbin{/\mkern-5mu/} \boldsymbol{v}'$ のときである．これを $\ell \mathbin{/\mkern-5mu/} \ell'$ と表す．

(ii)　直線 ℓ と平面 α が**垂直**であるのは $\boldsymbol{v} \mathbin{/\mkern-5mu/} \boldsymbol{n}$ のときである．このとき ℓ と α は**直交**するといい，$\ell \perp \alpha$ と表す．

(iii)　2 平面 α, α' が**平行**であるのは $\boldsymbol{n} \mathbin{/\mkern-5mu/} \boldsymbol{n}'$ のときである．これを $\alpha \mathbin{/\mkern-5mu/} \alpha'$ と表す．

ただし，2 直線 ℓ と ℓ' が一致するときや α と α' が一致するときも，平行であるとする．

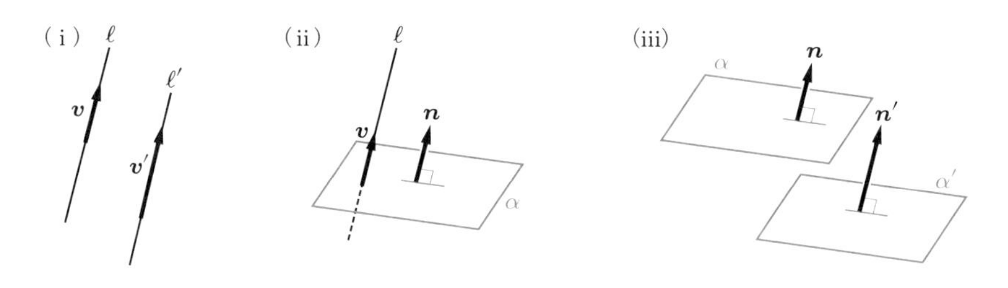

例 2.7　(1)　2 直線 $\dfrac{x-1}{2} = \dfrac{y-2}{-3} = \dfrac{z-3}{4}$ と $\dfrac{x}{-2} = \dfrac{y}{3} = \dfrac{z}{-4}$ は方向ベクトルが平行であるから，平行である．

(2)　直線 ℓ : $\dfrac{x-1}{2} = \dfrac{y-2}{-3} = \dfrac{z-3}{4}$ の方向ベクトルと平面 α : $4x - 6y + 8z = 10$ の法線ベクトルが平行であるから，ℓ と α は垂直である．

例題 2.7 平行な平面の方程式

点 $(2, -3, 5)$ を通り，平面 $\alpha : x + 2y - 4z + 3 = 0$ に平行な平面の方程式を求めよ．

解 平面 α に平行な平面の法線ベクトルとして，α の法線ベクトル $\begin{pmatrix} 1 \\ 2 \\ -4 \end{pmatrix}$ を選ぶことができる．点 $(2, -3, 5)$ を通るから，求める方程式は

$$(x - 2) + 2(y + 3) - 4(z - 5) = 0 \quad \text{すなわち} \quad x + 2y - 4z + 24 = 0$$

となる．

問 2.14 次の直線または平面の方程式を求めよ．

(1) 点 $(2, 1, -2)$ を通り，直線 $\dfrac{x}{2} = \dfrac{y}{5} = \dfrac{z}{3}$ に平行な直線

(2) 点 $(3, -2, 0)$ を通り，平面 $4x + 2y - z = 7$ に垂直な直線

(3) 点 $(-1, 0, 3)$ を通り，平面 $2x - 3y + z - 5 = 0$ に平行な平面

2.3 円と球面の方程式

円と球面の方程式 点 C と正の数 r が与えられたとき，点 C からの距離が r である点 P が作る図形 F を考える．次の図から，図形 F は，平面においては点 C を中心とする半径 r の円，空間においては点 C を中心とする半径 r の球面である．

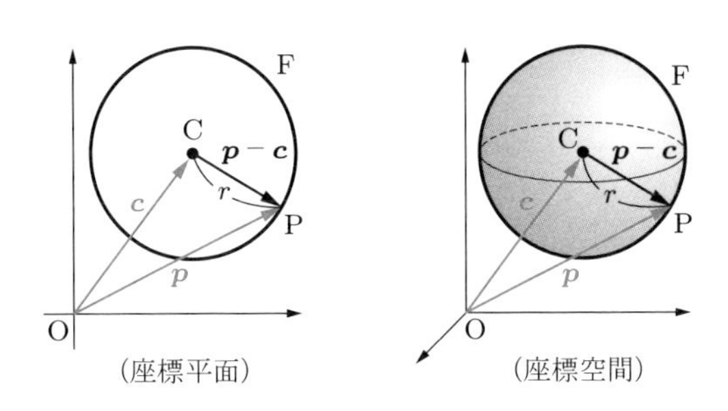

(座標平面) (座標空間)

点 C の位置ベクトルを $\boldsymbol{c}$ とすれば，条件から，

$$|\boldsymbol{p} - \boldsymbol{c}| = r$$

となる．これが円と球面のベクトル方程式である．

2.9 円と球面の方程式

位置ベクトルを $\boldsymbol{c}$ とする点 C と正の数 r が与えられたとき，ベクトル方程式

$$|\boldsymbol{p}-\boldsymbol{c}|=r \quad \text{または} \quad (\boldsymbol{p}-\boldsymbol{c})\cdot(\boldsymbol{p}-\boldsymbol{c})=r^2$$

は，次の図形を表す．

(1) 平面においては，点 C を中心とする半径 r の円

(2) 空間においては，点 C を中心とする半径 r の球面

座標平面上の点 $\mathrm{C}(a,b)$ を中心とする半径 r の円の方程式は，成分を用いて表すと次のようになる．

$$(x-a)^2+(y-b)^2=r^2 \tag{2.5}$$

これを展開して，$-2a=A$, $-2b=B$, $a^2+b^2-r^2=C$ とおくと，円の方程式は

$$x^2+y^2+Ax+By+C=0 \tag{2.6}$$

とかき直すことができる．これを**円の方程式の一般形**という．

例 2.8 点 $\mathrm{C}(2,1)$ を中心とする半径 3 の円の方程式は，$(x-2)^2+(y-1)^2=9$ である．

問2.15 次の点 C を中心とする半径 r の円の方程式を求めよ．

(1) $\mathrm{C}(-1,2)$, $r=3$ (2) $\mathrm{C}(3,-4)$, $r=5$

座標空間の点 $\mathrm{C}(a,b,c)$ を中心とする半径 r の球面の方程式は，成分を用いて表すと次のようになる．

$$(x-a)^2+(y-b)^2+(z-c)^2=r^2 \tag{2.7}$$

これを展開して，$2a=A$, $2b=B$, $2c=C$, $a^2+b^2+c^2-r^2=D$ とおくと，球面の方程式は

$$x^2+y^2+z^2+Ax+By+Cz+D=0 \tag{2.8}$$

とかき直すことができる．これを**球面の方程式の一般形**という．

例 2.9 点 $(1,2,-3)$ を中心とする半径 4 の球面の方程式は，

$$(x-1)^2+(y-2)^2+(z+3)^2=16$$

である．

問2.16 次の球面の方程式を求めよ．

(1) 点 $(3,-1,4)$ を中心とする半径 5 の球面

(2) 原点 O を中心とする半径 3 の球面

いろいろな円と球面

例題 2.8 球面の方程式

点 $\mathrm{C}(1,2,3)$ を中心として，点 $\mathrm{A}(-1,3,0)$ を通る球面の方程式を求めよ．

解 線分 AC の長さは

$$\mathrm{AC}=\sqrt{\{1-(-1)\}^2+(2-3)^2+(3-0)^2}=\sqrt{14}$$

である．求める球面の中心は点 C，半径は $\sqrt{14}$ であるから，その方程式は

$$(x-1)^2+(y-2)^2+(z-3)^2=14$$

である．

問2.17 次の方程式を求めよ．

(1) 点 $(5,-1)$ を中心とし，点 $(2,2)$ を通る円

(2) 点 $(-2,4,0)$ を中心とし，点 $(1,2,-1)$ を通る球面

例 2.10 方程式 $x^2+y^2+z^2-4x+6y-2=0$ は，

$$(x-2)^2-4+(y+3)^2-9+z^2-2=0$$

$$(x-2)^2+(y+3)^2+z^2=15$$

と変形できる．したがって，与えられた方程式は，$(2,-3,0)$ を中心とする半径 $\sqrt{15}$ の球面を表す．

問2.18 次の方程式はどんな図形を表すか．ただし，(1) は平面図形，(2) と (3) は空間図形である．

(1) $x^2+y^2-8x+7=0$

(2) $x^2+y^2+z^2+2x-4z+1=0$

(3) $x^2+y^2+z^2-6x+2y-2z=0$

練習問題 2

[1] $\boldsymbol{a} = \begin{pmatrix} -2 \\ 2 \\ 1 \end{pmatrix}$, $\boldsymbol{b} = \begin{pmatrix} 1 \\ -3 \\ 0 \end{pmatrix}$ とするとき，次の値を求めよ．ただし，θ は $\boldsymbol{a}, \boldsymbol{b}$ のなす角 $(0 \leqq \theta \leqq \pi)$ である．

(1) $|\boldsymbol{a}|$　(2) $|\boldsymbol{b}|$　(3) $\boldsymbol{a} \cdot \boldsymbol{b}$　(4) $\cos\theta$

[2] $\boldsymbol{a} = \begin{pmatrix} 6 \\ x \end{pmatrix}$, $\boldsymbol{b} = \begin{pmatrix} -2 \\ 3 \end{pmatrix}$ のとき，次の条件を満たす x の値を求めよ．

(1) $\boldsymbol{a} \parallel \boldsymbol{b}$　(2) $\boldsymbol{a} \perp \boldsymbol{b}$

[3] $\boldsymbol{a} = \begin{pmatrix} 3 \\ 2 \\ -4 \end{pmatrix}$, $\boldsymbol{b} = \begin{pmatrix} 4x \\ -6 \\ 2y+1 \end{pmatrix}$, $\boldsymbol{c} = \begin{pmatrix} z+1 \\ 2-z \\ 3 \end{pmatrix}$ について，次の問いに答えよ．

(1) $\boldsymbol{a} \parallel \boldsymbol{b}$ となるような x, y の値を求めよ．

(2) $\boldsymbol{a} \perp \boldsymbol{c}$ となるような z の値を求めよ．

[4] 座標平面における，次の条件を満たす直線の方程式を求めよ．

(1) 点 $(3, -4)$ を通り，$\boldsymbol{n} = \begin{pmatrix} 2 \\ -1 \end{pmatrix}$ に垂直な直線

(2) 媒介変数表示で表された直線 $\begin{cases} x = 3t \\ y = 1 - t \end{cases}$ に垂直で，点 $(1, 2)$ を通る直線

[5] 座標空間における，次の図形の方程式を求めよ．

(1) 点 $(4, -2, 3)$ を通り，直線 $\dfrac{x+1}{3} = \dfrac{y-1}{4} = \dfrac{z}{5}$ に平行な直線

(2) 点 $(4, -2, 3)$ を通り，直線 $\dfrac{x+1}{2} = y - 1 = \dfrac{z}{-4}$ に垂直な平面

(3) 点 $(1, 3, 2)$ を通り，平面 $x + 6y + 3z - 2 = 0$ に平行な平面

[6] 次の円または球面の方程式を求めよ．

(1) 2点 $(1, -2)$, $(7, 2)$ を結ぶ線分を直径とする円

(2) 2点 $(3, -2, 1)$, $(1, 4, -5)$ を結ぶ線分を直径とする球面

[7] 媒介変数表示で表された直線 ℓ : $\begin{cases} x = -2 + 2t \\ y = 5 - t \\ z = -2t \end{cases}$ について，ℓ 上の点と原点 O との距離を d とする．次の問いに答えよ．

(1) 距離 d を t を用いて表せ．

(2) 距離 d が最小となる t の値とそのときの距離を求めよ．

第 1 章の章末問題

1. $\triangle$ABC の 3 辺 BC, CA, AB の中点をそれぞれ D, E, F とするとき，3 つの線分 AD, BE, CF は重心 G で交わり，

$$\mathrm{AG : GD = BG : GE = CG : GF = 2 : 1}$$

が成り立つ．3 点 A, B, C の位置ベクトルをそれぞれ $\boldsymbol{a}$, $\boldsymbol{b}$, $\boldsymbol{c}$ とするとき，点 G の位置ベクトルを $\boldsymbol{g}$ とすると，$\boldsymbol{g} = \dfrac{1}{3}(\boldsymbol{a} + \boldsymbol{b} + \boldsymbol{c})$ であることを示せ．

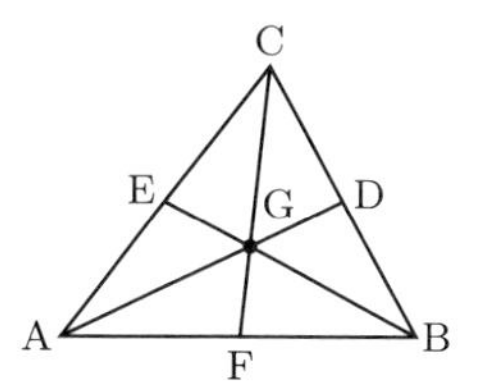

2. $\triangle$ABC の辺 AB の中点を M，線分 MC の中点を D とし，辺 BC を 2 : 1 に内分する点を E とする．$\overrightarrow{\mathrm{AB}} = \boldsymbol{b}$, $\overrightarrow{\mathrm{AC}} = \boldsymbol{c}$ とするとき，次の問いに答えよ．
   (1) $\overrightarrow{\mathrm{AD}}$ を $\boldsymbol{b}$ と $\boldsymbol{c}$ を用いて表せ．
   (2) 3 点 A, D, E は同一直線上にあることを示せ．

3. $\triangle$OAB において，辺 OA を 3 : 1 に内分する点を C，辺 OB の中点を D とし，線分 AD と線分 BC の交点を P とする．$\overrightarrow{\mathrm{OA}} = \boldsymbol{a}$, $\overrightarrow{\mathrm{OB}} = \boldsymbol{b}$ とするとき，$\overrightarrow{\mathrm{OP}}$ を $\boldsymbol{a}$, $\boldsymbol{b}$ で表せ．

4. ベクトル $\boldsymbol{a}$, $\boldsymbol{b}$ が $|\boldsymbol{a}| = 3$, $|\boldsymbol{b}| = 2$, $|\boldsymbol{a} + \boldsymbol{b}| = \sqrt{5}$ を満たすとき，$\boldsymbol{a}$, $\boldsymbol{b}$ が作る平行四辺形の面積を求めよ．

5. $|\boldsymbol{a}| = 2$, $|\boldsymbol{b}| = \sqrt{3}$, $\boldsymbol{a} \cdot \boldsymbol{b} = 3$ のとき，$2\boldsymbol{a} - \boldsymbol{b}$ の大きさを求めよ．

6. $\triangle$OAB において，$\overrightarrow{\mathrm{OA}} = \begin{pmatrix} 3 \\ 1 \end{pmatrix}$, $\overrightarrow{\mathrm{OB}} = \begin{pmatrix} -2 \\ 4 \end{pmatrix}$, $\angle\mathrm{AOB} = \theta$ とするとき，次のものを求めよ．
   (1) $\cos\theta$　　(2) $\triangle$OAB の面積

7. 次の平面の方程式を求めよ．
   (1) 平面 $4x + 3y - z = 4$ に平行で，点 $(1, -1, 0)$ を通る平面
   (2) 原点から下ろした垂線との交点が $(1, 2, 3)$ である平面
   (3) ベクトル $\boldsymbol{n} = \begin{pmatrix} 2 \\ -1 \\ -2 \end{pmatrix}$ に垂直で，点 $(1, 2, 3)$ からの距離が 1 である平面
   (4) xy 平面に垂直で，2 点 $(1, 2, 0)$, $(0, 3, 4)$ を通る平面

8. 次の場合について，球面と平面が交わってできる円の中心と半径を求めよ．
   (1) 球面 $x^2 + y^2 + z^2 - 2x - 4y - 6z - 2 = 0$ と xy 平面
   (2) 球面 $x^2 + y^2 + z^2 = 25$ と平面 $5x + 3y - 4z = 10$

Chapter 2

行列と行列式

3 行列

3.1 行列

行列と列ベクトル，行ベクトル　数を長方形に並べて（　）でくくったものを**行列**といい，個々の数をその行列の**成分**という．成分の横の並びを**行**といい，上から順に第 1 行，第 2 行，…という．また，成分の縦の並びを**列**といい，左から順に第 1 列，第 2 列，…という．行の数が m，列の数が n である行列を $\boldsymbol{m \times n}$ **型行列**，または $\boldsymbol{m}$ **行** $\boldsymbol{n}$ **列型行列**という．行列は A, B などの大文字で表す．

例 3.1　次の行列は，それぞれ 3×4 型，3×1 型，1×4 型行列である．

$$A = \begin{pmatrix} 3 & 4 & -1 & 5 \\ 2 & 5 & 7 & -1 \\ -3 & 0 & -2 & 1 \end{pmatrix}, \quad B = \begin{pmatrix} -1 \\ 7 \\ -2 \end{pmatrix}, \quad C = \begin{pmatrix} 2 & 5 & 7 & -1 \end{pmatrix}$$

$m \times 1$ 型行列は 1 つの列からなる行列であり，これを $\boldsymbol{m}$ **次元列ベクトル**という．また，$1 \times n$ 型行列は 1 つの行からなる行列であり，これを $\boldsymbol{n}$ **次元行ベクトル**という．例 3.1 の行列 B は 3 次元列ベクトル，行列 C は 4 次元行ベクトルである．以後，とくに断らない限り，ベクトルは列ベクトルとして表す．

$m \times n$ 型行列 A の第 i 行を A の**第** $\boldsymbol{i}$ **行ベクトル**，第 j 列を A の**第** $\boldsymbol{j}$ **列ベクトル**という．例 3.1 の B は A の第 3 列ベクトル，C は A の第 2 行ベクトルである．

例 3.2　例 3.1 の行列 A の第 i 列ベクトルを $\boldsymbol{a}_i$ $(i = 1, 2, 3, 4)$ と表すと，

$$\boldsymbol{a}_1 = \begin{pmatrix} 3 \\ 2 \\ -3 \end{pmatrix}, \quad \boldsymbol{a}_2 = \begin{pmatrix} 4 \\ 5 \\ 0 \end{pmatrix}, \quad \boldsymbol{a}_3 = \begin{pmatrix} -1 \\ 7 \\ -2 \end{pmatrix}, \quad \boldsymbol{a}_4 = \begin{pmatrix} 5 \\ -1 \\ 1 \end{pmatrix}$$

である．

これを用いて，行列 A を次のように表すこともある．

$$A = \begin{pmatrix} \boldsymbol{a}_1 & \boldsymbol{a}_2 & \boldsymbol{a}_3 & \boldsymbol{a}_4 \end{pmatrix}$$

行列の第 i 行，第 j 列にある成分をその行列の **(i, j) 成分** という．$m \times n$ 型行列 A の (i, j) 成分を a_{ij} とすると，行列 A は，

$$A = \begin{pmatrix} a_{11} & a_{12} & \cdots & a_{1n} \\ a_{21} & a_{22} & \cdots & a_{2n} \\ \vdots & \vdots & \ddots & \vdots \\ a_{m1} & a_{m2} & \cdots & a_{mn} \end{pmatrix}$$

と表される．これを簡単に $A = (a_{ij})$ と表すこともある．とくに，行と列の数が等しい行列を**正方行列**という．$n \times n$ 型行列を **n 次正方行列**または **n 次行列**といい，n を**次数**という．たとえば，

$$\begin{pmatrix} 9 & 8 \\ 7 & 6 \end{pmatrix}, \quad \begin{pmatrix} 1 & -2 & 3 \\ -4 & 3 & 2 \\ 3 & 4 & -5 \end{pmatrix}$$

は，それぞれ 2 次，3 次正方行列である．1 次正方行列 (a_{11}) は，(　) をつけないで単に a_{11} とかく．

例 3.3　行列 $A = \begin{pmatrix} 1 & 2 & -5 \\ 3 & -1 & 7 \\ 1 & 0 & 4 \end{pmatrix}$ の $(2, 3)$ 成分は 7，$(3, 2)$ 成分は 0 である．

問 3.1　行列

$$A = \begin{pmatrix} 5 & -3 & 2 & -1 \\ -7 & 0 & 4 & 2 \\ 2 & 6 & -2 & 1 \\ 1 & -2 & 3 & 0 \end{pmatrix}, \quad B = \begin{pmatrix} 1 & 2 & -2 \\ 3 & -4 & 0 \end{pmatrix}, \quad C = \begin{pmatrix} 1 \\ -5 \\ 6 \\ 2 \end{pmatrix}$$

について，次を求めよ．

(1)　A, B, C の型

(2)　A の第 2 行ベクトルと第 3 列ベクトル

(3)　A の $(2, 1)$ 成分

(4)　B の $(1, 3)$ 成分

3.2 行列の和・差，実数倍

行列の和・差，実数倍　2つの行列 A, B が同じ型で，対応する成分がすべて等しいとき，A と B は等しいといい，$A = B$ とかく．

2つの行列の和・差および行列の実数倍を，次のように定める．

3.1 行列の和・差，実数倍

同じ型の行列 $A = (a_{ij})$, $B = (b_{ij})$，および実数 t について，次のように定める．

(1) $A \pm B = (a_{ij} \pm b_{ij})$ （複号同順）　　(2) $tA = (ta_{ij})$

行列 A, B の型が異なるとき，和 $A + B$，差 $A - B$ はともに定めない．

例 3.4　$A = \begin{pmatrix} 1 & -2 & 0 \\ 6 & 5 & -3 \end{pmatrix}$, $B = \begin{pmatrix} 0 & 1 & 8 \\ -4 & 7 & -1 \end{pmatrix}$ のとき，

$$A + B = \begin{pmatrix} 1+0 & -2+1 & 0+8 \\ 6-4 & 5+7 & -3-1 \end{pmatrix} = \begin{pmatrix} 1 & -1 & 8 \\ 2 & 12 & -4 \end{pmatrix}$$

$$A - B = \begin{pmatrix} 1-0 & -2-1 & 0-8 \\ 6+4 & 5-7 & -3+1 \end{pmatrix} = \begin{pmatrix} 1 & -3 & -8 \\ 10 & -2 & -2 \end{pmatrix}$$

$$3A = \begin{pmatrix} 3\cdot 1 & 3\cdot(-2) & 3\cdot 0 \\ 3\cdot 6 & 3\cdot 5 & 3\cdot(-3) \end{pmatrix} = \begin{pmatrix} 3 & -6 & 0 \\ 18 & 15 & -9 \end{pmatrix}$$

となる．

問3.2　次を計算せよ．

(1) $\begin{pmatrix} 3 & 8 \\ -8 & -5 \end{pmatrix} + \begin{pmatrix} 1 & -7 \\ 3 & 1 \end{pmatrix}$　　(2) $\begin{pmatrix} -4 & 5 & 4 \\ 7 & 6 & 9 \end{pmatrix} - \begin{pmatrix} 6 & -2 & 1 \\ 0 & 5 & 4 \end{pmatrix}$

(3) $-2\begin{pmatrix} 3 & 0 \\ -1 & 2 \end{pmatrix}$　　(4) $4\begin{pmatrix} 2 & 3 \\ 0 & 1 \\ -3 & 5 \end{pmatrix} - 3\begin{pmatrix} 1 & 0 \\ 6 & -3 \\ -4 & 2 \end{pmatrix}$

行列の演算の基本法則 成分がすべて 0 の行列を**零行列**といい，O で表す．

例 3.5 $\begin{pmatrix} 0 & 0 \\ 0 & 0 \end{pmatrix}$ は 2 次の零行列であり，$\begin{pmatrix} 0 & 0 \\ 0 & 0 \\ 0 & 0 \end{pmatrix}$ は 3×2 型の零行列である．

行列の和と実数倍について，次の性質が成り立つ．

3.2 行列の演算の基本法則

A, B, C, O は同じ型の行列，O は零行列，s，t は実数とする．

(1) 交換法則：$A + B = B + A$

(2) 結合法則：$(A + B) + C = A + (B + C)$, $\quad s(tA) = (st)A$

(3) 分配法則：$(s + t)A = sA + tA$, $\quad t(A + B) = tA + tB$

(4) 零行列の性質：$O + A = A + O = A$, $\quad 0A = O$, $\quad tO = O$

(2) の行列をそれぞれ，単に $A + B + C$, stA とかく．

例 3.6 $A = \begin{pmatrix} 1 & 3 \\ 2 & 5 \end{pmatrix}$, $B = \begin{pmatrix} 2 & -1 \\ -3 & 1 \end{pmatrix}$ のとき，

$$\begin{aligned} 3(A + B) - 2(A - B) &= 3A + 3B - 2A + 2B \\ &= A + 5B \\ &= \begin{pmatrix} 1 & 3 \\ 2 & 5 \end{pmatrix} + \begin{pmatrix} 10 & -5 \\ -15 & 5 \end{pmatrix} = \begin{pmatrix} 11 & -2 \\ -13 & 10 \end{pmatrix} \end{aligned}$$

となる．

問3.3 $A = \begin{pmatrix} 1 & 0 \\ 5 & 2 \end{pmatrix}$, $B = \begin{pmatrix} 0 & -1 \\ 4 & 2 \end{pmatrix}$ のとき，行列 $2(A - 4B) + 3(A + 2B)$ を求めよ．

3.3 行列の積

行列の積　行列 A の列の数と行列 B の行の数とが等しいとき，A と B の積 AB を，次のように定める．

$A=(a_{ij})$ が $m\times k$ 型行列，$B=(b_{ij})$ が $k\times n$ 型行列のとき，積 AB は $m\times n$ 型で，その (i,j) 成分は，A の第 i 行ベクトルと B の第 j 列ベクトルの成分の積の和 $\sum_{p=1}^{k} a_{ip}b_{pj}$ である．すなわち，

$$\overbrace{\begin{pmatrix} a_{11} & a_{12} & \cdots & a_{1k} \\ \cdots & \cdots & \cdots & \cdots \\ a_{i1} & a_{i2} & \cdots & a_{ik} \\ \cdots & \cdots & \cdots & \cdots \\ a_{m1} & a_{m2} & \cdots & a_{mk} \end{pmatrix}}^{k} \begin{pmatrix} b_{11} & \vdots & b_{1j} & \vdots & b_{1n} \\ b_{21} & \vdots & b_{2j} & \vdots & b_{2n} \\ \vdots & \vdots & \vdots & \vdots & \vdots \\ b_{k1} & \vdots & b_{kj} & \vdots & b_{kn} \end{pmatrix} k = \begin{pmatrix} & \vdots & \\ \cdots & \sum_{p=1}^{k} a_{ip}b_{pj} & \cdots \\ & \vdots & \end{pmatrix}$$

第 j 列　第 i 行

である．たとえば，3×3 型行列と 3×2 型行列の積は，具体的には次のようになる．

$$\begin{pmatrix} a_{11} & a_{12} & a_{13} \\ a_{21} & a_{22} & a_{23} \\ a_{31} & a_{32} & a_{33} \end{pmatrix} \begin{pmatrix} b_{11} & b_{12} \\ b_{21} & b_{22} \\ b_{31} & b_{32} \end{pmatrix}$$

$$= \begin{pmatrix} a_{11}b_{11}+a_{12}b_{21}+a_{13}b_{31} & a_{11}b_{12}+a_{12}b_{22}+a_{13}b_{32} \\ a_{21}b_{11}+a_{22}b_{21}+a_{23}b_{31} & a_{21}b_{12}+a_{22}b_{22}+a_{23}b_{32} \\ a_{31}b_{11}+a_{32}b_{21}+a_{33}b_{31} & a_{31}b_{12}+a_{32}b_{22}+a_{33}b_{32} \end{pmatrix}$$

積 AB の (i,j) 成分は，A の第 i 行と B の第 j 列によって計算されている．A の列の数と B の行の数が等しくなければ，積 AB は定めない．以後，積はそれが定義できる型の場合だけを考える．

note　A, B の型と，積 AB の型の関係は，次のように図式化できる．

$$(m \times k\,型)\ (k \times n\,型) = (m \times n\,型)$$

$$\boxed{m \times k}\ \boxed{k \times n} = \boxed{m \times n}$$

例 3.7

(1) $$\begin{pmatrix} 1 & 2 & 3 \end{pmatrix}\begin{pmatrix} 2 \\ -1 \\ 4 \end{pmatrix} = 1 \cdot 2 + 2 \cdot (-1) + 3 \cdot 4 = 12$$

(2) $$\begin{pmatrix} 1 & 2 & 3 \\ 5 & 6 & 7 \end{pmatrix}\begin{pmatrix} 2 \\ -1 \\ 4 \end{pmatrix} = \begin{pmatrix} 1 \cdot 2 + 2 \cdot (-1) + 3 \cdot 4 \\ 5 \cdot 2 + 6 \cdot (-1) + 7 \cdot 4 \end{pmatrix} = \begin{pmatrix} 12 \\ 32 \end{pmatrix}$$

(3) $$\begin{pmatrix} 2 & 1 \\ 3 & -2 \end{pmatrix}\begin{pmatrix} 1 & 2 \\ -2 & -3 \end{pmatrix} = \begin{pmatrix} 2 \cdot 1 + 1 \cdot (-2) & 2 \cdot 2 + 1 \cdot (-3) \\ 3 \cdot 1 + (-2) \cdot (-2) & 3 \cdot 2 + (-2) \cdot (-3) \end{pmatrix}$$
$$= \begin{pmatrix} 0 & 1 \\ 7 & 12 \end{pmatrix}$$

問3.4　次の行列の積を計算せよ．

(1) $$\begin{pmatrix} 2 & -4 & 3 \end{pmatrix}\begin{pmatrix} 1 \\ -1 \\ -2 \end{pmatrix}$$

(2) $$\begin{pmatrix} 2 & -4 & 3 \\ 1 & 2 & -3 \\ 5 & 1 & 0 \end{pmatrix}\begin{pmatrix} 1 \\ -1 \\ -2 \end{pmatrix}$$

(3) $$\begin{pmatrix} 2 & -4 & 3 \\ 1 & 2 & -3 \end{pmatrix}\begin{pmatrix} 1 & -3 \\ -1 & -2 \\ -2 & 0 \end{pmatrix}$$

(4) $$\begin{pmatrix} 2 & -4 & 3 \end{pmatrix}\begin{pmatrix} 1 & -3 & 2 \\ -1 & -2 & 1 \\ -2 & 0 & 5 \end{pmatrix}$$

(5) $$\begin{pmatrix} 2 & -4 & 3 \\ 1 & 2 & -3 \end{pmatrix}\begin{pmatrix} 1 & -3 & 2 \\ -1 & -2 & 1 \\ -2 & 0 & 5 \end{pmatrix}$$

(6) $$\begin{pmatrix} 2 & -4 & 3 \\ 1 & 2 & -3 \\ 5 & 1 & 0 \end{pmatrix}\begin{pmatrix} 1 & -3 & 2 \\ -1 & -2 & 1 \\ -2 & 0 & 5 \end{pmatrix}$$

次の例からわかるように，行列 A, B の積 AB, BA が定義できる場合でも，交換法則 $AB = BA$ は一般には成り立たない．

例 3.8　$A = \begin{pmatrix} 2 & 1 \\ 3 & -2 \end{pmatrix}$, $B = \begin{pmatrix} 1 & 2 \\ -2 & -3 \end{pmatrix}$ とするとき，

$$AB = \begin{pmatrix} 2 & 1 \\ 3 & -2 \end{pmatrix}\begin{pmatrix} 1 & 2 \\ -2 & -3 \end{pmatrix} = \begin{pmatrix} 0 & 1 \\ 7 & 12 \end{pmatrix},$$

$$BA = \begin{pmatrix} 1 & 2 \\ -2 & -3 \end{pmatrix}\begin{pmatrix} 2 & 1 \\ 3 & -2 \end{pmatrix} = \begin{pmatrix} 8 & -3 \\ -13 & 4 \end{pmatrix}$$

であるから，$AB \neq BA$ である．

第 i 成分が 1 で，その他の成分が 0 であるベクトル $\boldsymbol{e}_i$ を**基本ベクトル**という．

$$\boldsymbol{e}_1 = \begin{pmatrix} 1 \\ 0 \\ \vdots \\ 0 \end{pmatrix}, \quad \boldsymbol{e}_2 = \begin{pmatrix} 0 \\ 1 \\ \vdots \\ 0 \end{pmatrix}, \quad \ldots, \quad \boldsymbol{e}_n = \begin{pmatrix} 0 \\ 0 \\ \vdots \\ 1 \end{pmatrix} \tag{3.1}$$

が基本ベクトルである．正方行列 $A = (\boldsymbol{a}_1\ \boldsymbol{a}_2\ \cdots\ \boldsymbol{a}_n)$ と基本ベクトル $\boldsymbol{e}_i$ の積は，A の第 i 列ベクトルである．すなわち，次が成り立つ．

$$A\boldsymbol{e}_i = \begin{pmatrix} \boldsymbol{a}_1 & \boldsymbol{a}_2 & \cdots & \boldsymbol{a}_n \end{pmatrix} \boldsymbol{e}_i = \boldsymbol{a}_i \tag{3.2}$$

例 3.9

$$A\boldsymbol{e}_1 = \begin{pmatrix} a_1 & b_1 & c_1 \\ a_2 & b_2 & c_2 \\ a_3 & b_3 & c_3 \end{pmatrix}\begin{pmatrix} 1 \\ 0 \\ 0 \end{pmatrix} = \begin{pmatrix} a_1 \\ a_2 \\ a_3 \end{pmatrix} = \boldsymbol{a}_1$$

対角行列と単位行列　n 次正方行列

$$A = \begin{pmatrix} a_{11} & a_{12} & \cdots & a_{1n} \\ a_{21} & a_{22} & \cdots & a_{2n} \\ \vdots & \vdots & \ddots & \vdots \\ a_{n1} & a_{n2} & \cdots & a_{nn} \end{pmatrix}$$

の成分のうち，左上から右下への対角線上に並んでいる成分

$$a_{11},\ a_{22},\ \ldots,\ a_{nn}$$

を行列 A の**対角成分**という．対角成分以外の成分がすべて 0 である行列を**対角行列**という．n 次正方行列で，対角成分がすべて 1 である対角行列を n **次単位行列**といい，E_n で表す．次数を明示する必要がないときは，単に E とかく．

例 3.10　(1)　$A = \begin{pmatrix} 2 & 4 \\ 1 & -3 \end{pmatrix}$ の対角成分は 2, −3 である．

(2)　$\begin{pmatrix} a & 0 & 0 \\ 0 & b & 0 \\ 0 & 0 & c \end{pmatrix}$ は，対角成分を a, b, c とする 3 次対角行列である．

(3)　2 次単位行列は $E_2 = \begin{pmatrix} 1 & 0 \\ 0 & 1 \end{pmatrix}$, 3 次単位行列は $E_3 = \begin{pmatrix} 1 & 0 & 0 \\ 0 & 1 & 0 \\ 0 & 0 & 1 \end{pmatrix}$ である．

E を単位行列とすると，E と積が定義できる任意の行列 A, B に対して，

$$AE = A, \quad EB = B$$

が成り立つ．

例 3.11　$E = \begin{pmatrix} 1 & 0 \\ 0 & 1 \end{pmatrix}$, $A = \begin{pmatrix} a_{11} & a_{12} & a_{13} \\ a_{21} & a_{22} & a_{23} \end{pmatrix}$ とするとき，

$$\begin{aligned} EA &= \begin{pmatrix} 1 & 0 \\ 0 & 1 \end{pmatrix} \begin{pmatrix} a_{11} & a_{12} & a_{13} \\ a_{21} & a_{22} & a_{23} \end{pmatrix} \\ &= \begin{pmatrix} 1 \cdot a_{11} + 0 \cdot a_{21} & 1 \cdot a_{12} + 0 \cdot a_{22} & 1 \cdot a_{13} + 0 \cdot a_{23} \\ 0 \cdot a_{11} + 1 \cdot a_{21} & 0 \cdot a_{12} + 1 \cdot a_{22} & 0 \cdot a_{13} + 1 \cdot a_{23} \end{pmatrix} \\ &= \begin{pmatrix} a_{11} & a_{12} & a_{13} \\ a_{21} & a_{22} & a_{23} \end{pmatrix} = A \end{aligned}$$

となる．

行列の積の性質　行列の積について結合法則 $(AB)C = A(BC)$ が成り立つかどうか，次の例で調べる．

例 3.12　$A = \begin{pmatrix} 1 & 2 \\ 3 & 4 \end{pmatrix}$, $B = \begin{pmatrix} 3 & 1 \\ -5 & 2 \end{pmatrix}$, $C = \begin{pmatrix} -1 & 2 \\ 2 & 3 \end{pmatrix}$ とするとき，

$$(AB)C = \left\{\begin{pmatrix} 1 & 2 \\ 3 & 4 \end{pmatrix}\begin{pmatrix} 3 & 1 \\ -5 & 2 \end{pmatrix}\right\}\begin{pmatrix} -1 & 2 \\ 2 & 3 \end{pmatrix}$$

$$= \begin{pmatrix} -7 & 5 \\ -11 & 11 \end{pmatrix}\begin{pmatrix} -1 & 2 \\ 2 & 3 \end{pmatrix} = \begin{pmatrix} 17 & 1 \\ 33 & 11 \end{pmatrix}$$

$$A(BC) = \begin{pmatrix} 1 & 2 \\ 3 & 4 \end{pmatrix}\left\{\begin{pmatrix} 3 & 1 \\ -5 & 2 \end{pmatrix}\begin{pmatrix} -1 & 2 \\ 2 & 3 \end{pmatrix}\right\}$$

$$= \begin{pmatrix} 1 & 2 \\ 3 & 4 \end{pmatrix}\begin{pmatrix} -1 & 9 \\ 9 & -4 \end{pmatrix} = \begin{pmatrix} 17 & 1 \\ 33 & 11 \end{pmatrix}$$

となり，$(AB)C = A(BC)$ が成り立っている．

上記のような正方行列の場合に限らず，積が定義できる行列では $(AB)C = A(BC)$ が成り立つことを示すことができる．

一般に，行列の積について，次の性質が成り立つ．

3.3　行列の積の性質

A, B, C を行列，E を単位行列，O を零行列，t を実数とする．行列の積が定義される場合，次の性質が成り立つ．

(1)　結合法則：$(tA)B = A(tB) = t(AB)$，$(AB)C = A(BC)$

(2)　分配法則：$(A+B)C = AC + BC$，　$A(B+C) = AB + AC$

(3)　単位行列の性質：$AE = A$，　$EA = A$

(4)　零行列の性質：　$AO = O$，　$OA = O$

(1) の行列を単に tAB，ABC とかく．

問3.5　$A = \begin{pmatrix} 2 & -1 \\ 3 & 1 \end{pmatrix}$, $B = \begin{pmatrix} 3 & 2 \\ -2 & -4 \end{pmatrix}$, $C = \begin{pmatrix} 1 & 0 \\ 2 & -3 \end{pmatrix}$ のとき，次を計算せよ．

(1)　$2AB - AC$　　(2)　$2BA - CA$　　(3)　ABC

正方行列の累乗 正方行列 A の k 個の積を A^k で表す．$A^1 = A, A^2 = AA$, $A^3 = AAA$ である．とくに，$A^0 = E$ と定める．

例 3.13

$$\begin{pmatrix} 2 & 1 \\ -7 & -3 \end{pmatrix}^2 = \begin{pmatrix} 2 & 1 \\ -7 & -3 \end{pmatrix}\begin{pmatrix} 2 & 1 \\ -7 & -3 \end{pmatrix} = \begin{pmatrix} -3 & -1 \\ 7 & 2 \end{pmatrix}$$

$$\begin{pmatrix} 2 & 1 \\ -7 & -3 \end{pmatrix}^3 = \begin{pmatrix} 2 & 1 \\ -7 & -3 \end{pmatrix}^2\begin{pmatrix} 2 & 1 \\ -7 & -3 \end{pmatrix} = \begin{pmatrix} -3 & -1 \\ 7 & 2 \end{pmatrix}\begin{pmatrix} 2 & 1 \\ -7 & -3 \end{pmatrix} = \begin{pmatrix} 1 & 0 \\ 0 & 1 \end{pmatrix}$$

問3.6 次の行列 A について，A^3 を求めよ．

(1) $A = \begin{pmatrix} -3 & 0 \\ 0 & 2 \end{pmatrix}$ (2) $A = \begin{pmatrix} 2 & 1 \\ 0 & 4 \end{pmatrix}$ (3) $A = \begin{pmatrix} -2 & 3 \\ -1 & 3 \end{pmatrix}$

転置行列 $m \times n$ 型行列 $A = (a_{ij})$ に対して，(i,j) 成分が a_{ji} である $n \times m$ 型行列を A の**転置行列**といい，${}^tA$ で表す．

note A の転置行列 ${}^tA$ は，A の行と列を入れ換えた行列のことである．A の転置行列は ${}^tA$ の他，A^T などと表す場合もある．

例 3.14 $A = \begin{pmatrix} 1 & 2 & 3 \\ 4 & 5 & 6 \end{pmatrix}$, $B = \begin{pmatrix} 1 & 2 \\ 3 & 4 \end{pmatrix}$, $\boldsymbol{p} = \begin{pmatrix} 1 \\ 3 \\ -2 \end{pmatrix}$ のとき，

$${}^tA = \begin{pmatrix} 1 & 4 \\ 2 & 5 \\ 3 & 6 \end{pmatrix}, \quad {}^tB = \begin{pmatrix} 1 & 3 \\ 2 & 4 \end{pmatrix}, \quad {}^t\boldsymbol{p} = \begin{pmatrix} 1 & 3 & -2 \end{pmatrix}$$

である．

問3.7 次の行列の転置行列を求めよ．

(1) $\begin{pmatrix} 2 & -3 & 1 \\ 5 & -2 & 4 \end{pmatrix}$ (2) $\begin{pmatrix} 3 & 2 \\ -2 & 1 \\ 4 & 3 \end{pmatrix}$ (3) $\begin{pmatrix} 5 \\ 2 \\ -2 \\ 4 \end{pmatrix}$

転置行列について，次のことが成り立つ．

3.4　転置行列の性質

実数 s と行列 A, B について，次の式が成り立つ．

(1)　${}^t({}^tA) = A$　　(2)　${}^t(sA) = s\,{}^tA$

(3)　${}^t(A+B) = {}^tA + {}^tB$　　(4)　${}^t(AB) = {}^tB\,{}^tA$

証明　(4) だけを示す．${}^t(AB)$ と ${}^tB\,{}^tA$ の (i,j) 成分を比較する．A の列の数，B の行の数をともに n とするとき，これらの成分は，それぞれ

$$
\begin{aligned}
{}^t(AB) \text{ の } (i,j) \text{ 成分} &= AB \text{ の } (j,i) \text{ 成分} \\
&= A \text{ の第 } j \text{ 行と } B \text{ の第 } i \text{ 列の積} \\
&= \begin{pmatrix} a_{j1} & a_{j2} & \cdots & a_{jn} \end{pmatrix} \begin{pmatrix} b_{1i} \\ b_{2i} \\ \vdots \\ b_{ni} \end{pmatrix} = \sum_{k=1}^{n} a_{jk} b_{ki}
\end{aligned}
$$

$$
\begin{aligned}
{}^tB\,{}^tA \text{ の } (i,j) \text{ 成分} &= {}^tB \text{ の第 } i \text{ 行と } {}^tA \text{ の第 } j \text{ 列の積} \\
&= {}^t(B \text{ の第 } i \text{ 列}) \text{ と } {}^t(A \text{ の第 } j \text{ 行}) \text{ の積} \\
&= \begin{pmatrix} b_{1i} & b_{2i} & \cdots & b_{ni} \end{pmatrix} \begin{pmatrix} a_{j1} \\ a_{j2} \\ \vdots \\ a_{jn} \end{pmatrix} \\
&= \sum_{k=1}^{n} b_{ki} a_{jk} = \sum_{k=1}^{n} a_{jk} b_{ki}
\end{aligned}
$$

となり，両者は一致する．したがって，${}^t(AB) = {}^tB\,{}^tA$ が成り立つ．　証明終

問3.8　$A = \begin{pmatrix} 5 & 3 \\ 3 & -2 \end{pmatrix}$, $B = \begin{pmatrix} 2 & -3 \\ 4 & 2 \end{pmatrix}$, $\boldsymbol{b} = \begin{pmatrix} 4 \\ 7 \end{pmatrix}$, $\boldsymbol{p} = \begin{pmatrix} x \\ y \end{pmatrix}$ のとき，次の行列を求めよ．

(1)　${}^t(AB)$　　(2)　${}^tA\,{}^tB$　　(3)　${}^t\boldsymbol{b}\boldsymbol{p}$　　(4)　${}^t\boldsymbol{p}A\boldsymbol{p}$

3.4 正則な行列とその逆行列

逆行列 E を単位行列とする．正方行列 A に対して

$$AX = XA = E$$

となる正方行列 X が存在するとき，A は**正則**である，または**正則行列**であるといい，この行列 X を A の**逆行列**という．A の逆行列を A^{-1} で表し，これを「A インバース」と読む．定義から

$$AA^{-1} = A^{-1}A = E$$

が成り立つ．$EE = E$ であるから，単位行列 E は正則で，その逆行列は E 自身である．また，任意の正方行列 X に対して，$OX = XO = O \neq E$ であるから，零行列 O は正則ではない．

例 3.15　$A = \begin{pmatrix} 2 & 5 \\ 1 & 3 \end{pmatrix}$ とするとき，

$$\begin{pmatrix} 2 & 5 \\ 1 & 3 \end{pmatrix}\begin{pmatrix} 3 & -5 \\ -1 & 2 \end{pmatrix} = \begin{pmatrix} 1 & 0 \\ 0 & 1 \end{pmatrix}, \quad \begin{pmatrix} 3 & -5 \\ -1 & 2 \end{pmatrix}\begin{pmatrix} 2 & 5 \\ 1 & 3 \end{pmatrix} = \begin{pmatrix} 1 & 0 \\ 0 & 1 \end{pmatrix}$$

が成り立つ．したがって，A は正則で，$A^{-1} = \begin{pmatrix} 3 & -5 \\ -1 & 2 \end{pmatrix}$ である．

2 次正方行列の逆行列 2 次正方行列 A の逆行列を求める．

$A = \begin{pmatrix} a & b \\ c & d \end{pmatrix}$ に対して，行列 $X = \begin{pmatrix} x & y \\ z & w \end{pmatrix}$ が $AX = E$ を満たしているとすれば，

$$\begin{pmatrix} ax + bz & ay + bw \\ cx + dz & cy + dw \end{pmatrix} = \begin{pmatrix} 1 & 0 \\ 0 & 1 \end{pmatrix}$$

が成り立つ．各成分を比較すると，

$$\begin{cases} ax + bz = 1 & \cdots\cdots① \\ cx + dz = 0 & \cdots\cdots② \end{cases}, \quad \begin{cases} ay + bw = 0 & \cdots\cdots③ \\ cy + dw = 1 & \cdots\cdots④ \end{cases}$$

が得られる．① $\times\, d -$ ② $\times\, b$ および ② $\times\, a -$ ① $\times\, c$ を計算し，③, ④についても

同様の計算をすると，

$$\begin{cases} (ad-bc)x = d \\ (ad-bc)z = -c \end{cases}, \quad \begin{cases} (ad-bc)y = -b \\ (ad-bc)w = a \end{cases} \qquad \cdots\cdots ⑤$$

となる．

（i）　$ad-bc=0$ のとき，⑤ から $a=b=c=d=0$ となるが，このとき ① は成り立たない．よって，$AX=E$ となる X は存在しない．すなわち，A は正則ではない．

（ii）　$ad-bc \neq 0$ のとき，⑤ から

$$x = \frac{d}{ad-bc}, \quad y = -\frac{b}{ad-bc}, \quad z = -\frac{c}{ad-bc}, \quad w = \frac{a}{ad-bc}$$

よって　$X = \dfrac{1}{ad-bc}\begin{pmatrix} d & -b \\ -c & a \end{pmatrix}$

となる．この X について XA を計算すると，$XA=E$ も成り立つことを確かめられる．したがって，A は正則で，$X=A^{-1}$ である．

このように，$A=\begin{pmatrix} a & b \\ c & d \end{pmatrix}$ が正則かどうかは，$ad-bc \neq 0$ かどうかによって判定することができる．$ad-bc$ を行列 A の**行列式**といい，$|A|$ で表す．

3.5　2次正方行列の逆行列

$A=\begin{pmatrix} a & b \\ c & d \end{pmatrix}$ が正則であるための必要十分条件は，$|A|=ad-bc \neq 0$ である．$|A| \neq 0$ のとき，A の逆行列は，次のようになる．

$$A^{-1} = \frac{1}{ad-bc}\begin{pmatrix} d & -b \\ -c & a \end{pmatrix}$$

$A=\begin{pmatrix} a & b \\ c & d \end{pmatrix}$ の行列式 $|A|$ は，$\begin{vmatrix} a & b \\ c & d \end{vmatrix}$, $\det A$, $\det\begin{pmatrix} a & b \\ c & d \end{pmatrix}$ などと表すこともある．

note　行列式は determinant といい，決定要素という意味をもつ．いまの場合は，これが 0 でないかどうかによって，正方行列が正則かどうかを決定する値である．なお，3 次以上の行列の行列式については，第 4 節でくわしく学ぶ．

例 3.16　(1)　$A = \begin{pmatrix} 4 & 3 \\ 2 & 1 \end{pmatrix}$ とすれば，$|A| = \begin{vmatrix} 4 & 3 \\ 2 & 1 \end{vmatrix} = 4\cdot 1 - 3\cdot 2 = -2 \neq 0$ である．したがって，A は正則で，その逆行列は

$$A^{-1} = -\frac{1}{2}\begin{pmatrix} 1 & -3 \\ -2 & 4 \end{pmatrix}$$

である．

(2)　$B = \begin{pmatrix} 6 & 3 \\ 2 & 1 \end{pmatrix}$ とすれば，$|B| = \begin{vmatrix} 6 & 3 \\ 2 & 1 \end{vmatrix} = 6\cdot 1 - 3\cdot 2 = 0$ である．したがって，B は正則ではない．

問 3.9　次の行列は正則かどうかを調べ，正則ならばその逆行列を求めよ．

(1)　$A = \begin{pmatrix} 4 & -5 \\ -3 & 2 \end{pmatrix}$　(2)　$B = \begin{pmatrix} 3 & 5 \\ 6 & 10 \end{pmatrix}$　(3)　$C = \begin{pmatrix} \cos\theta & -\sin\theta \\ \sin\theta & \cos\theta \end{pmatrix}$

逆行列の性質　行列 A が正則であるとき，$AA^{-1} = A^{-1}A = E$ であるから，A は A^{-1} の逆行列である．すなわち，$\left(A^{-1}\right)^{-1} = A$ が成り立つ．また，A, B が正則であるとき，結合法則を用いて計算すると

$$(AB)(B^{-1}A^{-1}) = A(BB^{-1})A^{-1} = AEA^{-1} = AA^{-1} = E,$$
$$(B^{-1}A^{-1})(AB) = B^{-1}(A^{-1}A)B = B^{-1}EB = B^{-1}B = E$$

であるから，$(AB)^{-1} = B^{-1}A^{-1}$ である．

3.6　逆行列の性質

正方行列 A, B が正則であれば，逆行列 A^{-1}，積 AB も正則で，次のことが成り立つ．

(1)　$(A^{-1})^{-1} = A$　(2)　$(AB)^{-1} = B^{-1}A^{-1}$

問3.10　$A = \begin{pmatrix} 1 & 0 \\ 3 & 2 \end{pmatrix}$, $B = \begin{pmatrix} 2 & -1 \\ 4 & -3 \end{pmatrix}$ について，次の行列を計算せよ．

(1)　$(AB)^{-1}$　　(2)　$A^{-1}B^{-1}$　　(3)　$B^{-1}A^{-1}$

3.5　連立2元1次方程式

連立1次方程式と行列　x, y についての連立1次方程式

$$\begin{cases} ax + by = p \\ cx + dy = q \end{cases} \qquad \cdots\cdots ①$$

は，行列とベクトルを用いて

$$\begin{pmatrix} a & b \\ c & d \end{pmatrix}\begin{pmatrix} x \\ y \end{pmatrix} = \begin{pmatrix} p \\ q \end{pmatrix}$$

と表すことができる．$A = \begin{pmatrix} a & b \\ c & d \end{pmatrix}$ を連立1次方程式 ① の**係数行列**，$\boldsymbol{p} = \begin{pmatrix} p \\ q \end{pmatrix}$ を**定数項ベクトル**という．$\boldsymbol{x} = \begin{pmatrix} x \\ y \end{pmatrix}$ とするとき，これを**未知数ベクトル**といい，与えられた連立1次方程式は，これらの行列とベクトルを用いて

$$A\boldsymbol{x} = \boldsymbol{p} \tag{3.3}$$

と表すことができる．

係数行列 A が正則であるとき，両辺に左から A^{-1} をかけて，

$$\boldsymbol{x} = A^{-1}\boldsymbol{p} \quad \text{すなわち} \quad \begin{pmatrix} x \\ y \end{pmatrix} = \frac{1}{ad - bc}\begin{pmatrix} d & -b \\ -c & a \end{pmatrix}\begin{pmatrix} p \\ q \end{pmatrix}$$

として解を求めることができる．したがって，この場合には，連立1次方程式 ① はただ1組の解をもつ．

3.7 係数行列が正則な連立 1 次方程式

2 次正方行列 A が正則ならば，A を係数行列とする連立 2 元 1 次方程式 $A\boldsymbol{x} = \boldsymbol{p}$ は，ただ 1 組の解 $\boldsymbol{x} = A^{-1}\boldsymbol{p}$ をもつ．

note　1 次方程式と連立 1 次方程式とを比較すると，次のようになる．

$$a \neq 0 \text{ のとき，} ax = b \text{ の解は } x = \frac{b}{a} = a^{-1}b$$

$$|A| \neq 0 \text{ のとき，} A\boldsymbol{x} = \boldsymbol{p} \text{ の解は } \boldsymbol{x} = A^{-1}\boldsymbol{p}$$

例題 3.1　**逆行列による連立 1 次方程式の解法**

行列を用いて，次の連立 1 次方程式を解け．

$$\begin{cases} 2x - 3y = 4 \\ 3x - 5y = 3 \end{cases}$$

解　与えられた連立 1 次方程式を行列を用いて表すと，

$$\begin{pmatrix} 2 & -3 \\ 3 & -5 \end{pmatrix}\begin{pmatrix} x \\ y \end{pmatrix} = \begin{pmatrix} 4 \\ 3 \end{pmatrix}$$

となる．係数行列を $A = \begin{pmatrix} 2 & -3 \\ 3 & -5 \end{pmatrix}$ とすると，$|A| = 2 \cdot (-5) - (-3) \cdot 3 = -1 \neq 0$ であるから，行列 A は正則である．与えられた方程式の両辺に左から A^{-1} をかけて，

$$\begin{pmatrix} x \\ y \end{pmatrix} = A^{-1}\begin{pmatrix} 4 \\ 3 \end{pmatrix} = \frac{1}{-1}\begin{pmatrix} -5 & 3 \\ -3 & 2 \end{pmatrix}\begin{pmatrix} 4 \\ 3 \end{pmatrix} = \begin{pmatrix} 11 \\ 6 \end{pmatrix}$$

となる．よって，求める連立 1 次方程式の解は，$x = 11,\ y = 6$ である．

問 3.11　行列を用いて，次の連立 1 次方程式を解け．

(1) $\begin{cases} 2x + y = 4 \\ 5x + 4y = 7 \end{cases}$　　(2) $\begin{cases} 3x - 5y = 1 \\ x - 3y = 3 \end{cases}$

練習問題 3

[1]　$A=\begin{pmatrix} 0 & 3 \\ -5 & 1 \end{pmatrix}$, $B=\begin{pmatrix} 7 & -3 \\ 4 & 2 \end{pmatrix}$ のとき，次の行列を求めよ．

(1)　等式 $3X-2A=5(X-2B)+4A$ を満たす行列 X

(2)　等式 $3(X-A)+2(X-B)=8(-A+B)$ を満たす行列 X

(3)　等式 $X+Y=2A$, $X-Y=4B$ を満たす行列 X, Y

[2]　$A=\begin{pmatrix} 1 & 0 & 2 \\ 0 & 3 & -2 \\ 4 & -1 & 1 \end{pmatrix}$, $B=\begin{pmatrix} 2 & -2 & 0 \\ 3 & 5 & -3 \\ 0 & -1 & 1 \end{pmatrix}$, $\boldsymbol{p}=\begin{pmatrix} 4 \\ -1 \\ 2 \end{pmatrix}$ とするとき，次の行列を求めよ．

(1)　AB　　(2)　${}^tAA$　　(3)　$A\boldsymbol{p}$　　(4)　${}^t\boldsymbol{p}B\boldsymbol{p}$

[3]　次の行列 A が正則であるための a, b の条件を求め，そのとき A の逆行列を求めよ．

(1)　$A=\begin{pmatrix} 4 & 8 \\ 2 & a \end{pmatrix}$　　(2)　$A=\begin{pmatrix} a & -b \\ b & a \end{pmatrix}$　　(3)　$A=\begin{pmatrix} 2-a & 3 \\ 4 & 1-a \end{pmatrix}$

[4]　$A=\begin{pmatrix} 0 & a \\ b & c \end{pmatrix}$ のとき，$A^2=O$ となるための条件を求めよ．

[5]　$A=\begin{pmatrix} 2 & -1 \\ 2 & 3 \end{pmatrix}$, $B=\begin{pmatrix} 4 & 3 \\ -2 & 5 \end{pmatrix}$ のとき，次の問いに答えよ．

(1)　$AX=B$ を満たす行列 X を求めよ．

(2)　$YA=B$ を満たす行列 Y を求めよ．

[6]　行列を用いて，次の連立1次方程式を解け．

(1)　$\begin{cases} 3x+4y=5 \\ 2x+3y=6 \end{cases}$　　(2)　$\begin{cases} 4x+3y=2 \\ 2x-3y=7 \end{cases}$

[7]　右図のような，起電力が E[V]，抵抗がそれぞれ R_1[Ω], R_2[Ω], R_3[Ω] である電気回路において，R_1[Ω], R_2[Ω] の抵抗を流れる電流をそれぞれ I_1[A], I_2[A] とするとき，2つの等式

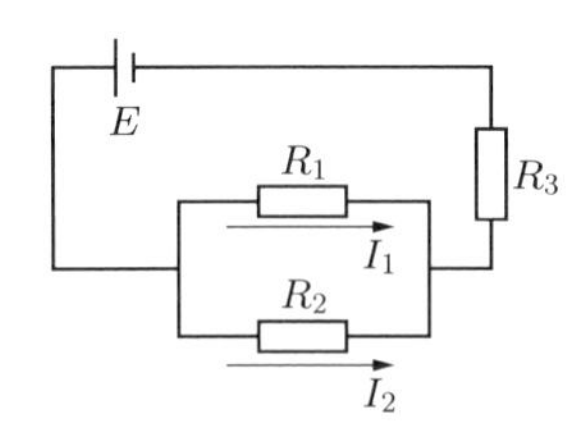

$$I_1R_1=I_2R_2,\quad E=I_1R_1+(I_1+I_2)R_3$$

が成り立つ．ただし，R_1, R_2, R_3 は正の数である．

(1)　未知数を I_1, I_2 とする連立1次方程式を作り，その係数行列を求めよ．

(2)　I_1 と I_2 を E, R_1, R_2, R_3 を用いて表せ．

4 行列式

4.1 n 次正方行列の行列式

順列の符号と行列式 2 次正方行列 $A = \begin{pmatrix} a_{11} & a_{12} \\ a_{21} & a_{22} \end{pmatrix}$ の行列式を

$$\begin{vmatrix} a_{11} & a_{12} \\ a_{21} & a_{22} \end{vmatrix} = a_{11}a_{22} - a_{21}a_{22} \tag{4.1}$$

と定めた．この行列式の値について，

$$|A| \neq 0 \quad \Longleftrightarrow \quad \text{行列 } A \text{ が正則（逆行列が存在する）}$$

が成り立つことはすでに学んだ．ここでは，3 次正方行列 $A = (a_{ij})$ の行列式を考える．

2 次正方行列のときと同様に $AX = E$，すなわち，

$$\begin{pmatrix} a_{11} & a_{12} & a_{13} \\ a_{21} & a_{22} & a_{23} \\ a_{31} & a_{32} & a_{33} \end{pmatrix} \begin{pmatrix} x_{11} & x_{12} & x_{13} \\ x_{21} & x_{22} & x_{23} \\ x_{31} & x_{32} & x_{33} \end{pmatrix} = \begin{pmatrix} 1 & 0 & 0 \\ 0 & 1 & 0 \\ 0 & 0 & 1 \end{pmatrix}$$

とおき，これを満たすような x_{ij} $(1 \leqq i, j \leqq 3)$ を求める．左辺の積の第 1 列と右辺の第 1 列の成分を比較すると，x_{11}, x_{21}, x_{31} に関する連立 1 次方程式

$$\begin{cases} a_{11}x_{11} + a_{12}x_{21} + a_{13}x_{31} = 1 \\ a_{21}x_{11} + a_{22}x_{21} + a_{23}x_{31} = 0 \\ a_{31}x_{11} + a_{32}x_{21} + a_{33}x_{31} = 0 \end{cases}$$

が得られる．計算は長いが，これから x_{21}, x_{31} を消去し，

$$D = a_{11}a_{22}a_{33} + a_{21}a_{32}a_{13} + a_{31}a_{12}a_{23} - a_{31}a_{22}a_{13} - a_{11}a_{32}a_{23} - a_{21}a_{12}a_{33}$$

とおくと，

$$D\,x_{11} = a_{22}a_{33} - a_{32}a_{23}$$

となる．ここで，$D \neq 0$ であれば，x_{11} を求めることができ，同様にして x_{21}，x_{31}

を求めることができる．第 2 列と第 3 列についても同様にして，$D \neq 0$ であれば x_{ij} を求めることができる．さらに，その結果から，$AX = XA = E$ となることを確かめることができる．そこで，D を 3 次正方行列の**行列式**といい，

$$|A|, \quad \begin{vmatrix} a_{11} & a_{12} & a_{13} \\ a_{21} & a_{22} & a_{23} \\ a_{31} & a_{32} & a_{33} \end{vmatrix}, \quad \det A$$

などと表す．このように定めると，

$$|A| \neq 0 \qquad \Longrightarrow \qquad \text{行列 } A \text{ が正則（逆行列が存在する）}$$

が成り立つ（逆が成り立つことは 4.3 節の定理 4.9 で述べる）．

3 次正方行列の行列式

$$\begin{aligned} |A| = a_{11}a_{22}a_{33} + a_{21}a_{32}a_{13} + a_{31}a_{12}a_{23} \\ - a_{31}a_{22}a_{13} - a_{11}a_{32}a_{23} - a_{21}a_{12}a_{33} \end{aligned} \tag{4.2}$$

は，$a_{i1}a_{j2}a_{k3}$ の形の項の和であり，(i, j, k) は，$(1, 2, 3), (2, 3, 1), (3, 1, 2), \ldots$ など，$\{1, 2, 3\}$ を並べ替えた順列になっている．さらに，$a_{i1}a_{j2}a_{k3}$ の前の符号について，(i, j, k) が

$$\begin{aligned} &(1, 2, 3),\ (2, 3, 1),\ (3, 1, 2) \text{ のとき} \quad + \\ &(3, 2, 1),\ (1, 3, 2),\ (2, 1, 3) \text{ のとき} \quad - \end{aligned}$$

となっている．

以下，順列とその符号の関係に注目し，n 次正方行列の行列式を定義する．

1 から n までの自然数の集合 $\{1, 2, \ldots, n\}$ に含まれる数を，1 列に並べてできる順列 $P = (i, j, \ldots, k)$ は，2 つの数を交換する作業を何回か繰り返して，自然な順列 $(1, 2, \ldots, n)$ に直すことができる．

$$P = (i, j, \ldots, k) \longrightarrow \cdots\cdots \longrightarrow (1, 2, \ldots, n)$$

順列 P に含まれる 2 つの数を交換して自然な順列に直していくとき，必要な交換回数が偶数回か奇数回かは交換の方法によらないことが知られている．順列 P は，その交換回数が偶数ならば**偶順列**，奇数ならば**奇順列**であるという．とくに，自然な順列 $(1, 2, \ldots, n)$ は交換回数が 0 回と考えて，偶順列とする．

例 4.1　順列 $P=(2,4,1,3)$ は

$$P=(2,4,1,3) \longrightarrow (1,4,2,3) \longrightarrow (1,2,4,3) \longrightarrow (1,2,3,4)$$

として 3 回の交換で自然な順列に直すことができるから，P は奇順列である．

ここで，順列 $P=(i,j,\ldots,k)$ に対して，

$$\varepsilon(i,j,\ldots,k)=\begin{cases} 1 & ((i,j,\ldots,k) \text{ が偶順列のとき}) \\ -1 & ((i,j,\ldots,k) \text{ が奇順列のとき}) \end{cases} \tag{4.3}$$

と定める．これを順列 P の**符号**という．

例 4.2　例 4.1 の順列 $P=(2,4,1,3)$ は奇順列であるから，

$$\varepsilon(2,4,1,3)=-1$$

である．

問4.1　次の順列の符号を求めよ．

(1)　$(2,1)$　(2)　$(1,3,2)$　(3)　$(3,1,2)$　(4)　$(4,3,1,2)$

$\varepsilon(1,2)=1,\ \varepsilon(2,1)=-1$ であるから，2 次正方行列 $A=\begin{pmatrix} a_{11} & a_{12} \\ a_{21} & a_{22} \end{pmatrix}$ の行列式は，

$$\begin{vmatrix} a_{11} & a_{12} \\ a_{21} & a_{22} \end{vmatrix} = a_{11}a_{22}-a_{21}a_{12}=\varepsilon(1,2)a_{11}a_{22}+\varepsilon(2,1)a_{21}a_{12} \tag{4.4}$$

と表すことができる．

これと同じようにして，n 次正方行列の**行列式**を次のように定める．

4.1　行列式

n 次正方行列 $A=(a_{ij})$ に対して，A の行列式 $|A|$ を次のように定める．

$$|A|=\sum_{(i,j,\ldots,k)} \varepsilon(i,j,\ldots,k)\ a_{i1}a_{j2}\cdots a_{kn}$$

ここで，$\displaystyle\sum_{(i,j,\ldots,k)}$ は，$\{1,2,\ldots,n\}$ のすべての順列 $(i,j,\ldots,k)$ についての和をとることを意味する．

例 4.3　定義にしたがって3次正方行列 $A = \begin{pmatrix} a_{11} & a_{12} & a_{13} \\ a_{21} & a_{22} & a_{23} \\ a_{31} & a_{32} & a_{33} \end{pmatrix}$ の行列式を求める．$\{1,2,3\}$ の順列は $3! = 6$ 個あり，

$$\varepsilon(1,2,3) = \varepsilon(2,3,1) = \varepsilon(3,1,2) = 1$$
$$\varepsilon(3,2,1) = \varepsilon(1,3,2) = \varepsilon(2,1,3) = -1$$

である．したがって，

$$\begin{vmatrix} a_{11} & a_{12} & a_{13} \\ a_{21} & a_{22} & a_{23} \\ a_{31} & a_{32} & a_{33} \end{vmatrix} = a_{11}a_{22}a_{33} + a_{21}a_{32}a_{13} + a_{31}a_{12}a_{23} - a_{31}a_{22}a_{13} - a_{11}a_{32}a_{23} - a_{21}a_{12}a_{33}$$

となる．これはすでに定めた値と同じである．

note　2次，3次正方行列の行列式は，次の図のような方法で覚えてもよい．3次正方行列の場合には，第1,2行を下に書き加えて計算する．これは**サラスの方法**とよばれている．この方法は，後述する4次以上の正方行列の行列式では利用することができない．なお，この方法は，サラスより150年以上も前に，関孝和により発見されている．

$$\begin{vmatrix} a_{11} & a_{12} \\ a_{21} & a_{22} \end{vmatrix} \quad -a_{21}a_{12},\ +a_{11}a_{22}$$

$$\begin{array}{ccc|l} a_{11} & a_{12} & a_{13} & -a_{31}a_{22}a_{13} \\ a_{21} & a_{22} & a_{23} & -a_{11}a_{32}a_{23} \\ a_{31} & a_{32} & a_{33} & -a_{21}a_{12}a_{33} \\ \hline a_{11} & a_{12} & a_{13} & +a_{11}a_{22}a_{33} \\ a_{21} & a_{22} & a_{23} & +a_{21}a_{32}a_{13} \\ & & & +a_{31}a_{12}a_{23} \end{array}$$

例 4.4　(1) $\begin{vmatrix} 1 & 2 \\ 3 & 4 \end{vmatrix} = 1\cdot 4 - 3\cdot 2 = -2$

(2) $$\begin{vmatrix} 1 & 2 & 3 \\ 4 & 5 & 6 \\ 7 & 8 & 9 \end{vmatrix} = 1\cdot5\cdot9 + 4\cdot8\cdot3 + 7\cdot2\cdot6 - 7\cdot5\cdot3 - 1\cdot8\cdot6 - 4\cdot2\cdot9$$
$$= 45 + 96 + 84 - 105 - 48 - 72 = 0$$

問4.2 次の行列式の値を求めよ.

(1) $\begin{vmatrix} 3 & 2 \\ -5 & 4 \end{vmatrix}$ (2) $\begin{vmatrix} \cos\theta & -\sin\theta \\ \sin\theta & \cos\theta \end{vmatrix}$ (3) $\begin{vmatrix} 3 & -5 & 9 \\ 1 & 3 & 2 \\ 0 & 4 & -2 \end{vmatrix}$ (4) $\begin{vmatrix} 2 & 5 & -7 \\ 3 & -2 & 1 \\ 1 & 3 & 4 \end{vmatrix}$

A の行列式は，$|A|$ の他に，

$$\det A, \quad \begin{vmatrix} a_{11} & a_{12} & \cdots & a_{1n} \\ a_{21} & a_{22} & \cdots & a_{2n} \\ \vdots & \vdots & \ddots & \vdots \\ a_{n1} & a_{n2} & \cdots & a_{nn} \end{vmatrix}, \quad \det \begin{pmatrix} a_{11} & a_{12} & \cdots & a_{1n} \\ a_{21} & a_{22} & \cdots & a_{2n} \\ \vdots & \vdots & \ddots & \vdots \\ a_{n1} & a_{n2} & \cdots & a_{nn} \end{pmatrix}$$

などと表す．A の行列式において，A の第 i 行，第 j 列に対応する部分を，それぞれ A の行列式の第 i 行，第 j 列という．

特別な列をもつ行列の行列式 4 次以上の正方行列の行列式の値を求めるために，よく使われる性質について述べる．

例題 4.1 特別な列をもつ行列の行列式

4 次正方行列の行列式について，次の性質が成り立つことを証明せよ．

$$\begin{vmatrix} a_{11} & a_{12} & a_{13} & a_{14} \\ 0 & a_{22} & a_{23} & a_{24} \\ 0 & a_{32} & a_{33} & a_{34} \\ 0 & a_{42} & a_{43} & a_{44} \end{vmatrix} = a_{11} \begin{vmatrix} a_{22} & a_{23} & a_{24} \\ a_{32} & a_{33} & a_{34} \\ a_{42} & a_{43} & a_{44} \end{vmatrix}$$

解 符号の定め方から，$(1, j, k, l)$ の符号は (j, k, l) の符号と同じである．$\{i, j, k, l\}$ を $(1, 2, 3, 4)$ の順列，$\{j, k, l\}$ を $(2, 3, 4)$ の順列とする．左辺の行列を A とすると，$i \neq 1$ のとき $a_{i1} = 0$ であるから，

$$\begin{aligned} |A| &= \sum_{(i,j,k,l)} \varepsilon(i, j, k, l)\, a_{i1} a_{j2} a_{k3} a_{l4} \\ &= \sum_{(1,j,k,l)} \varepsilon(1, j, k, l)\, a_{11} a_{j2} a_{k3} a_{l4} \\ &= a_{11} \sum_{(j,k,l)} \varepsilon(j, k, l)\, a_{j2} a_{k3} a_{l4} \end{aligned}$$

$$= a_{11}\begin{vmatrix} a_{22} & a_{23} & a_{24} \\ a_{32} & a_{33} & a_{34} \\ a_{42} & a_{43} & a_{44} \end{vmatrix}$$

が得られる．

このことは，次のように一般化される．

4.2　特別な列をもつ行列の行列式

$$\begin{vmatrix} a_{11} & a_{12} & \cdots & a_{1n} \\ 0 & a_{22} & \cdots & a_{2n} \\ \vdots & \vdots & \ddots & \vdots \\ 0 & a_{n2} & \cdots & a_{nn} \end{vmatrix} = a_{11}\begin{vmatrix} a_{22} & \cdots & a_{2n} \\ \vdots & \ddots & \vdots \\ a_{n2} & \cdots & a_{nn} \end{vmatrix}$$

例 4.5

$$\begin{vmatrix} 4 & 3 & 2 & 5 \\ 0 & 3 & 2 & -2 \\ 0 & -2 & 1 & 0 \\ 0 & 1 & -1 & 2 \end{vmatrix} = 4\begin{vmatrix} 3 & 2 & -2 \\ -2 & 1 & 0 \\ 1 & -1 & 2 \end{vmatrix}$$

$$= 4\{6 + (-4) + 0 - (-2) - 0 - (-8)\} = 48$$

正方行列の，対角成分より下にある成分がすべて 0 である行列を**上三角行列**，対角成分より上にある成分がすべて 0 である行列を**下三角行列**という．上三角行列と下三角行列をあわせて**三角行列**という．

4 次正方行列 $A = (a_{ij})$ が上三角行列のとき，定理 4.2 の性質を繰り返し用いると，

$$\begin{vmatrix} a_{11} & a_{12} & a_{13} & a_{14} \\ 0 & a_{22} & a_{23} & a_{24} \\ 0 & 0 & a_{33} & a_{34} \\ 0 & 0 & 0 & a_{44} \end{vmatrix} = a_{11}\begin{vmatrix} a_{22} & a_{23} & a_{24} \\ 0 & a_{33} & a_{34} \\ 0 & 0 & a_{44} \end{vmatrix} = a_{11}a_{22}\begin{vmatrix} a_{33} & a_{34} \\ 0 & a_{44} \end{vmatrix} = a_{11}a_{22}a_{33}a_{44}$$

となる．一般に，次のことが成り立つ．

4.3 三角行列の行列式

上三角行列の行列式は，対角成分の積に等しい．

$$\begin{vmatrix} a_{11} & * & \cdots & * \\ 0 & a_{22} & \ddots & \vdots \\ \vdots & \ddots & \ddots & * \\ 0 & \cdots & 0 & a_{nn} \end{vmatrix} = a_{11}a_{22}\cdots a_{nn} \qquad (* \text{ は任意の数})$$

この性質は下三角行列に対しても成り立つ．

とくに，単位行列 E については，次が成り立つ．

$$|E| = \begin{vmatrix} 1 & 0 & \cdots & 0 \\ 0 & 1 & \ddots & \vdots \\ \vdots & \ddots & \ddots & 0 \\ 0 & \cdots & 0 & 1 \end{vmatrix} = 1$$

問4.3 次の行列式の値を求めよ．

(1) $\begin{vmatrix} 1 & -2 & 3 \\ 0 & -5 & 6 \\ 0 & 0 & 7 \end{vmatrix}$ (2) $\begin{vmatrix} -1 & -2 & 3 & -4 \\ 0 & 5 & -6 & 7 \\ 0 & 0 & -8 & -9 \\ 0 & 0 & 0 & 10 \end{vmatrix}$

4.2 行列式の性質

転置行列の行列式 行列式について，さらにいろいろな性質を調べる．以下，行列式の性質は 3 次行列の場合について示すが，それらは一般の次数の正方行列についても成り立つものである．

正方行列 A の転置行列 ${}^tA$ の行列式について，次の性質が成り立つ．

4.4 転置行列の行列式

転置行列の行列式は，もとの行列の行列式に等しい．

$$|{}^tA| = |A| \quad \text{すなわち} \quad \begin{vmatrix} a_{11} & a_{21} & a_{31} \\ a_{12} & a_{22} & a_{32} \\ a_{13} & a_{23} & a_{33} \end{vmatrix} = \begin{vmatrix} a_{11} & a_{12} & a_{13} \\ a_{21} & a_{22} & a_{23} \\ a_{31} & a_{32} & a_{33} \end{vmatrix}$$

証明
$$|{}^tA| = \begin{vmatrix} a_{11} & a_{21} & a_{31} \\ a_{12} & a_{22} & a_{32} \\ a_{13} & a_{23} & a_{33} \end{vmatrix}$$

$$= a_{11}a_{22}a_{33} + \underline{a_{12}a_{23}a_{31}} + \underline{a_{13}a_{21}a_{32}} - a_{13}a_{22}a_{31} - a_{11}a_{23}a_{32} - \underline{a_{12}a_{21}a_{33}}$$

$$= a_{11}a_{22}a_{33} + \underline{a_{21}a_{32}a_{13}} + \underline{a_{31}a_{12}a_{23}} - a_{31}a_{22}a_{13} - a_{11}a_{32}a_{23} - \underline{a_{21}a_{12}a_{33}}$$

$$= \begin{vmatrix} a_{11} & a_{12} & a_{13} \\ a_{21} & a_{22} & a_{23} \\ a_{31} & a_{32} & a_{33} \end{vmatrix} = |A|$$

証明終

この命題によって，以下に述べる行についての行列式の性質は，列についても成り立つ．

行列式の行に関する線形性　次の性質を，行列式の行または列に関する線形性という．特定の行について示した性質は，他の行または列についても成り立つ．

4.5 行列式の行または列に関する線形性

(1) 1つの行の共通因数をくくり出すことができる．

$$\begin{vmatrix} a_{11} & a_{12} & a_{13} \\ ta_{21} & ta_{22} & ta_{23} \\ a_{31} & a_{32} & a_{33} \end{vmatrix} = t\begin{vmatrix} a_{11} & a_{12} & a_{13} \\ a_{21} & a_{22} & a_{23} \\ a_{31} & a_{32} & a_{33} \end{vmatrix}$$

(2) 1つの行が2つの行ベクトルの和になっている行列式は，それぞれの行ベクトルを行とする行列式の和になる．

$$\begin{vmatrix} a_{11} & a_{12} & a_{13} \\ a_{21}+a'_{21} & a_{22}+a'_{22} & a_{23}+a'_{23} \\ a_{31} & a_{32} & a_{33} \end{vmatrix} = \begin{vmatrix} a_{11} & a_{12} & a_{13} \\ a_{21} & a_{22} & a_{23} \\ a_{31} & a_{32} & a_{33} \end{vmatrix} + \begin{vmatrix} a_{11} & a_{12} & a_{13} \\ a'_{21} & a'_{22} & a'_{23} \\ a_{31} & a_{32} & a_{33} \end{vmatrix}$$

これらの性質は列についても成り立つ．

証明 (1)
$$\begin{vmatrix} a_{11} & a_{12} & a_{13} \\ ta_{21} & ta_{22} & ta_{23} \\ a_{31} & a_{32} & a_{33} \end{vmatrix}$$

$$
\begin{aligned}
&= a_{11}(ta_{22})a_{33} + (ta_{21})a_{32}a_{13} + a_{31}a_{12}(ta_{23}) - a_{31}(ta_{22})a_{13} - a_{11}a_{32}(ta_{23}) \\
&\quad - (ta_{21})a_{12}a_{33} \\
&= t\,(a_{11}a_{22}a_{33} + a_{21}a_{32}a_{13} + a_{31}a_{12}a_{23} - a_{31}a_{22}a_{13} - a_{11}a_{32}a_{23} - a_{21}a_{12}a_{33}) \\
&= t \begin{vmatrix} a_{11} & a_{12} & a_{13} \\ a_{21} & a_{22} & a_{23} \\ a_{31} & a_{32} & a_{33} \end{vmatrix}
\end{aligned}
$$

(2) $\begin{vmatrix} a_{11} & a_{12} & a_{13} \\ a_{21} + a'_{21} & a_{22} + a'_{22} & a_{23} + a'_{23} \\ a_{31} & a_{32} & a_{33} \end{vmatrix}$

$$
\begin{aligned}
&= a_{11}(a_{22} + a'_{22})a_{33} + (a_{21} + a'_{21})a_{32}a_{13} + a_{31}a_{12}(a_{23} + a'_{23}) \\
&\quad - a_{31}(a_{22} + a'_{22})a_{13} - a_{11}a_{32}(a_{23} + a'_{23}) - (a_{21} + a'_{21})a_{12}a_{33} \\
&= a_{11}a_{22}a_{33} + a_{21}a_{32}a_{13} + a_{31}a_{12}a_{23} - a_{31}a_{22}a_{13} - a_{11}a_{32}a_{23} - a_{21}a_{12}a_{33} \\
&\quad + a_{11}a'_{22}a_{33} + a'_{21}a_{32}a_{13} + a_{31}a_{12}a'_{23} - a_{31}a'_{22}a_{13} - a_{11}a_{32}a'_{23} - a'_{21}a_{12}a_{33} \\
&= \begin{vmatrix} a_{11} & a_{12} & a_{13} \\ a_{21} & a_{22} & a_{23} \\ a_{31} & a_{32} & a_{33} \end{vmatrix} + \begin{vmatrix} a_{11} & a_{12} & a_{13} \\ a'_{21} & a'_{22} & a'_{23} \\ a_{31} & a_{32} & a_{33} \end{vmatrix}
\end{aligned}
$$

証明終

行列式の交代性　次の性質を，行列式の交代性という．

4.6 行列式の交代性

(1) 2 つの行を入れ替えると，行列式の符号が変わる．

$$
\begin{vmatrix} a_{11} & a_{12} & a_{13} \\ a_{21} & a_{22} & a_{23} \\ a_{31} & a_{32} & a_{33} \end{vmatrix} = - \begin{vmatrix} a_{21} & a_{22} & a_{23} \\ a_{11} & a_{12} & a_{13} \\ a_{31} & a_{32} & a_{33} \end{vmatrix}
$$

(2) 2 つの行が等しければ，行列式は 0 である．

$$
\begin{vmatrix} a_{11} & a_{12} & a_{13} \\ a_{11} & a_{12} & a_{13} \\ a_{31} & a_{32} & a_{33} \end{vmatrix} = 0
$$

これらの性質は列についても成り立つ．

証明　(1)
$$\begin{vmatrix} a_{21} & a_{22} & a_{23} \\ a_{11} & a_{12} & a_{13} \\ a_{31} & a_{32} & a_{33} \end{vmatrix}$$
$$= a_{21}a_{12}a_{33} + a_{11}a_{32}a_{23} + a_{31}a_{22}a_{13} - a_{31}a_{12}a_{23} - a_{21}a_{32}a_{13} - a_{11}a_{22}a_{33}$$
$$= -(a_{11}a_{22}a_{33} + a_{21}a_{32}a_{13} + a_{31}a_{12}a_{23} - a_{31}a_{22}a_{13} - a_{11}a_{32}a_{23} - a_{21}a_{12}a_{33})$$
$$= -\begin{vmatrix} a_{11} & a_{12} & a_{13} \\ a_{21} & a_{22} & a_{23} \\ a_{31} & a_{32} & a_{33} \end{vmatrix}$$

(2)　第1行と第2行を交換すると，行列式の交代性によって，次が成り立つ．

$$\begin{vmatrix} a_{11} & a_{12} & a_{13} \\ a_{11} & a_{12} & a_{13} \\ a_{31} & a_{32} & a_{33} \end{vmatrix} = -\begin{vmatrix} a_{11} & a_{12} & a_{13} \\ a_{11} & a_{12} & a_{13} \\ a_{31} & a_{32} & a_{33} \end{vmatrix} \quad \text{よって，} \quad \begin{vmatrix} a_{11} & a_{12} & a_{13} \\ a_{11} & a_{12} & a_{13} \\ a_{31} & a_{32} & a_{33} \end{vmatrix} = 0$$

したがって，2つの行が等しい行列式の値は0である．　証明終

行列の基本変形と行列式　行列式の性質を利用してその値を求める．

行列に対する次の変形を**行の基本変形**という．ただし，$t \neq 0$ である．

(1)　1つの行を t 倍する．

(2)　2つの行を交換する．

(3)　1つの行に別の行の t 倍を加える．

行の基本変形を行ったとき，行列式の値は次のように変化する．

4.7　基本変形と行列式

(1)　1つの行を t 倍すると，行列式の値は t 倍になる．

(2)　2つの行を交換すると，行列式の符号が変わる．

(3)　1つの行に別の行の t 倍を加えても，行列式の値は変わらない．

これらの性質は列についても成り立つ．

証明　(1)，(2) はすでに示した [→定理 4.5，4.6]．ここでは (3) だけを示す．第2行に第1行の t 倍を加えた行列式を計算する．2つの行が等しい行列式の値は0であることに注意すると，次が成り立つ．

$$\begin{vmatrix} a_{11} & a_{12} & a_{13} \\ a_{21}+ta_{11} & a_{22}+ta_{12} & a_{23}+ta_{13} \\ a_{31} & a_{32} & a_{33} \end{vmatrix} = \begin{vmatrix} a_{11} & a_{12} & a_{13} \\ a_{21} & a_{22} & a_{23} \\ a_{31} & a_{32} & a_{33} \end{vmatrix} + \begin{vmatrix} a_{11} & a_{12} & a_{13} \\ ta_{11} & ta_{12} & ta_{13} \\ a_{31} & a_{32} & a_{33} \end{vmatrix}$$

$$= \begin{vmatrix} a_{11} & a_{12} & a_{13} \\ a_{21} & a_{22} & a_{23} \\ a_{31} & a_{32} & a_{33} \end{vmatrix} + t\begin{vmatrix} a_{11} & a_{12} & a_{13} \\ a_{11} & a_{12} & a_{13} \\ a_{31} & a_{32} & a_{33} \end{vmatrix}$$

$$= \begin{vmatrix} a_{11} & a_{12} & a_{13} \\ a_{21} & a_{22} & a_{23} \\ a_{31} & a_{32} & a_{33} \end{vmatrix}$$

証明終

これらの性質を用いると，与えられた行列式を定理 4.2 を使うことができる形に変形して，行列式の値を求めることができる．

例題 4.2 行列式の計算

基本変形を用いて，次の行列式の値を求めよ．

(1) $\begin{vmatrix} 3 & 1 & 4 \\ 1 & 2 & 3 \\ -2 & 4 & -1 \end{vmatrix}$　　(2) $\begin{vmatrix} 4 & 3 & 2 & 1 \\ 8 & 3 & -1 & -3 \\ 0 & 2 & 0 & -1 \\ 0 & -1 & 0 & 4 \end{vmatrix}$

解 基本変形を行って，次数の小さな行列の行列式に変形する．

(1) $\begin{vmatrix} 3 & 1 & 4 \\ 1 & 2 & 3 \\ -2 & 4 & -1 \end{vmatrix} = -\begin{vmatrix} 1 & 2 & 3 \\ 3 & 1 & 4 \\ -2 & 4 & -1 \end{vmatrix}$　[第 1 行と第 2 行の交換]

$= -\begin{vmatrix} 1 & 2 & 3 \\ 0 & -5 & -5 \\ 0 & 8 & 5 \end{vmatrix}$　[第 2 行 + 第 1 行 × (−3)　第 3 行 + 第 1 行 × 2]

$= -\begin{vmatrix} -5 & -5 \\ 8 & 5 \end{vmatrix}$　[定理 4.2]

$= 5\begin{vmatrix} 1 & 1 \\ 8 & 5 \end{vmatrix} = 5(5-8) = -15$

(2) $$\begin{vmatrix} 4 & 3 & 2 & 1 \\ 8 & 3 & -1 & -3 \\ 0 & 2 & 0 & -1 \\ 0 & -1 & 0 & 4 \end{vmatrix} = \begin{vmatrix} 4 & 3 & 2 & 1 \\ 0 & -3 & -5 & -5 \\ 0 & 2 & 0 & -1 \\ 0 & -1 & 0 & 4 \end{vmatrix} \qquad [\text{第 2 行} + \text{第 1 行} \times (-2)]$$

$$= 4 \begin{vmatrix} -3 & -5 & -5 \\ 2 & 0 & -1 \\ -1 & 0 & 4 \end{vmatrix} \qquad [\text{定理 } 4.2]$$

$$= -4 \begin{vmatrix} -5 & -3 & -5 \\ 0 & 2 & -1 \\ 0 & -1 & 4 \end{vmatrix} \qquad [\text{第 1 列と第 2 列の交換}]$$

$$= -4 \cdot (-5) \begin{vmatrix} 2 & -1 \\ -1 & 4 \end{vmatrix} \qquad [\text{定理 } 4.2]$$

$$= 20(8-1) = 140$$

問4.4　次の行列式の値を求めよ．

(1) $\begin{vmatrix} -3 & -6 & 7 \\ 0 & 4 & -1 \\ 0 & 9 & -2 \end{vmatrix}$　(2) $\begin{vmatrix} 1 & 2 & 4 \\ -3 & -8 & 1 \\ -5 & -10 & -23 \end{vmatrix}$　(3) $\begin{vmatrix} 303 & 200 & -100 \\ 49 & 22 & -10 \\ -3 & -2 & 1 \end{vmatrix}$　(4) $\begin{vmatrix} 3 & 6 & 0 & 3 \\ 2 & 3 & -1 & 0 \\ 3 & 1 & 4 & 0 \\ -1 & -2 & 2 & 1 \end{vmatrix}$

4.3 行列の積の行列式

行列の積の行列式　$A = \begin{pmatrix} a & b \\ c & d \end{pmatrix}$，$B = \begin{pmatrix} x & y \\ z & w \end{pmatrix}$ とするとき，行列の積 AB の行列式について調べる．

行列式の性質によって，

$$|AB| = \left| \begin{pmatrix} a & b \\ c & d \end{pmatrix} \begin{pmatrix} x & y \\ z & w \end{pmatrix} \right|$$

$$= \begin{vmatrix} ax+bz & ay+bw \\ cx+dz & cy+dw \end{vmatrix}$$

$$= \begin{vmatrix} ax & ay+bw \\ cx & cy+dw \end{vmatrix} + \begin{vmatrix} bz & ay+bw \\ dz & cy+dw \end{vmatrix}$$

$$= \begin{vmatrix} ax & ay \\ cx & cy \end{vmatrix} + \begin{vmatrix} ax & bw \\ cx & dw \end{vmatrix} + \begin{vmatrix} bz & ay \\ dz & cy \end{vmatrix} + \begin{vmatrix} bz & bw \\ dz & dw \end{vmatrix}$$

[列に関する線形性→定理 4.5(2)]

$$= \begin{vmatrix} a & a \\ c & c \end{vmatrix} xy + \begin{vmatrix} a & b \\ c & d \end{vmatrix} xw + \begin{vmatrix} b & a \\ d & c \end{vmatrix} zy + \begin{vmatrix} b & b \\ d & d \end{vmatrix} zw$$

$$= \begin{vmatrix} a & b \\ c & d \end{vmatrix} xw - \begin{vmatrix} a & b \\ c & d \end{vmatrix} zy$$ [行列式の交代性→定理 4.6(2)]

$$= \begin{vmatrix} a & b \\ c & d \end{vmatrix} (xw - zy) = \begin{vmatrix} a & b \\ c & d \end{vmatrix} \begin{vmatrix} x & y \\ z & w \end{vmatrix} = |A||B|$$

が得られる．このことは，3 次以上の行列式についても成り立つ．

4.8 行列の積の行列式

2 つの正方行列の積の行列式は，それぞれの行列の行列式の積に等しい．すなわち，次の式が成り立つ．

$$|AB| = |A||B|$$

問4.5 正方行列 A, B について次のことを示せ．ただし，E は単位行列，O は零行列である．

(1) $AB = O$ ならば，$|A| = 0$ または $|B| = 0$ が成り立つ．

(2) ${}^tAA = E$ ならば，$|A| = \pm 1$ である．

問4.6 $A = \begin{pmatrix} 1 & 4 & 7 \\ 0 & 2 & 5 \\ 0 & 0 & 3 \end{pmatrix}$, $B = \begin{pmatrix} -5 & 0 & 0 \\ 4 & -2 & 0 \\ 3 & 6 & -1 \end{pmatrix}$ とするとき，次の行列式の値を求めよ．

(1) $|A|$ (2) $|B|$ (3) $|AB|$ (4) $|B^2|$

正則行列の行列式 正方行列 A が正則ならば，A の逆行列 A^{-1} が存在して，$AA^{-1} = E$ が成り立つ．したがって，

$$|A||A^{-1}| = |AA^{-1}| = |E| = 1$$

となるから，$|A| \neq 0$ であり，次のことが成り立つ．

4.9　正則行列の行列式

正方行列 A が正則ならば，$|A| \neq 0$ であり，$|A^{-1}| = \dfrac{1}{|A|}$ が成り立つ．

4.4 行列式の展開

余因子　3 次正方行列の行列式 $|A| = \begin{vmatrix} a_{11} & a_{12} & a_{13} \\ a_{21} & a_{22} & a_{23} \\ a_{31} & a_{32} & a_{33} \end{vmatrix}$ を，2 次正方行列の行列式を用いて表すことを考える．たとえば，第 1 列に注目して $|A|$ を変形すると，

$$|A| = \begin{vmatrix} a_{11} & a_{12} & a_{13} \\ a_{21} & a_{22} & a_{23} \\ a_{31} & a_{32} & a_{33} \end{vmatrix}$$

$$= \begin{vmatrix} a_{11} + 0 + 0 & a_{12} & a_{13} \\ 0 + a_{21} + 0 & a_{22} & a_{23} \\ 0 + 0 + a_{31} & a_{32} & a_{33} \end{vmatrix}$$

$$= \begin{vmatrix} a_{11} & a_{12} & a_{13} \\ 0 & a_{22} & a_{23} \\ 0 & a_{32} & a_{33} \end{vmatrix} + \begin{vmatrix} 0 & a_{12} & a_{13} \\ a_{21} & a_{22} & a_{23} \\ 0 & a_{32} & a_{33} \end{vmatrix} + \begin{vmatrix} 0 & a_{12} & a_{13} \\ 0 & a_{22} & a_{23} \\ a_{31} & a_{32} & a_{33} \end{vmatrix} \tag{4.5}$$

[列に関する線形性→定理 4.5(2)]

$$= \begin{vmatrix} a_{11} & a_{12} & a_{13} \\ 0 & a_{22} & a_{23} \\ 0 & a_{32} & a_{33} \end{vmatrix} - \begin{vmatrix} a_{21} & a_{22} & a_{23} \\ 0 & a_{12} & a_{13} \\ 0 & a_{32} & a_{33} \end{vmatrix} + \begin{vmatrix} a_{31} & a_{32} & a_{33} \\ 0 & a_{12} & a_{13} \\ 0 & a_{22} & a_{23} \end{vmatrix}$$

[行の交代性→定理 4.7(2)]

$$= a_{11} \begin{vmatrix} a_{22} & a_{23} \\ a_{32} & a_{33} \end{vmatrix} - a_{21} \begin{vmatrix} a_{12} & a_{13} \\ a_{32} & a_{33} \end{vmatrix} + a_{31} \begin{vmatrix} a_{12} & a_{13} \\ a_{22} & a_{23} \end{vmatrix} \tag{4.6}$$

[特別な列をもつ行列→定理 4.2]

となる．

最後に現れた 2 次の行列式は，それぞれ A から第 1 列と第 1 行，第 1 列と第 2 行，第 1 列と第 3 行を取り除いてできる行列の行列式である．

一般に，n 次正方行列 $A=(a_{ij})$ において，その第 i 行と第 j 列を取り除いた $(n-1)$ 次正方行列の行列式に，$(-1)^{i+j}$ をかけたもの，すなわち

$$(-1)^{i+j}\begin{vmatrix} a_{11} & \cdots & a_{1j} & \cdots & a_{1n} \\ \vdots & \ddots & \vdots & \ddots & \vdots \\ a_{i1} & \cdots & a_{ij} & \cdots & a_{in} \\ \vdots & \ddots & \vdots & \ddots & \vdots \\ a_{n1} & \cdots & a_{nj} & \cdots & a_{nn} \end{vmatrix}$$

（第 j 列 ↓，←第 i 行）

[の部分は，その行と列が取り除かれることを意味する]

を A の $\boldsymbol{(i,j)}$ **余因子**といい，$\widetilde{a}_{ij}$ で表す．

例 4.6 $A=\begin{pmatrix} a_{11} & a_{12} & a_{13} \\ a_{21} & a_{22} & a_{23} \\ a_{31} & a_{32} & a_{33} \end{pmatrix}$ の $(1,2)$ 余因子 $\widetilde{a}_{12}$ は，A の第 1 行と第 2 列を取り除いてできる行列の行列式に $(-1)^{1+2}$ をかけることによって，次のようになる．

$$\widetilde{a}_{12}=(-1)^{1+2}\begin{vmatrix} a_{11} & a_{12} & a_{13} \\ a_{21} & a_{22} & a_{23} \\ a_{31} & a_{32} & a_{33} \end{vmatrix}$$

[の部分は取り除かれる]

$$=-\begin{vmatrix} a_{21} & a_{23} \\ a_{31} & a_{33} \end{vmatrix}=-a_{21}a_{33}+a_{23}a_{31}$$

問 4.7 行列 $A=\begin{pmatrix} -5 & 0 & 7 \\ 2 & 3 & -6 \\ 4 & 9 & 8 \end{pmatrix}$ の余因子 $\widetilde{a}_{13}, \widetilde{a}_{22}, \widetilde{a}_{32}$ を求めよ．

行列式の余因子展開　式 (4.6) より，余因子を用いると，A の行列式 $|A|$ は

$$
\begin{aligned}
|A| &= a_{11}\begin{vmatrix} a_{22} & a_{23} \\ a_{32} & a_{33} \end{vmatrix} + a_{21}\left(-\begin{vmatrix} a_{12} & a_{13} \\ a_{32} & a_{33} \end{vmatrix}\right) + a_{31}\begin{vmatrix} a_{12} & a_{13} \\ a_{22} & a_{23} \end{vmatrix} \\
&= a_{11}\widetilde{a}_{11} + a_{21}\widetilde{a}_{21} + a_{31}\widetilde{a}_{31}
\end{aligned}
$$

と表すことができる．これを，$|A|$ の第1列に関する**余因子展開**という．

余因子展開は任意の列または行について行うことができる．たとえば，第2行について同様の変形を行うと

$$
\begin{aligned}
|A| &= a_{21}\left(-\begin{vmatrix} a_{12} & a_{13} \\ a_{32} & a_{33} \end{vmatrix}\right) + a_{22}\begin{vmatrix} a_{11} & a_{13} \\ a_{31} & a_{33} \end{vmatrix} + a_{23}\left(-\begin{vmatrix} a_{11} & a_{12} \\ a_{31} & a_{32} \end{vmatrix}\right) \\
&= a_{21}\widetilde{a}_{21} + a_{22}\widetilde{a}_{22} + a_{23}\widetilde{a}_{23}
\end{aligned}
$$

が得られる．これが第2行に関する $|A|$ の余因子展開である．

一般に，次が成り立つ．

4.10　行列式の余因子展開

n 次正方行列 $A = (a_{ij})$ の行列式について，次のことが成り立つ．

(1)　第 i 行についての余因子展開：$|A| = a_{i1}\widetilde{a}_{i1} + a_{i2}\widetilde{a}_{i2} + \cdots + a_{in}\widetilde{a}_{in}$

(2)　第 j 列についての余因子展開：$|A| = a_{1j}\widetilde{a}_{1j} + a_{2j}\widetilde{a}_{2j} + \cdots + a_{nj}\widetilde{a}_{nj}$

例題 4.3　**行列式の余因子展開**

次の行列式の値を，(　) 内の行または列についての余因子展開を用いて求めよ．

(1) $\begin{vmatrix} 3 & 4 & 0 \\ 2 & -5 & -1 \\ 1 & 0 & -1 \end{vmatrix}$　(第2列)　　(2) $\begin{vmatrix} 2 & 0 & -1 & 1 \\ 1 & -1 & 2 & 3 \\ 3 & 2 & 0 & -1 \\ -1 & 1 & 3 & 2 \end{vmatrix}$　(第1行)

解 (1) $\begin{vmatrix} 3 & 4 & 0 \\ 2 & -5 & -1 \\ 1 & 0 & -1 \end{vmatrix}$

$$= 4 \cdot (-1)^{1+2} \begin{vmatrix} 2 & -1 \\ 1 & -1 \end{vmatrix} + (-5) \cdot (-1)^{2+2} \begin{vmatrix} 3 & 0 \\ 1 & -1 \end{vmatrix} + 0 \cdot (-1)^{3+2} \begin{vmatrix} 3 & 0 \\ 2 & -1 \end{vmatrix}$$

$$= 4 \cdot (-1) \cdot (-1) + (-5) \cdot 1 \cdot (-3) = 19$$

(2) $\begin{vmatrix} 2 & 0 & -1 & 1 \\ 1 & -1 & 2 & 3 \\ 3 & 2 & 0 & -1 \\ -1 & 1 & 3 & 2 \end{vmatrix}$

$$= 2 \begin{vmatrix} -1 & 2 & 3 \\ 2 & 0 & -1 \\ 1 & 3 & 2 \end{vmatrix} - 0 \begin{vmatrix} 1 & 2 & 3 \\ 3 & 0 & -1 \\ -1 & 3 & 2 \end{vmatrix} + (-1) \begin{vmatrix} 1 & -1 & 3 \\ 3 & 2 & -1 \\ -1 & 1 & 2 \end{vmatrix} - 1 \begin{vmatrix} 1 & -1 & 2 \\ 3 & 2 & 0 \\ -1 & 1 & 3 \end{vmatrix}$$

$$= 2 \cdot 5 + (-1) \cdot 25 - 1 \cdot 25 = -40$$

問4.8 例題 4.3 の行列式の値を，(1) は第 3 行について，(2) は第 2 列についての余因子展開を用いて求めよ．

余因子行列と逆行列 余因子を用いると，正則行列の逆行列を求めることができる．

一般に，n 次正方行列 $A = (a_{ij})$ に対して，(i, j) 成分が A の (j, i) 余因子 $\widetilde{a}_{ji}$ である n 次正方行列

$$\widetilde{A} = \begin{pmatrix} \widetilde{a}_{11} & \widetilde{a}_{21} & \cdots & \widetilde{a}_{n1} \\ \widetilde{a}_{12} & \widetilde{a}_{22} & \cdots & \widetilde{a}_{n2} \\ \vdots & \vdots & \ddots & \vdots \\ \widetilde{a}_{1n} & \widetilde{a}_{2n} & \cdots & \widetilde{a}_{nn} \end{pmatrix} \tag{4.7}$$

を，A の**余因子行列**という．

note 余因子行列は，余因子を番号どおりに並べた行列の転置行列になっている．

3 次正方行列 A と，A の余因子行列 $\widetilde{A}$ との積

$$A\widetilde{A} = \begin{pmatrix} a_{11} & a_{12} & a_{13} \\ a_{21} & a_{22} & a_{23} \\ a_{31} & a_{32} & a_{33} \end{pmatrix} \begin{pmatrix} \widetilde{a}_{11} & \widetilde{a}_{21} & \widetilde{a}_{31} \\ \widetilde{a}_{12} & \widetilde{a}_{22} & \widetilde{a}_{32} \\ \widetilde{a}_{13} & \widetilde{a}_{23} & \widetilde{a}_{33} \end{pmatrix}$$

を計算する．ここでは，$A\widetilde{A}$ の (i, j) 成分を $\left(A\widetilde{A}\right)_{ij}$ と表す．すると，行列式の余因子展開［→定理 4.10］によって

$$\left(A\widetilde{A}\right)_{11} = a_{11}\widetilde{a}_{11} + a_{12}\widetilde{a}_{12} + a_{13}\widetilde{a}_{13} = \begin{vmatrix} a_{11} & a_{12} & a_{13} \\ a_{21} & a_{22} & a_{23} \\ a_{31} & a_{32} & a_{33} \end{vmatrix} = |A| \tag{4.8}$$

$$\left(A\widetilde{A}\right)_{21} = a_{21}\widetilde{a}_{11} + a_{22}\widetilde{a}_{12} + a_{23}\widetilde{a}_{13} = \begin{vmatrix} a_{21} & a_{22} & a_{23} \\ a_{21} & a_{22} & a_{23} \\ a_{31} & a_{32} & a_{33} \end{vmatrix} = 0 \tag{4.9}$$

となる．同様にして，$A\widetilde{A}$ の対角成分はすべて $|A|$，対角成分以外はすべて 0 であることを示すことができる．したがって，

$$A\widetilde{A} = \begin{pmatrix} |A| & 0 & 0 \\ 0 & |A| & 0 \\ 0 & 0 & |A| \end{pmatrix} = |A| \begin{pmatrix} 1 & 0 & 0 \\ 0 & 1 & 0 \\ 0 & 0 & 1 \end{pmatrix} = |A|E$$

となる．また，列についての余因子展開を用いれば，$\widetilde{A}A = |A|E$ が成り立つ．したがって，$A\widetilde{A} = \widetilde{A}A = |A|E$ であり，$|A| \neq 0$ のときこの式を $|A|$ で割ることによって

$$A\left(\frac{1}{|A|}\widetilde{A}\right) = \left(\frac{1}{|A|}\widetilde{A}\right)A = E$$

が得られる．よって，A は正則で，その逆行列は $\dfrac{1}{|A|}\widetilde{A}$ である．

これは一般の n 次正方行列でも成り立つ．また，行列 A が正則ならば $|A| \neq 0$ であることはすでに示した［→定理 4.9］．よって，次の定理が成り立つ．

4.11 正則行列とその逆行列

n 次正方行列 $A=(a_{ij})$ について，次のことが成り立つ．

(1) A が正則 $\iff |A|\neq 0$

(2) $|A|\neq 0$ のとき A の余因子行列を $\widetilde{A}$ とすると，A の逆行列は次の式で表される．

$$A^{-1}=\frac{1}{|A|}\widetilde{A}=\frac{1}{|A|}\begin{pmatrix}\widetilde{a}_{11} & \widetilde{a}_{21} & \cdots & \widetilde{a}_{n1}\\ \widetilde{a}_{12} & \widetilde{a}_{22} & \cdots & \widetilde{a}_{n2}\\ \vdots & \vdots & \ddots & \vdots\\ \widetilde{a}_{1n} & \widetilde{a}_{2n} & \cdots & \widetilde{a}_{nn}\end{pmatrix}$$

正方行列 A に対して，行列 X が $XA=E$ または $AX=E$ を満たしているとする．いま，$XA=E$ であるとすれば，$|X||A|=1$ であるから $|A|\neq 0$ であり，A は正則である．したがって，A の逆行列 A^{-1} が存在する．そこで，$XA=E$ の両辺に右から A^{-1} をかければ $X=A^{-1}$ が得られる．$AX=E$ のときも同様の方法によって，次の定理が成り立つ．

4.12 逆行列である条件

正方行列 A に対して，正方行列 X が $XA=E$ または $AX=E$ を満たせば，A は正則で $X=A^{-1}$ が成り立つ．

例題 4.4 余因子行列による逆行列の計算

行列 $A=\begin{pmatrix}3 & 2 & 1\\ 4 & -2 & 5\\ 1 & 3 & -2\end{pmatrix}$ が正則であるかどうか調べよ．正則であるときはその逆行列を求めよ．

解 正則かどうか調べるために，行列式を計算すると，

$$|A|=\begin{vmatrix}3 & 2 & 1\\ 4 & -2 & 5\\ 1 & 3 & -2\end{vmatrix}=7\neq 0$$

となる．したがって，A は正則である．次に，各成分の余因子を求めると，

$$\widetilde{a}_{11}=\begin{vmatrix}-2 & 5\\ 3 & -2\end{vmatrix}=-11,\quad \widetilde{a}_{12}=-\begin{vmatrix}4 & 5\\ 1 & -2\end{vmatrix}=13,\quad \widetilde{a}_{13}=\begin{vmatrix}4 & -2\\ 1 & 3\end{vmatrix}=14,$$

$$\widetilde{a}_{21} = -\begin{vmatrix} 2 & 1 \\ 3 & -2 \end{vmatrix} = 7, \quad \widetilde{a}_{22} = \begin{vmatrix} 3 & 1 \\ 1 & -2 \end{vmatrix} = -7, \quad \widetilde{a}_{23} = -\begin{vmatrix} 3 & 2 \\ 1 & 3 \end{vmatrix} = -7,$$

$$\widetilde{a}_{31} = \begin{vmatrix} 2 & 1 \\ -2 & 5 \end{vmatrix} = 12, \quad \widetilde{a}_{32} = -\begin{vmatrix} 3 & 1 \\ 4 & 5 \end{vmatrix} = -11, \quad \widetilde{a}_{33} = \begin{vmatrix} 3 & 2 \\ 4 & -2 \end{vmatrix} = -14$$

となる．A の余因子行列 $\widetilde{A}$ は，これらの成分を並べてできる行列の転置行列であるから，A^{-1} はそれを $|A|$ で割ることによって，次のように求めることができる．

$$A^{-1} = \frac{1}{|A|}\widetilde{A} = \frac{1}{7}\begin{pmatrix} -11 & 7 & 12 \\ 13 & -7 & -11 \\ 14 & -7 & -14 \end{pmatrix}$$

問4.9　次の行列が正則であるかどうか調べよ．正則であるときはその逆行列を求めよ．

(1) $\begin{pmatrix} 0 & -1 & 1 \\ 1 & -2 & 3 \\ -1 & 1 & -1 \end{pmatrix}$　　(2) $\begin{pmatrix} 1 & 2 & 2 \\ 2 & 1 & -1 \\ 0 & 1 & 1 \end{pmatrix}$

4.5　連立1次方程式のクラメルの公式

未知数が n 個ある連立1次方程式を**連立 n 元1次方程式**という．行列式の余因子展開を用いると，連立 n 元1次方程式 $A\boldsymbol{x} = \boldsymbol{b}$ の解の公式を作ることができる．ここでは，x_1, x_2, x_3 を未知数とする連立3元1次方程式

$$\begin{cases} a_{11}x_1 + a_{12}x_2 + a_{13}x_3 = b_1 \\ a_{21}x_1 + a_{22}x_2 + a_{23}x_3 = b_2 \\ a_{31}x_1 + a_{32}x_2 + a_{33}x_3 = b_3 \end{cases} \tag{4.10}$$

について説明する．式 (4.10) において，

$$A = \begin{pmatrix} a_{11} & a_{12} & a_{13} \\ a_{21} & a_{22} & a_{23} \\ a_{31} & a_{32} & a_{33} \end{pmatrix}, \quad \boldsymbol{x} = \begin{pmatrix} x_1 \\ x_2 \\ x_3 \end{pmatrix}, \quad \boldsymbol{b} = \begin{pmatrix} b_1 \\ b_2 \\ b_3 \end{pmatrix}$$

とおく．$A, \boldsymbol{x}, \boldsymbol{b}$ をそれぞれ式 (4.10) の**係数行列**，**未知数ベクトル**，**定数項ベクトル**という．係数行列 A が正則であるとき，余因子行列による逆行列の公式を用いると，この方程式の解は

$$\boldsymbol{x} = A^{-1}\boldsymbol{b} = \frac{1}{|A|}\widetilde{A}\boldsymbol{b}$$

となる．これを書き直すと，

$$\begin{pmatrix} x_1 \\ x_2 \\ x_3 \end{pmatrix} = \frac{1}{|A|}\begin{pmatrix} \widetilde{a}_{11} & \widetilde{a}_{21} & \widetilde{a}_{31} \\ \widetilde{a}_{12} & \widetilde{a}_{22} & \widetilde{a}_{32} \\ \widetilde{a}_{13} & \widetilde{a}_{23} & \widetilde{a}_{33} \end{pmatrix}\begin{pmatrix} b_1 \\ b_2 \\ b_3 \end{pmatrix} = \frac{1}{|A|}\begin{pmatrix} b_1\widetilde{a}_{11} + b_2\widetilde{a}_{21} + b_3\widetilde{a}_{31} \\ b_1\widetilde{a}_{12} + b_2\widetilde{a}_{22} + b_3\widetilde{a}_{32} \\ b_1\widetilde{a}_{13} + b_2\widetilde{a}_{23} + b_3\widetilde{a}_{33} \end{pmatrix} \tag{4.11}$$

となる．ここで，行列 A の第 j 列を $\boldsymbol{b}$ に置き換えた行列を A_j とおく．第 1 成分を比較することによって，

$$x_1 = \frac{1}{|A|}(b_1\widetilde{a}_{11} + b_2\widetilde{a}_{21} + b_3\widetilde{a}_{31}) = \frac{1}{|A|}\begin{vmatrix} b_1 & a_{12} & a_{13} \\ b_2 & a_{22} & a_{23} \\ b_3 & a_{32} & a_{33} \end{vmatrix} = \frac{|A_1|}{|A|} \tag{4.12}$$

が得られる．同様にして，$x_2 = \dfrac{|A_2|}{|A|}$, $x_3 = \dfrac{|A_3|}{|A|}$ が成り立つ．これを一般化したものが，次の**クラメルの公式**である．

4.13 クラメルの公式

n 個の未知数に関する連立 1 次方程式 $A\boldsymbol{x} = \boldsymbol{b}$ の係数行列 A が正則であるとき，その解は，

$$x_j = \frac{|A_j|}{|A|} \quad (j = 1, 2, \ldots, n)$$

となる．ここで，A_j は，行列 A の第 j 列を $\boldsymbol{b}$ で置き換えた行列である．

係数行列が正則な連立 2 元 1 次方程式

$$\begin{cases} a_{11}x_1 + a_{12}x_2 = b_1 \\ a_{21}x_1 + a_{22}x_2 = b_2 \end{cases}$$

のクラメルの公式は，次のようになる．

$$x_1 = \frac{\begin{vmatrix} b_1 & a_{12} \\ b_2 & a_{22} \end{vmatrix}}{\begin{vmatrix} a_{11} & a_{12} \\ a_{21} & a_{22} \end{vmatrix}}, \quad x_2 = \frac{\begin{vmatrix} a_{11} & b_1 \\ a_{21} & b_2 \end{vmatrix}}{\begin{vmatrix} a_{11} & a_{12} \\ a_{21} & a_{22} \end{vmatrix}}$$

例 4.7　連立 1 次方程式 $\begin{cases} 2x + 4y = -2 \\ 5x - y = 3 \end{cases}$ を解く．$\begin{vmatrix} 2 & 4 \\ 5 & -1 \end{vmatrix} = -22 \neq 0$ より，係数行列は正則である．したがって，クラメルの公式により次のようになる．

$$x = \frac{\begin{vmatrix} -2 & 4 \\ 3 & -1 \end{vmatrix}}{\begin{vmatrix} 2 & 4 \\ 5 & -1 \end{vmatrix}} = \frac{-10}{-22} = \frac{5}{11}, \quad y = \frac{\begin{vmatrix} 2 & -2 \\ 5 & 3 \end{vmatrix}}{\begin{vmatrix} 2 & 4 \\ 5 & -1 \end{vmatrix}} = \frac{16}{-22} = -\frac{8}{11}$$

問 4.10　クラメルの公式を用いて，次の連立 1 次方程式を解け．

(1) $\begin{cases} 3x - y = 4 \\ 5x + 3y = -2 \end{cases}$　　(2) $\begin{cases} 3x - 5y = -1 \\ x - 3y = 3 \end{cases}$

例題 4.5　クラメルの公式による連立 1 次方程式の解法

クラメルの公式を用いて，連立 1 次方程式 $\begin{cases} 2x - y + z = 3 \\ -x - 2y - z = 4 \\ 2x + y + z = 5 \end{cases}$ を解け．

解　$A = \begin{pmatrix} 2 & -1 & 1 \\ -1 & -2 & -1 \\ 2 & 1 & 1 \end{pmatrix}$ とおくと，$|A| = 2 \neq 0$ である．A の第 1 列，第 2 列，第 3 列を定数項ベクトルで置き換えた行列を，それぞれ A_1, A_2, A_3 とすれば，クラメルの公式によって，この方程式の解は次のようになる．

$$x = \frac{|A_1|}{|A|} = \frac{1}{2}\begin{vmatrix} 3 & -1 & 1 \\ 4 & -2 & -1 \\ 5 & 1 & 1 \end{vmatrix} = 10, \quad y = \frac{|A_2|}{|A|} = \frac{1}{2}\begin{vmatrix} 2 & 3 & 1 \\ -1 & 4 & -1 \\ 2 & 5 & 1 \end{vmatrix} = 1,$$

$$z = \frac{|A_3|}{|A|} = \frac{1}{2}\begin{vmatrix} 2 & -1 & 3 \\ -1 & -2 & 4 \\ 2 & 1 & 5 \end{vmatrix} = -16$$

問 4.11　クラメルの公式によって，次の連立 1 次方程式を解け．

(1) $\begin{cases} 3x + y - 2z = -1 \\ -2x + 3y + z = 3 \\ x + 2y - z = 1 \end{cases}$　　(2) $\begin{cases} x + 2y - 3z = 5 \\ 2x - z = 0 \\ 7x + 3y + z = -7 \end{cases}$

4.6 行列式の応用

平行四辺形の面積　2つのベクトルが作る平行四辺形の面積は，行列式を用いて計算することができる．

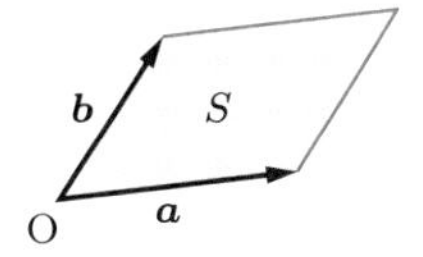

ベクトル $\boldsymbol{a}, \boldsymbol{b}$ が作る平行四辺形の面積を S とすれば，

$$S^2 = |\boldsymbol{a}|^2|\boldsymbol{b}|^2 - (\boldsymbol{a}\cdot\boldsymbol{b})^2$$

が成り立つ［→例題 2.2］．

これによって，座標平面における平行四辺形の場合，$\boldsymbol{a} = \begin{pmatrix} a_1 \\ a_2 \end{pmatrix}, \boldsymbol{b} = \begin{pmatrix} b_1 \\ b_2 \end{pmatrix}$ が作る平行四辺形の面積 S について，

$$\begin{aligned} S^2 &= \left({a_1}^2 + {a_2}^2\right)\left({b_1}^2 + {b_2}^2\right) - (a_1b_1 + a_2b_2)^2 \\ &= {a_1}^2{b_1}^2 + {a_1}^2{b_2}^2 + {a_2}^2{b_1}^2 + {a_2}^2{b_2}^2 - ({a_1}^2{b_1}^2 + 2a_1b_1a_2b_2 + {a_2}^2{b_2}^2) \\ &= (a_1b_2 - a_2b_1)^2 = \begin{vmatrix} a_1 & b_1 \\ a_2 & b_2 \end{vmatrix}^2 \end{aligned} \tag{4.13}$$

が成り立つ．したがって，面積 S はベクトル $\boldsymbol{a}, \boldsymbol{b}$ を列ベクトルとする2次正方行列の行列式の絶対値である．

また，座標空間における平行四辺形の場合，$\boldsymbol{a} = \begin{pmatrix} a_1 \\ a_2 \\ a_3 \end{pmatrix}, \boldsymbol{b} = \begin{pmatrix} b_1 \\ b_2 \\ b_3 \end{pmatrix}$ が作る平行四辺形の面積 S について，

$$\begin{aligned} S^2 &= \left({a_1}^2 + {a_2}^2 + {a_3}^2\right)\left({b_1}^2 + {b_2}^2 + {b_3}^2\right) - (a_1b_1 + a_2b_2 + a_3b_3)^2 \\ &= (a_2b_3 - a_3b_2)^2 + (a_1b_3 - a_3b_1)^2 + (a_1b_2 - a_2b_1)^2 \\ &= \begin{vmatrix} a_2 & b_2 \\ a_3 & b_3 \end{vmatrix}^2 + \begin{vmatrix} a_1 & b_1 \\ a_3 & b_3 \end{vmatrix}^2 + \begin{vmatrix} a_1 & b_1 \\ a_2 & b_2 \end{vmatrix}^2 \end{aligned} \tag{4.14}$$

が成り立つ．

4.14　平行四辺形の面積と行列式

ベクトル $\boldsymbol{a}, \boldsymbol{b}$ が作る平行四辺形の面積を S とするとき，次が成り立つ．

(1) $\boldsymbol{a} = \begin{pmatrix} a_1 \\ a_2 \end{pmatrix}, \boldsymbol{b} = \begin{pmatrix} b_1 \\ b_2 \end{pmatrix}$ のとき

$$S^2 = \begin{vmatrix} a_1 & b_1 \\ a_2 & b_2 \end{vmatrix}^2$$

(2) $\boldsymbol{a} = \begin{pmatrix} a_1 \\ a_2 \\ a_3 \end{pmatrix}, \boldsymbol{b} = \begin{pmatrix} b_1 \\ b_2 \\ b_3 \end{pmatrix}$ のとき

$$S^2 = \begin{vmatrix} a_2 & b_2 \\ a_3 & b_3 \end{vmatrix}^2 + \begin{vmatrix} a_1 & b_1 \\ a_3 & b_3 \end{vmatrix}^2 + \begin{vmatrix} a_1 & b_1 \\ a_2 & b_2 \end{vmatrix}^2$$

例 4.8　$\boldsymbol{a} = \begin{pmatrix} -2 \\ 4 \end{pmatrix}, \boldsymbol{b} = \begin{pmatrix} 6 \\ -1 \end{pmatrix}$ が作る平行四辺形の面積 S を求める．$\boldsymbol{a}, \boldsymbol{b}$ を列ベクトルとする行列の行列式は

$$\begin{vmatrix} -2 & 6 \\ 4 & -1 \end{vmatrix} = -22$$

であるから，$S = 22$ である．

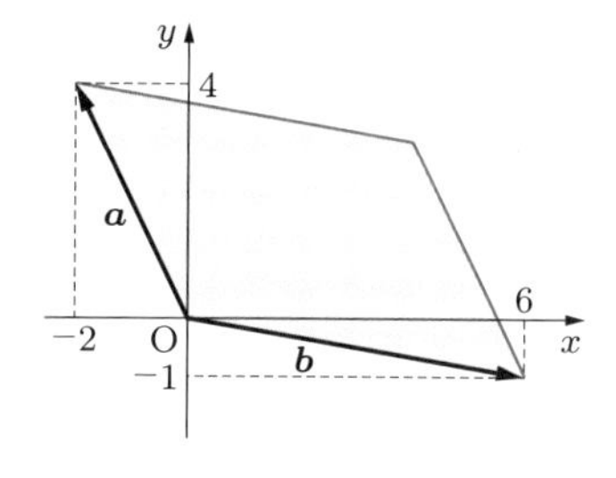

例題 4.6　空間ベクトルが作る平行四辺形の面積

空間の 3 点 $\mathrm{A}(1,0,3)$, $\mathrm{B}(3,-2,4)$, $\mathrm{C}(5,-5,1)$ に対して，$\overrightarrow{\mathrm{AB}}, \overrightarrow{\mathrm{AC}}$ が作る平行四辺形の面積を求めよ．

解　$\overrightarrow{\mathrm{AB}}, \overrightarrow{\mathrm{AC}}$ を成分で表すと，

$$\overrightarrow{\mathrm{AB}} = \begin{pmatrix} 3 \\ -2 \\ 4 \end{pmatrix} - \begin{pmatrix} 1 \\ 0 \\ 3 \end{pmatrix} = \begin{pmatrix} 2 \\ -2 \\ 1 \end{pmatrix}, \quad \overrightarrow{\mathrm{AC}} = \begin{pmatrix} 5 \\ -5 \\ 1 \end{pmatrix} - \begin{pmatrix} 1 \\ 0 \\ 3 \end{pmatrix} = \begin{pmatrix} 4 \\ -5 \\ -2 \end{pmatrix}$$

となる．したがって，求める平行四辺形の面積を S とすれば，

$$S^2 = \begin{vmatrix} -2 & -5 \\ 1 & -2 \end{vmatrix}^2 + \begin{vmatrix} 2 & 4 \\ 1 & -2 \end{vmatrix}^2 + \begin{vmatrix} 2 & 4 \\ -2 & -5 \end{vmatrix}^2 = 9^2 + (-8)^2 + (-2)^2 = 149$$

であるから，$S = \sqrt{149}$ である．

問4.12　次の 3 点 A, B, C に対して，$\overrightarrow{\mathrm{AB}}, \overrightarrow{\mathrm{AC}}$ が作る平行四辺形の面積を求めよ．

(1)　A(2, 1)，B(5, 3)，C(−3, 2)

(2)　A(0, −3, 2)，B(3, −4, 4)，C(−1, −2, −1)

ベクトルの外積　空間の基本ベクトル $\boldsymbol{e}_1, \boldsymbol{e}_2, \boldsymbol{e}_3$ を用いると，$\boldsymbol{a} = \begin{pmatrix} a_1 \\ a_2 \\ a_3 \end{pmatrix}$ は $\boldsymbol{a} = a_1\boldsymbol{e}_1 + a_2\boldsymbol{e}_2 + a_3\boldsymbol{e}_3$ と表すことができる．$\boldsymbol{a} = a_1\boldsymbol{e}_1 + a_2\boldsymbol{e}_2 + a_3\boldsymbol{e}_3$, $\boldsymbol{b} = b_1\boldsymbol{e}_1 + b_2\boldsymbol{e}_2 + b_3\boldsymbol{e}_3$ に対して，$\boldsymbol{a}, \boldsymbol{b}$ の外積 $\boldsymbol{a} \times \boldsymbol{b}$ を

$$\boldsymbol{a} \times \boldsymbol{b} = \begin{vmatrix} a_2 & b_2 \\ a_3 & b_3 \end{vmatrix} \boldsymbol{e}_1 - \begin{vmatrix} a_1 & b_1 \\ a_3 & b_3 \end{vmatrix} \boldsymbol{e}_2 + \begin{vmatrix} a_1 & b_1 \\ a_2 & b_2 \end{vmatrix} \boldsymbol{e}_3$$

と定める．$\boldsymbol{a} \times \boldsymbol{b}$ は，$\boldsymbol{e}_1, \boldsymbol{e}_2, \boldsymbol{e}_3$ を形式的に実数のように扱って，$\begin{vmatrix} \boldsymbol{e}_1 & a_1 & b_1 \\ \boldsymbol{e}_2 & a_2 & b_2 \\ \boldsymbol{e}_3 & a_3 & b_3 \end{vmatrix}$ を第 1 列について余因子展開したものとみることもできる．

4.15　ベクトルの外積

$\boldsymbol{a} = a_1\boldsymbol{e}_1 + a_2\boldsymbol{e}_2 + a_3\boldsymbol{e}_3$，$\boldsymbol{b} = b_1\boldsymbol{e}_1 + b_2\boldsymbol{e}_2 + b_3\boldsymbol{e}_3$ に対して，$\boldsymbol{a}, \boldsymbol{b}$ の外積 $\boldsymbol{a} \times \boldsymbol{b}$ を次のように定める．

$$\boldsymbol{a} \times \boldsymbol{b} = \begin{vmatrix} \boldsymbol{e}_1 & a_1 & b_1 \\ \boldsymbol{e}_2 & a_2 & b_2 \\ \boldsymbol{e}_3 & a_3 & b_3 \end{vmatrix} = \begin{vmatrix} a_2 & b_2 \\ a_3 & b_3 \end{vmatrix} \boldsymbol{e}_1 - \begin{vmatrix} a_1 & b_1 \\ a_3 & b_3 \end{vmatrix} \boldsymbol{e}_2 + \begin{vmatrix} a_1 & b_1 \\ a_2 & b_2 \end{vmatrix} \boldsymbol{e}_3$$

外積 $\boldsymbol{a} \times \boldsymbol{b}$ は次の性質をもつ．

4.16　ベクトルの外積の性質

(1)　$\boldsymbol{a}\times\boldsymbol{b}\neq\boldsymbol{0}$ のとき，$\boldsymbol{a}\times\boldsymbol{b}$ は $\boldsymbol{a}, \boldsymbol{b}$ に垂直である．

(2)　$|\boldsymbol{a}\times\boldsymbol{b}|$ は $\boldsymbol{a}, \boldsymbol{b}$ が作る平行四辺形の面積に等しい．

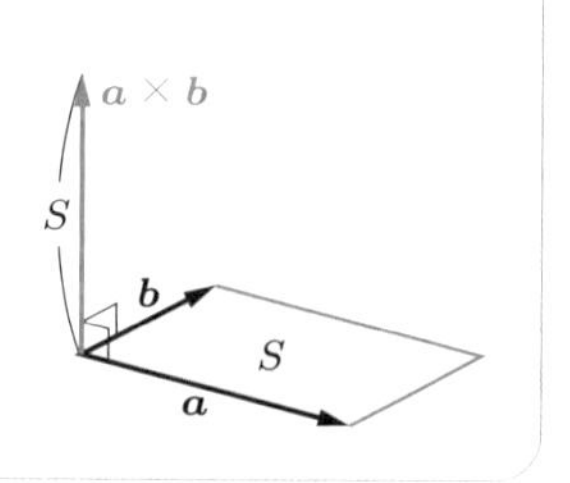

証明　(1) $\boldsymbol{a}\cdot(\boldsymbol{a}\times\boldsymbol{b})=0$ を示す．

$$\boldsymbol{a}\cdot(\boldsymbol{a}\times\boldsymbol{b}) = a_1\begin{vmatrix} a_2 & b_2 \\ a_3 & b_3 \end{vmatrix} - a_2\begin{vmatrix} a_1 & b_1 \\ a_3 & b_3 \end{vmatrix} + a_3\begin{vmatrix} a_1 & b_1 \\ a_2 & b_2 \end{vmatrix}$$

$$= \begin{vmatrix} a_1 & a_1 & b_1 \\ a_2 & a_2 & b_2 \\ a_3 & a_3 & b_3 \end{vmatrix} = 0$$

となるから，$\boldsymbol{a}$ は $\boldsymbol{a}\times\boldsymbol{b}$ に垂直である．同じようにして，$\boldsymbol{b}$ は $\boldsymbol{a}\times\boldsymbol{b}$ に垂直であることを証明することができる．

(2)

$$|\boldsymbol{a}\times\boldsymbol{b}| = \sqrt{\begin{vmatrix} a_2 & b_2 \\ a_3 & b_3 \end{vmatrix}^2 + \begin{vmatrix} a_1 & b_1 \\ a_3 & b_3 \end{vmatrix}^2 + \begin{vmatrix} a_1 & b_1 \\ a_2 & b_2 \end{vmatrix}^2}$$

となって，$|\boldsymbol{a}\times\boldsymbol{b}|$ は $\boldsymbol{a}, \boldsymbol{b}$ が作る平行四辺形の面積 S と等しい［→定理 4.14］．証明終

note　$\boldsymbol{a}$ を右手の親指，$\boldsymbol{b}$ を右手の人差し指に重ねたとき，中指の向く方向が $\boldsymbol{a}\times\boldsymbol{b}$ の向きである．したがって，$\boldsymbol{a}, \boldsymbol{b}, \boldsymbol{a}\times\boldsymbol{b}$ は右手系である．

例 4.9　ベクトル $\boldsymbol{a}=\begin{pmatrix} 1 \\ 2 \\ -1 \end{pmatrix}, \boldsymbol{b}=\begin{pmatrix} 3 \\ -1 \\ 0 \end{pmatrix}$ に対して，

$$\boldsymbol{a}\times\boldsymbol{b} = \begin{vmatrix} \boldsymbol{e}_1 & 1 & 3 \\ \boldsymbol{e}_2 & 2 & -1 \\ \boldsymbol{e}_3 & -1 & 0 \end{vmatrix}$$

$$= \begin{vmatrix} 2 & -1 \\ -1 & 0 \end{vmatrix}\boldsymbol{e}_1 - \begin{vmatrix} 1 & 3 \\ -1 & 0 \end{vmatrix}\boldsymbol{e}_2 + \begin{vmatrix} 1 & 3 \\ 2 & -1 \end{vmatrix}\boldsymbol{e}_3 = \begin{pmatrix} -1 \\ -3 \\ -7 \end{pmatrix}$$

である．したがって，$\boldsymbol{a}, \boldsymbol{b}$ が作る平行四辺形の面積 S は，次のようになる．

$$S = |\boldsymbol{a} \times \boldsymbol{b}| = \sqrt{(-1)^2 + (-3)^2 + (-7)^2} = \sqrt{59}$$

問4.13 $\boldsymbol{a} = \begin{pmatrix} 2 \\ -1 \\ 3 \end{pmatrix}$, $\boldsymbol{b} = \begin{pmatrix} -3 \\ 1 \\ 0 \end{pmatrix}$, $\boldsymbol{c} = \begin{pmatrix} 0 \\ -2 \\ 5 \end{pmatrix}$ について，次の外積を求めよ．

(1) $\boldsymbol{a} \times \boldsymbol{b}$　　(2) $\boldsymbol{b} \times \boldsymbol{a}$　　(3) $\boldsymbol{b} \times \boldsymbol{c}$

note　問 4.13(1), (2) からわかるように，外積では交換法則は成り立たない．任意の空間ベクトル $\boldsymbol{a}, \boldsymbol{b}$ について，次が成り立つ．

$$\boldsymbol{b} \times \boldsymbol{a} = -\boldsymbol{a} \times \boldsymbol{b}$$

平行六面体の体積　空間の 3 点 $\mathrm{A}(a_1, a_2, a_3)$, $\mathrm{B}(b_1, b_2, b_3)$, $\mathrm{C}(c_1, c_2, c_3)$ の位置ベクトルを $\boldsymbol{a}, \boldsymbol{b}, \boldsymbol{c}$ とする．$\boldsymbol{a}, \boldsymbol{b}, \boldsymbol{c}$ が作る平行六面体の体積 V を求める．

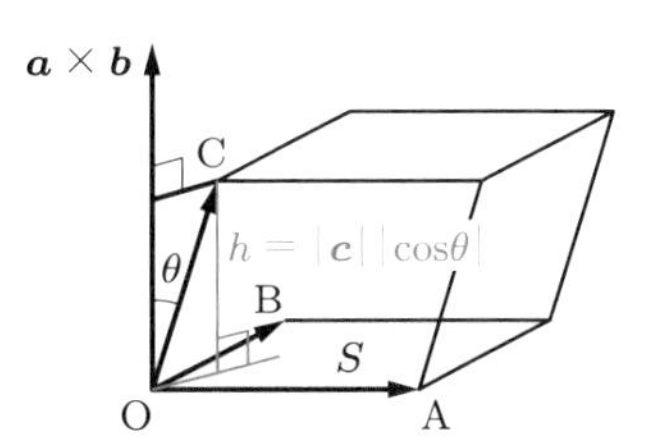

$\boldsymbol{a}, \boldsymbol{b}$ が作る平行四辺形をこの平行六面体の底面とし，その面積を S とする．平行六面体の底面からの高さを h とし，$\boldsymbol{a} \times \boldsymbol{b}$ と $\boldsymbol{c}$ のなす角を θ とすれば，

$$h = |\boldsymbol{c}||\cos\theta|$$

が成り立つ．$S = |\boldsymbol{a} \times \boldsymbol{b}|$ であるから，

$$V = Sh = |\boldsymbol{a} \times \boldsymbol{b}||\boldsymbol{c}||\cos\theta| = |(\boldsymbol{a} \times \boldsymbol{b}) \cdot \boldsymbol{c}|$$

となる．ここで，

$$(\boldsymbol{a} \times \boldsymbol{b}) \cdot \boldsymbol{c} = \begin{vmatrix} a_2 & b_2 \\ a_3 & b_3 \end{vmatrix} c_1 - \begin{vmatrix} a_1 & b_1 \\ a_3 & b_3 \end{vmatrix} c_2 + \begin{vmatrix} a_1 & b_1 \\ a_2 & b_2 \end{vmatrix} c_3 = \begin{vmatrix} a_1 & b_1 & c_1 \\ a_2 & b_2 & c_2 \\ a_3 & b_3 & c_3 \end{vmatrix} \tag{4.15}$$

である．よって，ベクトル $\boldsymbol{a}, \boldsymbol{b}, \boldsymbol{c}$ が作る平行六面体の体積について，次が成り立つ．

4.17　平行六面体の体積と行列式

$\boldsymbol{a} = \begin{pmatrix} a_1 \\ a_2 \\ a_3 \end{pmatrix}$, $\boldsymbol{b} = \begin{pmatrix} b_1 \\ b_2 \\ b_3 \end{pmatrix}$, $\boldsymbol{c} = \begin{pmatrix} c_1 \\ c_2 \\ c_3 \end{pmatrix}$ が作る平行六面体の体積を V とするとき,

$$V^2 = \begin{vmatrix} a_1 & b_1 & c_1 \\ a_2 & b_2 & c_2 \\ a_3 & b_3 & c_3 \end{vmatrix}^2$$

である.

note　$(\boldsymbol{a} \times \boldsymbol{b}) \cdot \boldsymbol{c}$ を, $\boldsymbol{a}$, $\boldsymbol{b}$, $\boldsymbol{c}$ の**スカラー 3 重積**という.

例 4.10　空間の 4 点 A$(1, 2, 3)$, B$(4, 6, -2)$, C$(1, -3, 0)$, D$(3, 5, -1)$ について, $\overrightarrow{\mathrm{AB}}$, $\overrightarrow{\mathrm{AC}}$, $\overrightarrow{\mathrm{AD}}$ が作る平行六面体の体積 V を求める.

$$\overrightarrow{\mathrm{AB}} = \begin{pmatrix} 3 \\ 4 \\ -5 \end{pmatrix}, \quad \overrightarrow{\mathrm{AC}} = \begin{pmatrix} 0 \\ -5 \\ -3 \end{pmatrix}, \quad \overrightarrow{\mathrm{AD}} = \begin{pmatrix} 2 \\ 3 \\ -4 \end{pmatrix}$$

であるから, $\overrightarrow{\mathrm{AB}}$, $\overrightarrow{\mathrm{AC}}$, $\overrightarrow{\mathrm{AD}}$ を列ベクトルとする行列の行列式は,

$$\begin{vmatrix} 3 & 0 & 2 \\ 4 & -5 & 3 \\ -5 & -3 & -4 \end{vmatrix} = 13$$

となる. したがって, $V = |13| = 13$ である.

問 4.14　次の平行六面体の体積を求めよ.

(1)　空間の 4 点 O$(0, 0, 0)$, A$(1, 3, 6)$, B$(0, 5, 7)$, C$(2, 0, 4)$ について, $\overrightarrow{\mathrm{OA}}$, $\overrightarrow{\mathrm{OB}}$, $\overrightarrow{\mathrm{OC}}$ が作る平行六面体

(2)　空間の 4 点 A$(2, 1, 3)$, B$(-1, 7, 0)$, C$(0, 3, 6)$, D$(3, 1, -4)$ について, $\overrightarrow{\mathrm{AB}}$, $\overrightarrow{\mathrm{AC}}$, $\overrightarrow{\mathrm{AD}}$ が作る平行六面体

練習問題 4

[1]　次の行列式の値を求めよ.

(1) $\begin{vmatrix} 3 & 0 & 1 \\ 0 & 2 & -4 \\ 1 & -2 & 0 \end{vmatrix}$　(2) $\begin{vmatrix} 0 & 1 & 2 & 3 \\ -1 & 0 & 1 & 2 \\ -2 & -1 & 0 & 1 \\ -3 & -2 & -1 & 0 \end{vmatrix}$　(3) $\begin{vmatrix} 1 & 3 & 2 & -5 \\ -1 & -2 & 0 & 8 \\ -2 & -6 & -5 & 13 \\ 2 & 8 & 7 & 2 \end{vmatrix}$

[2]　行列式の性質を用いて変形することによって，次の式が成り立つことを示せ.

(1) $\begin{vmatrix} a & b & c \\ c & a & b \\ b & c & a \end{vmatrix} = (a+b+c)(a^2+b^2+c^2-ab-bc-ca)$

(2) $\begin{vmatrix} 1+a & 1 & 1 & 1 \\ 1 & 1+a & 1 & 1 \\ 1 & 1 & 1+a & 1 \\ 1 & 1 & 1 & 1+a \end{vmatrix} = a^3(a+4)$

[3]　(　) 内の列または行についての余因子展開を行うことにより，次の行列式の値を求めよ.

(1) $\begin{vmatrix} 0 & 1 & -2 & 0 \\ 2 & 0 & 2 & 1 \\ -3 & -1 & 0 & -2 \\ 0 & -2 & 3 & 0 \end{vmatrix}$ (第 4 行)　(2) $\begin{vmatrix} a & -1 & 0 & 0 \\ b & x & -1 & 0 \\ c & 0 & x & -1 \\ d & 0 & 0 & x \end{vmatrix}$ (第 1 列)

[4]　行列 $A = \begin{pmatrix} a & 1 & 0 \\ 1 & a & 1 \\ 0 & 1 & a \end{pmatrix}$ が正則であるための a の条件を求めよ.

[5]　$\boldsymbol{a} = \begin{pmatrix} 1 \\ 1 \\ 2 \end{pmatrix}$, $\boldsymbol{b} = \begin{pmatrix} 2 \\ 1 \\ 3 \end{pmatrix}$, $\boldsymbol{c} = \begin{pmatrix} 0 \\ 1 \\ 2 \end{pmatrix}$ とするとき，次のベクトルを求めよ.

(1) $\boldsymbol{a} \times \boldsymbol{b}$　(2) $(\boldsymbol{a} \times \boldsymbol{b}) \times \boldsymbol{c}$　(3) $\boldsymbol{a} \times (\boldsymbol{b} \times \boldsymbol{c})$

[6]　$\boldsymbol{a} = \begin{pmatrix} 2 \\ 3 \\ 1 \end{pmatrix}$, $\boldsymbol{b} = \begin{pmatrix} 7 \\ 3 \\ -4 \end{pmatrix}$, $\boldsymbol{c} = \begin{pmatrix} -1 \\ 1 \\ x \end{pmatrix}$ について，次の問いに答えよ.

(1) $\boldsymbol{a}, \boldsymbol{b}, \boldsymbol{c}$ が作る平行六面体の体積が 15 であるとき，x の値を求めよ.

(2) $\boldsymbol{a}, \boldsymbol{b}, \boldsymbol{c}$ が同一平面上にあるように，x の値を定めよ.

[7]　3 点 A$(1, 1, -2)$，B$(2, 1, 0)$，C$(1, 0, -3)$ について，次の問いに答えよ.

(1) $\boldsymbol{n} = \overrightarrow{\mathrm{AB}} \times \overrightarrow{\mathrm{AC}}$ を求めよ.

(2) $\boldsymbol{n}$ が 3 点 A, B, C を通る平面に垂直であることを利用して，その平面の方程式を求めよ.

5　基本変形とその応用

5.1　基本変形による連立1次方程式の解法

連立1次方程式の行列表現　第3, 4節では，係数行列が正則であるときの連立1次方程式の解法を学んだ．ここでは，一般の連立1次方程式の解法を考える．

未知数 $x_1, x_2, \dots, x_n$ に関する連立 m 元1次方程式

$$\begin{cases} a_{11}x_1 + a_{12}x_2 + \cdots + a_{1n}x_n = b_1 \\ a_{21}x_1 + a_{22}x_2 + \cdots + a_{2n}x_n = b_2 \\ \qquad\vdots \\ a_{m1}x_1 + a_{m2}x_2 + \cdots + a_{mn}x_n = b_m \end{cases} \tag{5.1}$$

は，

$$A = \begin{pmatrix} a_{11} & a_{12} & \cdots & a_{1n} \\ a_{21} & a_{22} & \cdots & a_{2n} \\ \vdots & \vdots & \ddots & \vdots \\ a_{m1} & a_{m2} & \cdots & a_{mn} \end{pmatrix}, \quad \boldsymbol{x} = \begin{pmatrix} x_1 \\ x_2 \\ \vdots \\ x_n \end{pmatrix}, \quad \boldsymbol{b} = \begin{pmatrix} b_1 \\ b_2 \\ \vdots \\ b_m \end{pmatrix}$$

とおくと，$A\boldsymbol{x} = \boldsymbol{b}$ と表すことができる．このとき，A をこの連立1次方程式の**係数行列**，$\boldsymbol{b}$ を**定数項ベクトル**という．さらに，A と $\boldsymbol{b}$ を並べてできる行列

$$A_+ = (A \mid \boldsymbol{b}) = \left(\begin{array}{cccc|c} a_{11} & a_{12} & \cdots & a_{1n} & b_1 \\ a_{21} & a_{22} & \cdots & a_{2n} & b_2 \\ \vdots & \vdots & \ddots & \vdots & \vdots \\ a_{m1} & a_{m2} & \cdots & a_{mn} & b_m \end{array}\right) \tag{5.2}$$

を**拡大係数行列**という．ここでは，A と $\boldsymbol{b}$ の境界に縦線を引いた．

次の例に示すように，連立1次方程式を解くために未知数を消去していく手順は，拡大係数行列 A_+ を変形する操作になっている．

例5.1　連立1次方程式の解法の手順と，拡大係数行列の変形とを対応させて，連立2元1次方程式

$$\begin{cases} 3x + 6y = -3 \\ 2x - 4y = 14 \end{cases} \quad \text{すなわち} \quad \left(\begin{array}{cc|c} 3 & 6 & -3 \\ 2 & -4 & 14 \end{array}\right)$$

を解く．ここで，操作の説明は，直前の第 1 式または第 1 行を①，第 2 式または第 2 行を②と表すものとする．

$$\begin{cases} 3x + 6y = -3 \\ 2x - 4y = 14 \end{cases} \qquad \left(\begin{array}{cc|c} 3 & 6 & -3 \\ 2 & -4 & 14 \end{array}\right) \qquad \begin{array}{l} \cdots ① \\ \cdots ② \end{array}$$

[操作 1] $① \times \dfrac{1}{3}$

$$\begin{cases} x + 2y = -1 \\ 2x - 4y = 14 \end{cases} \qquad \left(\begin{array}{cc|c} 1 & 2 & -1 \\ 2 & -4 & 14 \end{array}\right) \qquad \begin{array}{l} \cdots ① \\ \cdots ② \end{array}$$

[操作 2] $② + ① \times (-2)$

$$\begin{cases} x + 2y = -1 \\ \quad - 8y = 16 \end{cases} \qquad \left(\begin{array}{cc|c} 1 & 2 & -1 \\ 0 & -8 & 16 \end{array}\right) \qquad \begin{array}{l} \cdots ① \\ \cdots ② \end{array}$$

[操作 3] $② \times \left(-\dfrac{1}{8}\right)$

$$\begin{cases} x + 2y = -1 \\ \quad y = -2 \end{cases} \qquad \left(\begin{array}{cc|c} 1 & 2 & -1 \\ 0 & 1 & -2 \end{array}\right) \qquad \begin{array}{l} \cdots ① \\ \cdots ② \end{array}$$

[操作 4] $① + ② \times (-2)$

$$\begin{cases} x = 3 \\ y = -2 \end{cases} \qquad \left(\begin{array}{cc|c} 1 & 0 & 3 \\ 0 & 1 & -2 \end{array}\right)$$

このようにして，解 $x = 3, y = -2$ が得られる．

行の基本変形による連立 1 次方程式の解法　例 5.1 で，右側の拡大係数行列に対して行った操作は，4.2 節で学んだ行の基本変形である．

(1) 1 つの行を t 倍する．ただし，$t \neq 0$ である．

(2) 2 つの行を交換する．

(3) 1 つの行に別の行の t 倍を加える．

つまり，連立 1 次方程式を解く過程は，拡大係数行列に行の基本変形を行うことに対応している．行の基本変形によって，行列 A を行列 B に変形できるとき，

$$A \sim B$$

と表す．例 5.1 では，拡大係数行列 A_+ に対して行の基本変形を行って係数行列 A の部分を単位行列 E に変形し，

$$A_+ = \left(\begin{array}{cc|c} 3 & 6 & -3 \\ 2 & -4 & 14 \end{array}\right) \sim \left(\begin{array}{cc|c} 1 & 0 & 3 \\ 0 & 1 & -2 \end{array}\right) \quad \text{よって} \quad \begin{pmatrix} x \\ y \end{pmatrix} = \begin{pmatrix} 3 \\ -2 \end{pmatrix}$$

として解が得られることを示している．この方法は，未知数の個数によらずに用いることができる．これを**掃き出し法**または**ガウス・ジョルダンの消去法**という．

5.1　掃き出し法による連立1次方程式の解法

連立1次方程式 $A\boldsymbol{x} = \boldsymbol{b}$ の拡大係数行列を A_+ とする．A が正方行列のとき，A_+ に行の基本変形を行って

$$A_+ = \left(A \;\middle|\; \boldsymbol{b} \right) \sim \left(E \;\middle|\; \boldsymbol{x}_0 \right)$$

とすることができれば，連立1次方程式 $A\boldsymbol{x} = \boldsymbol{b}$ の解は $\boldsymbol{x} = \boldsymbol{x}_0$ である．

例題 5.1　**掃き出し法による連立1次方程式の解法**

次の連立1次方程式を掃き出し法を用いて解け．

$$\begin{cases} y - 2z = -3 \\ -2x + 4y - 2z = 2 \\ 3x + y + 3z = 4 \end{cases}$$

解　拡大係数行列 $A_+ = \left(\begin{array}{ccc|c} 0 & 1 & -2 & -3 \\ -2 & 4 & -2 & 2 \\ 3 & 1 & 3 & 4 \end{array}\right)$ に対して，次の表のような行の基本変形を行う．「次の操作」の欄は，丸数字がそのステップの行列の行番号を表し，次にどのような操作を行うかを示したものである．具体的には，ステップ [1] からステップ [2] に変形するために第1行と第2行を交換する，ステップ [2] からステップ [3] に変形するために第1行を $-\dfrac{1}{2}$ 倍する，…という操作を示している．

(1, 1) 成分が0であるため，第1行と第2行の交換から始める．

	A			$\boldsymbol{b}$	次の操作
[1]	0	1	−2	−3	⋯ ②と交換
	−2	4	−2	2	⋯ ①と交換
	3	1	3	4	
[2]	−2	4	−2	2	⋯ ① × $\left(-\dfrac{1}{2}\right)$
	0	1	−2	−3	
	3	1	3	4	

	A			$\boldsymbol{b}$	次の操作
[3]	1	−2	1	−1	
	0	1	−2	−3	
	3	1	3	4	$\cdots$ ③ + ① × (−3)
[4]	1	−2	1	−1	
	0	1	−2	−3	
	0	7	0	7	$\cdots$ ③ + ② × (−7)
[5]	1	0	−3	−7	
	0	1	−2	−3	
	0	0	14	28	$\cdots$ ③ × $\frac{1}{14}$
[6]	1	0	−3	−7	$\cdots$ ① + ③ × 3
	0	1	−2	−3	$\cdots$ ② + ③ × 2
	0	0	1	2	
[7]	1	0	0	−1	
	0	1	0	1	
	0	0	1	2	

ステップ [7] は

$$\begin{cases} x \qquad\quad = -1 \\ \quad y \qquad = \ \ 1 \\ \qquad\ z = \ \ 2 \end{cases}$$

であることを示している．したがって，求める解は $x = -1,\ y = 1,\ z = 2$ である．

掃き出し法による連立 1 次方程式の解法は，未知数が多いほど，クラメルの公式による解法よりも計算回数が極めて少なくて済む．このため，コンピュータによる計算では掃き出し法が用いられる．

問5.1　次の連立 1 次方程式を掃き出し法を用いて解け．

(1) $\begin{cases} x - y = 4 \\ -2x + 5y = -11 \end{cases}$　　(2) $\begin{cases} 4x + 2y = 2 \\ 3x - y = 1 \end{cases}$

(3) $\begin{cases} x + 2y + z = 8 \\ x + y + z = 6 \\ -2x + y + 3z = -1 \end{cases}$　　(4) $\begin{cases} y - 2z = -4 \\ x - 3z = -1 \\ x + 2y - z = 3 \end{cases}$

5.2 基本変形による逆行列の計算

基本変形と逆行列　行の基本変形を用いることによって，逆行列を求めることができる．

例 5.2　掃き出し法を用いて $A = \begin{pmatrix} 1 & 3 \\ 2 & 4 \end{pmatrix}$ の逆行列を求める．求める逆行列を $X = \begin{pmatrix} x & y \\ z & w \end{pmatrix}$ とすれば，

$$\begin{pmatrix} 1 & 3 \\ 2 & 4 \end{pmatrix}\begin{pmatrix} x & y \\ z & w \end{pmatrix} = \begin{pmatrix} 1 & 0 \\ 0 & 1 \end{pmatrix}$$

が成り立つ．これは2つの連立1次方程式

$$\begin{pmatrix} 1 & 3 \\ 2 & 4 \end{pmatrix}\begin{pmatrix} x \\ z \end{pmatrix} = \begin{pmatrix} 1 \\ 0 \end{pmatrix} \qquad \cdots\cdots \text{(i)}$$

$$\begin{pmatrix} 1 & 3 \\ 2 & 4 \end{pmatrix}\begin{pmatrix} y \\ w \end{pmatrix} = \begin{pmatrix} 0 \\ 1 \end{pmatrix} \qquad \cdots\cdots \text{(ii)}$$

が成り立つことを意味する．これらを同時に解けば，次のようになる．

A		(i)	(ii)	次の操作
1	3	1	0	
2	4	0	1	$\cdots$ ②＋①$\times(-2)$
1	3	1	0	
0	-2	-2	1	$\cdots$ ②$\times\left(-\frac{1}{2}\right)$
1	3	1	0	$\cdots$ ①＋②$\times(-3)$
0	1	1	$-\frac{1}{2}$	
1	0	-2	$\frac{3}{2}$	
0	1	1	$-\frac{1}{2}$	

よって，

$$\begin{pmatrix} x \\ z \end{pmatrix} = \begin{pmatrix} -2 \\ 1 \end{pmatrix}, \quad \begin{pmatrix} y \\ w \end{pmatrix} = \begin{pmatrix} \frac{3}{2} \\ -\frac{1}{2} \end{pmatrix}$$

となる．したがって，

$$X = \begin{pmatrix} x & y \\ z & w \end{pmatrix} = \begin{pmatrix} -2 & \frac{3}{2} \\ 1 & -\frac{1}{2} \end{pmatrix} = -\frac{1}{2}\begin{pmatrix} 4 & -3 \\ -2 & 1 \end{pmatrix}$$

となり，得られた行列 X は $AX = E$ を満たす．これが A の逆行列である．

n 次正方行列についても，同様の方法で逆行列を求めることができる．n 次正方行列 A と単位行列 E を並べてできる行列を $(A \mid E)$ と表す．このとき，次のことが成り立つ．

5.2 基本変形による逆行列の計算

正方行列 A に対して，行の基本変形によって

$$\begin{pmatrix} A & \mid & E \end{pmatrix} \sim \begin{pmatrix} E & \mid & X \end{pmatrix}$$

とすることができれば，A は正則であり，X が A の逆行列である．

note　A が正則でない場合には，A は単位行列 E に基本変形することができない．

例題 5.2　基本変形による逆行列の計算

$A = \begin{pmatrix} 1 & 1 & 1 \\ 1 & 2 & 4 \\ 3 & 2 & 2 \end{pmatrix}$ の逆行列を求めよ．

解　$(A \mid E)$ に行の基本変形を行う．

A			E			次の操作
1	1	1	1	0	0	
1	2	4	0	1	0	$\cdots$ ②＋①×(−1)
3	2	2	0	0	1	$\cdots$ ③＋①×(−3)
1	1	1	1	0	0	$\cdots$ ①＋②×(−1)
0	1	3	−1	1	0	
0	−1	−1	−3	0	1	$\cdots$ ③＋②×1

A			E			次の操作
1	0	-2	2	-1	0	
0	1	3	-1	1	0	
0	0	2	-4	1	1	$\cdots$ ③ $\times \frac{1}{2}$
1	0	-2	2	-1	0	$\cdots$ ① $+$ ③ $\times 2$
0	1	3	-1	1	0	$\cdots$ ② $+$ ③ $\times (-3)$
0	0	1	-2	$\frac{1}{2}$	$\frac{1}{2}$	
1	0	0	-2	0	1	
0	1	0	5	$-\frac{1}{2}$	$-\frac{3}{2}$	
0	0	1	-2	$\frac{1}{2}$	$\frac{1}{2}$	

したがって，A は正則であり，

$$A^{-1} = \begin{pmatrix} -2 & 0 & 1 \\ 5 & -\frac{1}{2} & -\frac{3}{2} \\ -2 & \frac{1}{2} & \frac{1}{2} \end{pmatrix} = -\frac{1}{2}\begin{pmatrix} 4 & 0 & -2 \\ -10 & 1 & 3 \\ 4 & -1 & -1 \end{pmatrix}$$

である．

問5.2　基本変形によって，次の行列の逆行列を求めよ．

(1) $\begin{pmatrix} 1 & 2 \\ 3 & 7 \end{pmatrix}$　　(2) $\begin{pmatrix} 1 & 1 & 1 \\ 1 & 0 & 3 \\ 1 & 1 & 0 \end{pmatrix}$

基本行列と基本変形　単位行列に 1 回だけ基本変形を行ってできる行列を**基本行列**という．基本行列はすべて正則である．

例 5.3　3 次正方行列の基本行列と，その逆行列の例を示す．

(1) 単位行列の第 2 行を t 倍 $(t \neq 0)$ してできる基本行列（F_1）

$$F_1 = \begin{pmatrix} 1 & 0 & 0 \\ 0 & t & 0 \\ 0 & 0 & 1 \end{pmatrix}, \quad {F_1}^{-1} = \begin{pmatrix} 1 & 0 & 0 \\ 0 & \frac{1}{t} & 0 \\ 0 & 0 & 1 \end{pmatrix}$$

(2) 単位行列の第 2 行と第 3 行を交換してできる基本行列（F_2）

$$F_2 = \begin{pmatrix} 1 & 0 & 0 \\ 0 & 0 & 1 \\ 0 & 1 & 0 \end{pmatrix}, \quad {F_2}^{-1} = \begin{pmatrix} 1 & 0 & 0 \\ 0 & 0 & 1 \\ 0 & 1 & 0 \end{pmatrix}$$

(3)　単位行列の第1行の t 倍を第3行に加えてできる基本行列（F_3）

$$F_3 = \begin{pmatrix} 1 & 0 & 0 \\ 0 & 1 & 0 \\ t & 0 & 1 \end{pmatrix}, \quad {F_3}^{-1} = \begin{pmatrix} 1 & 0 & 0 \\ 0 & 1 & 0 \\ -t & 0 & 1 \end{pmatrix}$$

行列 A の左から基本行列 F をかけると，F に対応する行の基本変形が A に行われる．このことを，例によって確かめる．

例 5.4　基本変形が，基本行列を左からかける操作であることを示す．青字の行列が，行の基本変形に対応する基本行列である．

(1)　第2行を $-\dfrac{1}{3}$ 倍する．

$$\begin{pmatrix} 1 & 2 & 5 & 3 \\ 0 & -3 & -3 & -3 \\ 0 & -1 & -1 & -1 \end{pmatrix} \to \begin{pmatrix} 1 & 2 & 5 & 3 \\ 0 & 1 & 1 & 1 \\ 0 & -1 & -1 & -1 \end{pmatrix}$$

$$\begin{pmatrix} 1 & 0 & 0 \\ 0 & -\frac{1}{3} & 0 \\ 0 & 0 & 1 \end{pmatrix} \begin{pmatrix} 1 & 2 & 5 & 3 \\ 0 & -3 & -3 & -3 \\ 0 & -1 & -1 & -1 \end{pmatrix} = \begin{pmatrix} 1 & 2 & 5 & 3 \\ 0 & 1 & 1 & 1 \\ 0 & -1 & -1 & -1 \end{pmatrix}$$

(2)　第2行に，第1行の -2 倍を加える．

$$\begin{pmatrix} 1 & 2 & 5 & 3 \\ 2 & 1 & 7 & 3 \\ 1 & 1 & 4 & 2 \end{pmatrix} \to \begin{pmatrix} 1 & 2 & 5 & 3 \\ 0 & -3 & -3 & -3 \\ 1 & 1 & 4 & 2 \end{pmatrix}$$

$$\begin{pmatrix} 1 & 0 & 0 \\ -2 & 1 & 0 \\ 0 & 0 & 1 \end{pmatrix} \begin{pmatrix} 1 & 2 & 5 & 3 \\ 2 & 1 & 7 & 3 \\ 1 & 1 & 4 & 2 \end{pmatrix} = \begin{pmatrix} 1 & 2 & 5 & 3 \\ 0 & -3 & -3 & -3 \\ 1 & 1 & 4 & 2 \end{pmatrix}$$

一般に，A に k 回の基本変形を行って B に変形できるとき，行った基本変形に

対応する k 個の基本行列 $F_1, F_2, \ldots, F_k$ を用いて，行列 B を

$$B = F_k F_{k-1} \cdots F_2 F_1 A$$

と表すことができる．基本行列はすべて正則であるから，$F = F_k F_{k-1} \cdots F_2 F_1$ は正則である．したがって，次のことがわかる．

5.3　基本行列の性質

$A \sim B$ であるとき，適当な正則行列 F を用いて，B を

$$B = FA$$

と表すことができる．

例題 5.3　**基本行列と基本変形**

行列 $A = \begin{pmatrix} 0 & 2 & 6 \\ 1 & -4 & 5 \end{pmatrix}$ に次の順で基本変形を行って，行列 B に変形した．

(i)　第 1 行と第 2 行を交換する．

(ii)　第 2 行を $\dfrac{1}{2}$ 倍する．

(iii)　第 1 行に第 2 行の 4 倍を加える．

$$A = \begin{pmatrix} 0 & 2 & 6 \\ 1 & -4 & 5 \end{pmatrix} \to \begin{pmatrix} 1 & -4 & 5 \\ 0 & 2 & 6 \end{pmatrix} \to \begin{pmatrix} 1 & -4 & 5 \\ 0 & 1 & 3 \end{pmatrix} \to \begin{pmatrix} 1 & 0 & 17 \\ 0 & 1 & 3 \end{pmatrix} = B$$

基本変形 (i) ～(iii) に対応する基本行列を求め，$B = FA$ を満たす正則行列 F を求めよ．

解　この場合，基本行列は 2 次正方行列であり，基本変形 (i) ～(iii) に対応する基本行列は，順に

$$F_1 = \begin{pmatrix} 0 & 1 \\ 1 & 0 \end{pmatrix}, \quad F_2 = \begin{pmatrix} 1 & 0 \\ 0 & \frac{1}{2} \end{pmatrix}, \quad F_3 = \begin{pmatrix} 1 & 4 \\ 0 & 1 \end{pmatrix}$$

である．これらの基本行列を用いると，行列 B は

$$B = F_3 F_2 F_1 A = \begin{pmatrix} 1 & 4 \\ 0 & 1 \end{pmatrix} \begin{pmatrix} 1 & 0 \\ 0 & \frac{1}{2} \end{pmatrix} \begin{pmatrix} 0 & 1 \\ 1 & 0 \end{pmatrix} A = \begin{pmatrix} 2 & 1 \\ \frac{1}{2} & 0 \end{pmatrix} A$$

となる．したがって，$B = FA$ を満たす正則行列 F は $\begin{pmatrix} 2 & 1 \\ \frac{1}{2} & 0 \end{pmatrix}$ である．

問5.3 3 次正方行列 A に次の順で基本変形を行って，行列 B に変形した．

① 第 1 行を 3 倍する．

② 第 2 行に第 1 行の -3 倍を加える．

③ 第 2 行と第 3 行を交換する．

$B = FA$ となる正則行列 F を求めよ．

5.3 行列の階数

階段行列と行列の階数　これまでの例では，正方行列はすべて行の基本変形によって単位行列に変形することができたが，一般には必ずしも単位行列に変形できるわけではない．

第 1 列が零ベクトルでない 4 次正方行列について，基本変形の手順を示す．ここで，$*$ は任意の数である．

(i) 必要なら行の交換を行って $(1,1)$ 成分を 0 でないようにし，第 1 行を $(1,1)$ 成分で割って $(1,1)$ 成分を 1 にする．

$$\begin{pmatrix} 1 & * & * & * \\ * & * & * & * \\ * & * & * & * \\ * & * & * & * \end{pmatrix}$$

(ii) 第 1 行の t 倍を他の行に加えることによって，第 1 列の $(1,1)$ 成分以外をすべて 0 にする．

$$\begin{pmatrix} 1 & * & * & * \\ 0 & * & * & * \\ 0 & * & * & * \\ 0 & * & * & * \end{pmatrix}$$

(iii) 同様の方法で，$(2,2)$ 成分を 1 にし，それ以外の第 2 列の成分を 0 にする（次頁の左型の行列）．

(ii) を終えた時点で第 2 列の第 2 成分以降がすべて 0 ならば，第 3 列で同じ作業を行う（右側の行列）.

$$\begin{pmatrix} 1 & 0 & * & * \\ 0 & 1 & * & * \\ 0 & 0 & * & * \\ 0 & 0 & * & * \end{pmatrix} \quad \begin{pmatrix} 1 & * & 0 & * \\ 0 & 0 & 1 & * \\ 0 & 0 & 0 & * \\ 0 & 0 & 0 & * \end{pmatrix}$$

(iv)　最後の列まで同じ作業を繰り返す（左側の行列）．単位行列 E に基本変形できないときは，最終行が零ベクトルである行列に変形される（右側の行列）.

$$\begin{pmatrix} 1 & 0 & 0 & 0 \\ 0 & 1 & 0 & 0 \\ 0 & 0 & 1 & 0 \\ 0 & 0 & 0 & 1 \end{pmatrix} \quad \begin{pmatrix} 1 & * & 0 & 0 \\ 0 & 0 & 1 & 0 \\ 0 & 0 & 0 & 1 \\ 0 & 0 & 0 & 0 \end{pmatrix}$$

例 5.5　次の行列 A に基本変形を行う.

$$A = \begin{pmatrix} 1 & 2 & -3 \\ -2 & -3 & 4 \\ 2 & 5 & -8 \end{pmatrix}$$

A			次の操作
1	2	−3	
−2	−3	4	⋯ ②＋①×2
2	5	−8	⋯ ③＋①×(−2)
1	2	−3	⋯ ①＋②×(−2)
0	1	−2	
0	1	−2	⋯ ③＋②×(−1)
1	0	1	
0	1	−2	
0	0	0	

第3行の成分がすべて0となって，行列 A は単位行列に基本変形することができない．したがって，A は正則ではない.

正方行列以外の行列についても，同様の変形ができる．たとえば，4×5 型行列 A の場合には，

$$A \sim \begin{pmatrix} 1 & 0 & * & 0 & * \\ 0 & 1 & * & 0 & * \\ 0 & 0 & 0 & 1 & * \\ 0 & 0 & 0 & 0 & 0 \end{pmatrix}$$

のような形に変形することができる．この形の行列を**階段行列**という．行列 A を，行の基本変形によって階段行列に変形したとき，零ベクトルでない行ベクトルの個数を行列 A の**階数**といい，$\mathrm{rank}\,A$ で表す．上の 4×5 型行列 A の場合には，$\mathrm{rank}\,A = 3$ である．

例 5.6　例 5.5 の行列 A は，行の基本変形によって，

$$A = \begin{pmatrix} 1 & 2 & -3 \\ -2 & -3 & 4 \\ 2 & 5 & -8 \end{pmatrix} \sim \begin{pmatrix} 1 & 0 & 1 \\ 0 & 1 & -2 \\ 0 & 0 & 0 \end{pmatrix}$$

と変形された．したがって，$\mathrm{rank}\,A = 2$ である．

例 5.7　次の行列はすでに階段行列になっている．各行列の階数は，左から順に 1, 2, 2, 3 である．

$$\begin{pmatrix} 1 & 2 & 3 \\ 0 & 0 & 0 \\ 0 & 0 & 0 \end{pmatrix}, \quad \begin{pmatrix} 1 & 0 & -4 \\ 0 & 1 & -5 \\ 0 & 0 & 0 \end{pmatrix}, \quad \begin{pmatrix} 1 & 6 & 0 \\ 0 & 0 & 1 \\ 0 & 0 & 0 \end{pmatrix}, \quad \begin{pmatrix} 1 & 0 & 0 \\ 0 & 1 & 0 \\ 0 & 0 & 1 \end{pmatrix}$$

正方行列を基本変形するとき，行列式の値は t 倍になる $(t \neq 0)$，符号が変わる，変化しない，のいずれかである［→定理 4.7］．したがって，正方行列が正則かどうか（行列式が 0 でないかどうか）ということは，基本変形によって変化しない．一方，n 次正方行列 A が正則ならば，A は単位行列に基本変形できるから，その階数は n である．したがって，次が成り立つ．

5.4　正則行列の階数

n 次正方行列 A について，次のことが成り立つ．

$$A \text{ が正則} \iff A \sim E \iff \mathrm{rank}\,A = n$$

例題 5.4　行列の階数

行列 $A = \begin{pmatrix} 1 & 2 & 5 & 3 \\ 2 & 1 & 7 & 3 \\ 1 & 1 & 4 & 2 \end{pmatrix}$ の階数を求めよ．

解　A に行の基本変形を行って，階段行列を作る．

A				次の操作
1	2	5	3	
2	1	7	3	$\cdots$ ②＋①×(−2)
1	1	4	2	$\cdots$ ③＋①×(−1)
1	2	5	3	
0	−3	−3	−3	$\cdots$ ②×$\left(-\frac{1}{3}\right)$
0	−1	−1	−1	
1	2	5	3	$\cdots$ ①＋②×(−2)
0	1	1	1	
0	−1	−1	−1	$\cdots$ ③＋②×1
1	0	3	1	
0	1	1	1	
0	0	0	0	

したがって，$\mathrm{rank}\,A = 2$ である．

note　行列 A の階数は，基本変形の仕方によらず一定であることが知られている．

問5.4　次の行列の階数を求めよ．

(1) $\begin{pmatrix} 1 & 3 & 5 \\ 3 & 2 & 1 \end{pmatrix}$　　(2) $\begin{pmatrix} 0 & 6 & -3 \\ 1 & 2 & 0 \\ 2 & -2 & 3 \end{pmatrix}$

(3) $\begin{pmatrix} 1 & 2 & 3 & 4 \\ 2 & -3 & -1 & -6 \\ -2 & 4 & 3 & 1 \end{pmatrix}$　　(4) $\begin{pmatrix} 1 & 2 & 3 & 3 \\ 2 & 3 & 5 & -1 \\ 3 & 4 & 7 & -5 \end{pmatrix}$

5.4　行列の階数と連立 1 次方程式

連立 1 次方程式の解

連立 1 次方程式の解の分類について考える．

例題 5.5　行列の階数と連立 1 次方程式

次の連立 1 次方程式を掃き出し法を用いて解け．

(1) $\begin{cases} x + 2y - 3z = 1 \\ -2x - 3y + 4z = 0 \\ 2x + 5y - 8z = 4 \end{cases}$　　(2) $\begin{cases} x + 2y - 3z = 1 \\ -2x - 3y + 4z = 0 \\ 2x + 5y - 8z = 5 \end{cases}$

解 (1), (2) の連立 1 次方程式は係数行列が同じであるから，これを A とする．(1), (2) を同時に解くと，次のようになる．それぞれの拡大係数行列を A_+ とする．

A			(1)	(2)	次の操作
1	2	−3	1	1	
−2	−3	4	0	0	⋯ ②＋①×2
2	5	−8	4	5	⋯ ③＋①×(−2)
1	2	−3	1	1	⋯ ①＋②×(−2)
0	1	−2	2	2	
0	1	−2	2	3	⋯ ③＋②×(−1)
1	0	1	−3	−3	
0	1	−2	2	2	
0	0	0	0	1	

(1) 与えられた連立 1 次方程式が

$$\left(\begin{array}{ccc|c} 1 & 0 & 1 & -3 \\ 0 & 1 & -2 & 2 \\ 0 & 0 & 0 & 0 \end{array}\right) \quad \text{すなわち} \quad \begin{cases} x \quad + \ z = -3 \\ \quad y - 2z = \ \ 2 \\ \qquad\quad 0 = \ \ 0 \end{cases}$$

となり，$\mathrm{rank}\, A_+ = \mathrm{rank}\, A = 2$ である．未知数は 3 つであるが方程式は 2 つしかないから，x, y, z の値を決定することはできない．このことは，未知数のうち 1 つの値を任意に決めることができることを意味している．この場合，$z = t$（t は任意の実数）とおくと，

$$\begin{cases} x = -t - 3 \\ y = \ \ 2t + 2 \\ z = \ \ t \end{cases} \quad (t \text{ は任意の実数})$$

となり，これが方程式 (1) の解である．t は任意であるから，(1) は無数の解をもつ．

(2) 与えられた連立 1 次方程式が

$$\left(\begin{array}{ccc|c} 1 & 0 & 1 & -3 \\ 0 & 1 & -2 & 2 \\ 0 & 0 & 0 & 1 \end{array}\right)$$

となり，$\mathrm{rank}\, A_+ = 3$, $\mathrm{rank}\, A = 2$ である．最後の行は $0x + 0y + 0z = 1$ を意味し，これを満たす x, y, z は存在しない．したがって，方程式 (2) は解をもたない．

一般に，連立1次方程式について，係数行列・拡大係数行列の階数と解との関係は，次のようにまとめることができる．

5.5　連立1次方程式の解の分類

$$A = \begin{pmatrix} a_{11} & a_{12} & \cdots & a_{1n} \\ a_{21} & a_{22} & \cdots & a_{2n} \\ \vdots & \vdots & \ddots & \vdots \\ a_{m1} & a_{m2} & \cdots & a_{mn} \end{pmatrix}, \quad \boldsymbol{x} = \begin{pmatrix} x_1 \\ x_2 \\ \vdots \\ x_n \end{pmatrix}, \quad \boldsymbol{b} = \begin{pmatrix} b_1 \\ b_2 \\ \vdots \\ b_m \end{pmatrix}$$

とする．n 個の未知数に関する連立1次方程式 $A\boldsymbol{x} = \boldsymbol{b}$ の拡大係数行列を $A_+ = (A \mid \boldsymbol{b})$ とするとき，次が成り立つ．

(1)　$\mathrm{rank}\, A = \mathrm{rank}\, A_+ = n \iff A\boldsymbol{x} = \boldsymbol{b}$ はただ1組の解をもつ

(2)　$\mathrm{rank}\, A = \mathrm{rank}\, A_+ < n \iff A\boldsymbol{x} = \boldsymbol{b}$ は無数の解をもつ

(3)　$\mathrm{rank}\, A < \mathrm{rank}\, A_+ \iff A\boldsymbol{x} = \boldsymbol{b}$ は解をもたない

とくに，未知数の個数 n と方程式の個数 m が一致するとき，係数行列 A は正方行列になり，次のことが成り立つ．

$$A \text{ が正則} \iff \mathrm{rank}\, A = n \iff A\boldsymbol{x} = \boldsymbol{b} \text{ がただ1組の解をもつ}$$

note　任意の値をとることができる未知数の個数を**解の自由度**という．例題5.5(1)では，

$$\begin{cases} x = -z - 3 \\ y = \ \ 2z + 2 \end{cases}$$

となって，3個の未知数のうち1個（いまの場合は z）の値を自由に決めることができる．したがって，解の自由度は1である．

一般に，n 個の未知数に関する連立1次方程式が解をもつとき，解の自由度は $n - \mathrm{rank}\, A$ である．

問5.5　次の連立1次方程式が解をもつかどうかを調べ，もつ場合にはその解を求めよ．

(1) $\begin{cases} x - 3y + 3z = -1 \\ -x + 4y - 5z = 2 \\ 3x - 7y + 5z = -1 \end{cases}$　　(2) $\begin{cases} -3x + 9y + 3z = 1 \\ 2x - 3y + 4z = 3 \\ x - 2y + z = 1 \end{cases}$

note 以下の 2 つの連立 1 次方程式について考える.

$$\begin{cases} a_1x + b_1y = c_1 \\ a_2x + b_2y = c_2 \end{cases} \quad \cdots\cdots ①$$

$$\begin{cases} a_1x + b_1y + c_1z = d_1 \\ a_2x + b_2y + c_2z = d_2 \\ a_3x + b_3y + c_3z = d_3 \end{cases} \quad \cdots\cdots ②$$

① は平面上の 2 つの直線の共有点を求める問題である. 2 つの直線の位置関係と連立 1 次方程式の解の個数の関係は, 次のようになる.

(i) ただ 1 点で交わるとき ただ 1 組の解をもつ

(ii) 一致するとき 無数の解をもつ

(iii) 平行で一致しないとき 解をもたない

② は空間の 3 つの平面の共有点を求める問題である. 3 つの平面の位置関係と連立 1 次方程式の解の個数の関係は, 次のようになる.

(i) ただ 1 点で交わるとき ただ 1 組の解をもつ

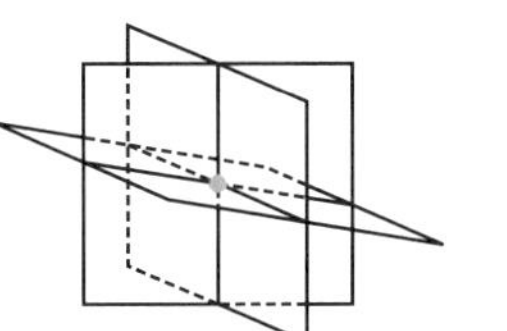

(ii) 直線を共有するとき 無数の解をもつ

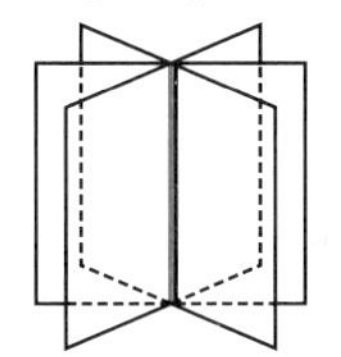

(iii) 共有点をもたないとき 解をもたない

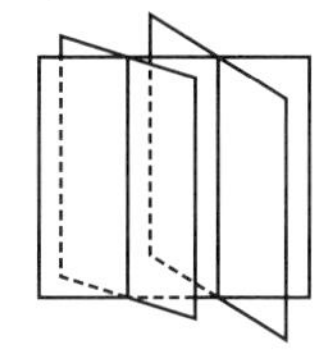

斉次連立 1 次方程式の解 $\begin{cases} 3x + 2y = 0 \\ 2x - 5y = 0 \end{cases}$ のように, 定数項ベクトルが零ベクトルである連立 1 次方程式 $A\boldsymbol{x} = \boldsymbol{0}$ を**斉次連立 1 次方程式**(せいじ)という.

$A\boldsymbol{0} = \boldsymbol{0}$ であるから, $\boldsymbol{x} = \boldsymbol{0}$ は斉次連立 1 次方程式 $A\boldsymbol{x} = \boldsymbol{0}$ の解である. したがって, 斉次連立 1 次方程式はつねに解をもつ. 解 $\boldsymbol{x} = \boldsymbol{0}$ を**自明な解**という.

斉次連立 1 次方程式では $\operatorname{rank} A_+ = \operatorname{rank} A$ であるから, 次が成り立つ.

5.6 斉次連立 1 次方程式の解

方程式が m 個, 未知数が n 個の斉次連立 1 次方程式の係数行列 A は $m \times n$ 型行列である. このとき, 次が成り立つ.

$$\operatorname{rank} A = n \iff \text{斉次連立 1 次方程式 } A\boldsymbol{x} = \boldsymbol{0} \text{ は自明な解だけをもつ}$$

とくに, $m = n$ のとき, A が正則であれば $\operatorname{rank} A = n$ となるから, $A\boldsymbol{x} = \boldsymbol{0}$ は自明な解だけをもつ.

斉次連立1次方程式の定数項ベクトルは $\mathbf{0}$ であるから，掃き出し法を行うときは，定数項ベクトルを省略して，係数行列 A に行の基本変形を行えばよい．

例題 5.6　**斉次連立1次方程式**

斉次連立1次方程式 $\begin{cases} x+3y-z=0 \\ 2x+8y-4z=0 \\ -4x-7y-z=0 \end{cases}$ が $x=y=z=0$ 以外の解をもつかどうかを調べ，もつ場合にはその解を求めよ．

解　掃き出し法によって調べる．

1	3	−1		1	3	−1	$\cdots$ ①＋②×(−3)
2	8	−4	$\cdots$ ②＋①×(−2)	0	1	−1	
−4	−7	−1	$\cdots$ ③＋①×4	0	5	−5	$\cdots$ ③＋②×(−5)
1	3	−1		1	0	2	
0	2	−2	$\cdots$ ②×$\frac{1}{2}$	0	1	−1	
0	5	−5		0	0	0	

このことから，斉次連立1次方程式は

$$\begin{cases} x \quad +2z=0 \\ \quad y-z=0 \end{cases} \quad \text{よって} \quad \begin{cases} x=-2z \\ y=z \end{cases}$$

を満たし，この場合は z の値を任意に決めることができる．$z=t$ とおくと，解は

$$\begin{cases} x=-2t \\ y=t \\ z=t \end{cases} \quad (t\text{ は任意の実数})$$

となる．$t \neq 0$ のとき，$x=y=z=0$ 以外の解となる．

問5.6　斉次連立1次方程式 $\begin{cases} x+y+z=0 \\ -2x-y+2z=0 \\ 3x+y-5z=0 \end{cases}$ が $x=y=z=0$ 以外の解をもつかどうかを調べ，もつ場合にはその解を求めよ．

5.5 ベクトルの線形独立と線形従属

線形独立と線形従属　3つのベクトル $\boldsymbol{a}, \boldsymbol{b}, \boldsymbol{c}$ が同一平面上にあれば，たとえば，$\boldsymbol{c}=2\boldsymbol{a}+\boldsymbol{b}$ のように，1つのベクトルを残りの2つのベクトルで表すことが

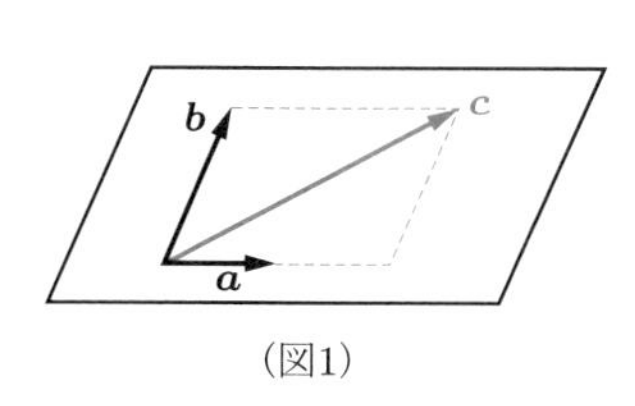

（図1）

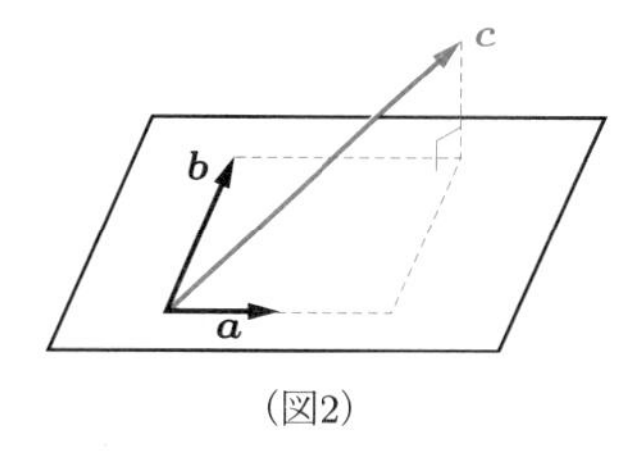

（図2）

できる（図 1）．このとき，関係式 $2\boldsymbol{a}+\boldsymbol{b}-\boldsymbol{c}=\boldsymbol{0}$ が成り立つ．

一般に，$x=y=z=0$ 以外の実数 $x,\ y,\ z$ に対して，関係式

$$x\boldsymbol{a}+y\boldsymbol{b}+z\boldsymbol{c}=\boldsymbol{0} \tag{5.3}$$

が成り立つとき，$\boldsymbol{a},\boldsymbol{b},\boldsymbol{c}$ は同一平面上にある．たとえば，$z \neq 0$ であれば，

$$\boldsymbol{c}=-\frac{x}{z}\boldsymbol{a}-\frac{y}{z}\boldsymbol{b}$$

として，$\boldsymbol{c}$ を残りのベクトルで表すことができるからである．

$\boldsymbol{a},\boldsymbol{b},\boldsymbol{c}$ が同一平面上にないときは，1 つのベクトルを残りのベクトルで表すことができない（図 2）．そのとき，関係式 (5.3) は $x=y=z=0$ 以外では成り立たない．

この考え方を一般化して，次のように定める．

ベクトルの組 $\boldsymbol{a}_1,\ \boldsymbol{a}_2,\ldots,\ \boldsymbol{a}_n$ が与えられたとき，

$$x_1\boldsymbol{a}_1+x_2\boldsymbol{a}_2+\cdots+x_n\boldsymbol{a}_n=\boldsymbol{0} \tag{5.4}$$

を $\boldsymbol{a}_1,\boldsymbol{a}_2,\ldots,\boldsymbol{a}_n$ の**線形関係式**という．式 (5.4) が $x_1=x_2=\cdots=x_n=0$ 以外の実数 $x_1,\ x_2,\ \ldots,\ x_n$ に対して成り立つとき，$\boldsymbol{a}_1,\ \boldsymbol{a}_2,\ldots,\ \boldsymbol{a}_n$ は**線形従属**または**1 次従属**であるという．また，関係式 (5.4) が $x_1=x_2=\cdots=x_n=0$ 以外では成り立たないとき，ベクトルの組 $\boldsymbol{a}_1,\ \boldsymbol{a}_2,\ldots,\ \boldsymbol{a}_n$ は**線形独立**または**1 次独立**であるという．

$\boldsymbol{a}_1,\ \boldsymbol{a}_2,\ldots,\ \boldsymbol{a}_n$ が線形従属であるとき，$\boldsymbol{a}_1,\ \boldsymbol{a}_2,\ldots,\ \boldsymbol{a}_n$ のうち少なくとも 1 つは，残りのベクトルを用いて表すことができる．たとえば，$x_n \neq 0$ ならば

$$\boldsymbol{a}_n=-\frac{x_1}{x_n}\boldsymbol{a}_1-\frac{x_2}{x_n}\boldsymbol{a}_2-\cdots-\frac{x_{n-1}}{x_n}\boldsymbol{a}_{n-1} \tag{5.5}$$

として，$\boldsymbol{a}_n$ を残りのベクトルで表すことができる．式 (5.5) の右辺を，$\boldsymbol{a}_1,\ \boldsymbol{a}_2,\ldots,\ \boldsymbol{a}_{n-1}$ の**線形結合**または**1 次結合**という．一方，$\boldsymbol{a}_1,\ \boldsymbol{a}_2,\ldots,\ \boldsymbol{a}_n$ が線形独立であるときは，1 つのベクトルを残りのベクトルの線形結合で表すことはできない．

例 5.8　(1)　2 つのベクトル $\boldsymbol{a}_1 = \begin{pmatrix} 1 \\ -2 \end{pmatrix}$, $\boldsymbol{a}_2 = \begin{pmatrix} -3 \\ 6 \end{pmatrix}$ は $\boldsymbol{a}_2 = -3\boldsymbol{a}_1$ を満たすから，関係式 $3\boldsymbol{a}_1 + \boldsymbol{a}_2 = \boldsymbol{0}$ が成り立つ．したがって，$\boldsymbol{a}_1$, $\boldsymbol{a}_2$ は線形従属である．

(2)　ベクトル $\boldsymbol{a}_1 = \begin{pmatrix} 1 \\ 2 \\ -4 \end{pmatrix}$, $\boldsymbol{a}_2 = \begin{pmatrix} 3 \\ 8 \\ -7 \end{pmatrix}$ $\boldsymbol{a}_3 = \begin{pmatrix} -1 \\ -4 \\ -1 \end{pmatrix}$ について，関係式 $x\boldsymbol{a}_1 + y\boldsymbol{a}_2 + z\boldsymbol{a}_3 = \boldsymbol{0}$ は

$$x\begin{pmatrix} 1 \\ 2 \\ -4 \end{pmatrix} + y\begin{pmatrix} 3 \\ 8 \\ -7 \end{pmatrix} + z\begin{pmatrix} -1 \\ -4 \\ -1 \end{pmatrix} = \begin{pmatrix} 0 \\ 0 \\ 0 \end{pmatrix}$$

$$\text{すなわち} \quad \begin{cases} x + 3y - z = 0 \\ 2x + 8y - 4z = 0 \\ -4x - 7y - z = 0 \end{cases}$$

となる．この方程式は，例題 5.6 により，たとえば $x = -2$, $y = 1$, $z = 1$ という解をもつから，$-2\boldsymbol{a}_1 + \boldsymbol{a}_2 + \boldsymbol{a}_3 = \boldsymbol{0}$ が成り立つ．したがって，$\boldsymbol{a}_1$, $\boldsymbol{a}_2$, $\boldsymbol{a}_3$ は線形従属である．

3 つのベクトル $\boldsymbol{a}_1$, $\boldsymbol{a}_2$, $\boldsymbol{a}_3$ を

$$\boldsymbol{a}_1 = \begin{pmatrix} a_{11} \\ a_{21} \\ a_{31} \end{pmatrix}, \quad \boldsymbol{a}_2 = \begin{pmatrix} a_{12} \\ a_{22} \\ a_{32} \end{pmatrix}, \quad \boldsymbol{a}_3 = \begin{pmatrix} a_{13} \\ a_{23} \\ a_{33} \end{pmatrix}$$

とすると，関係式 $x\boldsymbol{a}_1 + y\boldsymbol{a}_2 + z\boldsymbol{a}_3 = \boldsymbol{0}$ は，$A = \begin{pmatrix} \boldsymbol{a}_1 & \boldsymbol{a}_2 & \boldsymbol{a}_3 \end{pmatrix}$ を係数行列とする斉次連立 1 次方程式

$$A\boldsymbol{x} = \boldsymbol{0} \quad \text{すなわち} \quad \begin{cases} a_{11}x + a_{12}y + a_{13}z = 0 \\ a_{21}x + a_{22}y + a_{23}z = 0 \\ a_{31}x + a_{32}y + a_{33}z = 0 \end{cases}$$

となる．よって，ベクトルの組 $\boldsymbol{a}_1$, $\boldsymbol{a}_2$, $\boldsymbol{a}_3$ が線形独立であれば，$A\boldsymbol{x} = \boldsymbol{0}$ が $x = y = z = 0$ 以外の解をもたないことになるから，A は正則である．逆に，A が正則であれば，$A\boldsymbol{x} = \boldsymbol{0}$ は $\boldsymbol{x} = \boldsymbol{0}$ 以外の解をもたない．すなわち，$\boldsymbol{a}_1$, $\boldsymbol{a}_2$, $\boldsymbol{a}_3$ は線形独立である．

一般に，次のことが成り立つ．

5.7 ベクトルの線形独立性

n 個の m 次元列ベクトル $\boldsymbol{a}_1, \boldsymbol{a}_2, \ldots, \boldsymbol{a}_n$ に対して，これらを列ベクトルとする $m \times n$ 型行列を $A = \begin{pmatrix} \boldsymbol{a}_1 & \boldsymbol{a}_2 & \cdots & \boldsymbol{a}_n \end{pmatrix}$ とするとき，次が成り立つ．

$$\boldsymbol{a}_1, \boldsymbol{a}_2, \ldots, \boldsymbol{a}_n \text{ が線形独立} \iff \operatorname{rank} A = n$$

とくに，$m = n$ のとき，$\boldsymbol{a}_1, \boldsymbol{a}_2, \ldots, \boldsymbol{a}_n$ が線形独立となるための必要十分条件は，A が正則であることである．

例題 5.7 線形独立性の判定

次のベクトルの組が線形独立かどうか判定せよ．線形従属であるときには，$\boldsymbol{a}_1$ を $\boldsymbol{a}_2, \boldsymbol{a}_3$ を用いて表せ．

(1) $\boldsymbol{a}_1 = \begin{pmatrix} 1 \\ 2 \\ 3 \end{pmatrix}, \quad \boldsymbol{a}_2 = \begin{pmatrix} 4 \\ -5 \\ 6 \end{pmatrix}, \quad \boldsymbol{a}_3 = \begin{pmatrix} 7 \\ -8 \\ -9 \end{pmatrix}$

(2) $\boldsymbol{a}_1 = \begin{pmatrix} 1 \\ 2 \\ 3 \end{pmatrix}, \quad \boldsymbol{a}_2 = \begin{pmatrix} 1 \\ 3 \\ 6 \end{pmatrix}, \quad \boldsymbol{a}_3 = \begin{pmatrix} 1 \\ 4 \\ 9 \end{pmatrix}$

解 $A = \begin{pmatrix} \boldsymbol{a}_1 & \boldsymbol{a}_2 & \boldsymbol{a}_3 \end{pmatrix}$ とする．

(1) A に行の基本変形を行うと

$$A = \begin{pmatrix} 1 & 4 & 7 \\ 2 & -5 & -8 \\ 3 & 6 & -9 \end{pmatrix} \sim \begin{pmatrix} 1 & 0 & 0 \\ 0 & 1 & 0 \\ 0 & 0 & 1 \end{pmatrix}$$

となるから，$\operatorname{rank} A = 3$ である．したがって，$\boldsymbol{a}_1, \boldsymbol{a}_2, \boldsymbol{a}_3$ は線形独立である．

(2) A に行の基本変形を行うと

$$A = \begin{pmatrix} 1 & 1 & 1 \\ 2 & 3 & 4 \\ 3 & 6 & 9 \end{pmatrix} \sim \begin{pmatrix} 1 & 0 & -1 \\ 0 & 1 & 2 \\ 0 & 0 & 0 \end{pmatrix}$$

となるから $\operatorname{rank} A = 2 < 3$ である．したがって，$\boldsymbol{a}_1, \boldsymbol{a}_2, \boldsymbol{a}_3$ は線形従属である．$x, y,$

z は $x - z = 0$, $y + 2z = 0$ を満たすから，たとえば，1 組の解 $x = 1$, $y = -2$, $z = 1$ が得られる．よって，関係式

$$\boldsymbol{a}_1 - 2\boldsymbol{a}_2 + \boldsymbol{a}_3 = \begin{pmatrix} 1 \\ 2 \\ 3 \end{pmatrix} - 2\begin{pmatrix} 1 \\ 3 \\ 6 \end{pmatrix} + \begin{pmatrix} 1 \\ 4 \\ 9 \end{pmatrix} = \begin{pmatrix} 0 \\ 0 \\ 0 \end{pmatrix} = \boldsymbol{0}$$

が成り立つ．したがって，$\boldsymbol{a}_1, \boldsymbol{a}_2, \boldsymbol{a}_3$ は線形従属で，$\boldsymbol{a}_1$ を残りのベクトルの線形結合として，

$$\boldsymbol{a}_1 = 2\boldsymbol{a}_2 - \boldsymbol{a}_3$$

と表すことができる．

問5.7　次のベクトルの組が線形独立かどうか判定せよ．線形従属であるときには，$\boldsymbol{a}_1$ を $\boldsymbol{a}_2, \boldsymbol{a}_3$ を用いて表せ．

(1)　$\boldsymbol{a}_1 = \begin{pmatrix} 3 \\ -1 \\ 4 \end{pmatrix}, \quad \boldsymbol{a}_2 = \begin{pmatrix} 1 \\ -2 \\ 5 \end{pmatrix}, \quad \boldsymbol{a}_3 = \begin{pmatrix} 3 \\ 4 \\ -7 \end{pmatrix}$

(2)　$\boldsymbol{a}_1 = \begin{pmatrix} 2 \\ 2 \\ 1 \end{pmatrix}, \quad \boldsymbol{a}_2 = \begin{pmatrix} -2 \\ 1 \\ 0 \end{pmatrix}, \quad \boldsymbol{a}_3 = \begin{pmatrix} 1 \\ -2 \\ 1 \end{pmatrix}$

正方行列の正則性との同値条件　　ここで，これまでに扱った正方行列の正則性に関連した性質をまとめておく．

5.8　正方行列の正則性

A は n 次正方行列であるとする．A が正則であるとは，A の逆行列 A^{-1} が存在することであり，次のそれぞれの条件と互いに同値である．

(1)　$|A| \neq 0$　　[→定理 4.11]

(2)　A は行の基本変形によって単位行列に変形できる　　[→定理 5.4]

(3)　$\mathrm{rank}\, A = n$　　[→定理 5.4]

(4)　連立 1 次方程式 $A\boldsymbol{x} = \boldsymbol{b}$ はただ 1 組の解をもつ　　[→定理 5.5]

(5)　斉次連立 1 次方程式 $A\boldsymbol{x} = \boldsymbol{0}$ は自明な解だけをもつ　　[→定理 5.6]

(6)　A の列ベクトルは線形独立である　　[→定理 5.7]

練習問題 5

[1] 次の連立 1 次方程式の係数行列 A と拡大係数行列 A_+ の階数を求め，解をもつかどうかを調べ，もつ場合にはその解を求めよ．

(1) $\begin{cases} 2x + y - 2z = -1 \\ 3x + 2y + z = -5 \\ 2x + 3y - 5z = 4 \end{cases}$　(2) $\begin{cases} x - 3y - 2z = 1 \\ 2x - 6y - 4z = 3 \\ -x + 3y + 2z = -2 \end{cases}$

(3) $\begin{cases} x + 2y - z = 4 \\ 2x + 4y - 2z = 8 \\ -3x - 6y + 3z = -12 \end{cases}$　(4) $\begin{cases} x + y - 3z - w = 0 \\ 2x + y - 4z + w = 1 \\ 3x - y - z + 9w = 4 \\ x - 2y + 3z + 8w = 3 \end{cases}$

[2] 基本変形を用いて，次の行列の逆行列を求めよ．

(1) $\begin{pmatrix} 1 & 2 & -3 \\ 2 & 3 & -5 \\ 1 & 3 & -3 \end{pmatrix}$　(2) $\begin{pmatrix} 3 & -2 & 1 \\ 1 & 0 & -1 \\ 2 & -1 & -1 \end{pmatrix}$　(3) $\begin{pmatrix} 1 & 3 & 7 \\ 4 & -1 & 6 \\ 5 & -11 & -9 \end{pmatrix}$

[3] 斉次連立 1 次方程式 $\begin{cases} 2x + ky = 0 \\ 3x - 6y = 0 \end{cases}$ が $x = y = 0$ 以外の解をもつとき，次の問いに答えよ．

(1) 定数 k の値を求めよ．　(2) $x = y = 0$ 以外の解を求めよ．

[4] 次の斉次連立 1 次方程式が $x = y = z = 0$ 以外の解をもつかどうかを調べ，もつ場合にはその解を求めよ．

(1) $\begin{cases} x + y + 3z = 0 \\ 3x + 2y + 4z = 0 \\ 7x + y - 9z = 0 \end{cases}$　(2) $\begin{cases} -x + 3y - z = 0 \\ 2x - 6y + 2z = 0 \\ 5x - 15y + 5z = 0 \end{cases}$

(3) $\begin{cases} 3y - z = 0 \\ x + 2y + z = 0 \\ -x + 3y - 5z = 0 \end{cases}$

[5] 次のベクトルの組が線形独立かどうか判定せよ．線形従属であるときには，$\boldsymbol{a}_1$ を $\boldsymbol{a}_2$, $\boldsymbol{a}_3$ を用いて表せ．

(1) $\boldsymbol{a}_1 = \begin{pmatrix} 1 \\ -2 \\ 0 \end{pmatrix}$, $\boldsymbol{a}_2 = \begin{pmatrix} 2 \\ -4 \\ -1 \end{pmatrix}$, $\boldsymbol{a}_3 = \begin{pmatrix} 3 \\ 0 \\ 2 \end{pmatrix}$

(2) $\boldsymbol{a}_1 = \begin{pmatrix} -1 \\ -3 \\ 4 \end{pmatrix}$, $\boldsymbol{a}_2 = \begin{pmatrix} -6 \\ 2 \\ 4 \end{pmatrix}$, $\boldsymbol{a}_3 = \begin{pmatrix} -1 \\ 2 \\ -1 \end{pmatrix}$

第 2 章の章末問題

1. $A = \begin{pmatrix} a & b \\ c & d \end{pmatrix}$ について，$A^2 - (a+d)A + (ad-bc)E = O$ が成り立つことを証明せよ．ただし，E, O はそれぞれ 2 次単位行列と零行列である（これを**ケイリー・ハミルトンの定理**という）．

2. n 次正方行列 A, B が正則であるとき，次の問いに答えよ．
   (1)　${}^tA$ は正則であり，${}^tA$ の逆行列は ${}^t\left(A^{-1}\right)$ であることを証明せよ．
   (2)　${}^tA\,{}^tB$ は正則であり，${}^tA\,{}^tB$ の逆行列は ${}^t\left(B^{-1}\right)\,{}^t\left(A^{-1}\right)$ であることを証明せよ．

3. 次の行列式を，因数分解した形で求めよ．
   (1)　$\begin{vmatrix} b+c & a-c & a-b \\ b-c & c+a & b-a \\ c-b & c-a & a+b \end{vmatrix}$　　(2)　$\begin{vmatrix} a & b & c \\ a^2 & b^2 & c^2 \\ bc & ca & ab \end{vmatrix}$

4. 次の連立 1 次方程式を掃き出し法を用いて解け．また，係数行列 A と拡大係数行列 A_+ の階数を求めよ．
   (1)　$\begin{cases} x + 2y + 3z + 2w = 2 \\ x + 3y + 2z + 5w = 1 \\ 2y + z + 9w = 1 \\ 2x + 3y + 7z + w = 5 \end{cases}$　　(2)　$\begin{cases} x - 2y + z + 5w = -5 \\ 2x - 3y + 4z + 7w = -6 \\ 2x - y + 8z + w = 2 \\ x - y + 3z + 2w = -1 \end{cases}$

5. 連立 1 次方程式 $\begin{cases} x - ay + z = 0 \\ x + y - az = 0 \\ -ax + y + z = 0 \end{cases}$ が $x = y = z = 0$ 以外の解をもつように a の値を定めよ．また，そのときの解を求めよ．

6. $\boldsymbol{x} = \begin{pmatrix} -6 \\ 2 \\ 5 \end{pmatrix}$ を，$\boldsymbol{a} = \begin{pmatrix} 2 \\ 1 \\ 3 \end{pmatrix}, \boldsymbol{b} = \begin{pmatrix} 0 \\ 1 \\ 2 \end{pmatrix}, \boldsymbol{c} = \begin{pmatrix} 2 \\ 0 \\ -1 \end{pmatrix}$ の線形結合で表せ．

7. 空間ベクトル $\boldsymbol{a}, \boldsymbol{b}, \boldsymbol{c}$ が線形独立であるとき，次のベクトルの組が線形独立であるかどうか調べよ．
   (1)　$\boldsymbol{a}, \boldsymbol{a}+\boldsymbol{b}, \boldsymbol{a}+\boldsymbol{b}+\boldsymbol{c}$　　(2)　$\boldsymbol{a}-\boldsymbol{b}, \boldsymbol{b}-\boldsymbol{c}, \boldsymbol{c}-\boldsymbol{a}$

8. $\boldsymbol{v}_1, \boldsymbol{v}_2, \ldots, \boldsymbol{v}_n$ を列ベクトルとする行列 $A = \begin{pmatrix} \boldsymbol{v}_1 & \boldsymbol{v}_2 & \cdots & \boldsymbol{v}_n \end{pmatrix}$ に行の基本変形を行って，$\boldsymbol{w}_1, \boldsymbol{w}_2, \ldots, \boldsymbol{w}_n$ を列ベクトルとする行列 $B = \begin{pmatrix} \boldsymbol{w}_1 & \boldsymbol{w}_2 & \cdots & \boldsymbol{w}_n \end{pmatrix}$ となった．このとき，集合 $\{1, 2, \ldots, n\}$ の任意の部分集合 $\{i, j, \ldots, k\}$ について，$\boldsymbol{v}_i, \boldsymbol{v}_j, \ldots, \boldsymbol{v}_k$ が線形独立であることと，$\boldsymbol{w}_i, \boldsymbol{w}_j, \ldots, \boldsymbol{w}_k$ が線形独立であることは同値であることを証明せよ．

Chapter 3

線形変換と固有値

6 線形変換

6.1 線形変換とその表現行列

線形変換　平面上の図形を拡大したり回転したりする操作は，数学的には図形を図形に対応させる「変換」としてとらえることができる．とくに，拡大や回転などの比較的単純な変換は線形変換とよばれ，行列を用いて表すことができる．

一般に，平面上の点 $\mathrm{P}(x, y)$ に点 $\mathrm{P}'(x', y')$ を対応させる規則があるとき，これを**変換**といい，f などの記号で表す．変換 f によって点 P に点 P′ が対応するとき，$f(\mathrm{P}) = \mathrm{P}'$ と表し，P′ を f による P の**像**という．また，図形 C のすべての点の像からなる図形 C' を図形 C の像という．

ここでは，変換のうち，a, b, c, d を定数として，

$$\begin{cases} x' = ax + by \\ y' = cx + dy \end{cases} \tag{6.1}$$

と表されるものを扱う．このような 1 次式で表される変換を平面上の**線形変換**または **1 次変換**という．

例 6.1　$\begin{cases} x' = 3x - \ \ y \\ y' = \ \ x - 2y \end{cases}$ で表される線形変換 f による点 $\mathrm{P}(5, 4)$ の像を点 $\mathrm{P}'(x', y')$ とすれば，

$$\begin{cases} x' = 3 \cdot 5 - 4 = 11 \\ y' = 5 - 2 \cdot 4 = -3 \end{cases}$$

となる．したがって，f によって点 $\mathrm{P}(5, 4)$ は点 $\mathrm{P}'(11, -3)$ に対応する．

一般の線形変換 (6.1) による原点 $\mathrm{O}(0, 0)$ の像を (x', y') とすれば，

$$\begin{cases} x' = a \cdot 0 + b \cdot 0 = 0 \\ y' = c \cdot 0 + d \cdot 0 = 0 \end{cases}$$

となる．これは，O(0, 0) の像が O(0, 0) 自身であることを示す．

6.1　線形変換による原点の像

線形変換による原点の像は，また原点である．

$\begin{cases} x' = ax + by \\ y' = cx + dy \end{cases}$ で表される線形変換 f は，ベクトル $\begin{pmatrix} x \\ y \end{pmatrix}$ にベクトル $\begin{pmatrix} x' \\ y' \end{pmatrix}$ を対応させると考えることもできる．線形変換 f によるベクトル $\boldsymbol{p} = \begin{pmatrix} x \\ y \end{pmatrix}$ の像を $f(\boldsymbol{p}) = \begin{pmatrix} x' \\ y' \end{pmatrix}$ と表す．このとき，$A = \begin{pmatrix} a & b \\ c & d \end{pmatrix}$ とおくと

$$f(\boldsymbol{p}) = \begin{pmatrix} x' \\ y' \end{pmatrix} = \begin{pmatrix} ax + by \\ cx + dy \end{pmatrix} = \begin{pmatrix} a & b \\ c & d \end{pmatrix} \begin{pmatrix} x \\ y \end{pmatrix} = A\boldsymbol{p} \tag{6.2}$$

となるから，$f(\boldsymbol{p}) = A\boldsymbol{p}$ と表すことができる．行列 A を線形変換 f の**表現行列**という．逆に，行列 A が与えられたとき，線形変換 f を $f(\boldsymbol{p}) = A\boldsymbol{p}$ と定めることができる．この変換 f を，行列 A を表現行列とする線形変換という．

線形変換 f は行列 A によって表されるが，線形変換 f と表現行列 A は異なるものである．したがって，これらの記号は区別する必要がある．

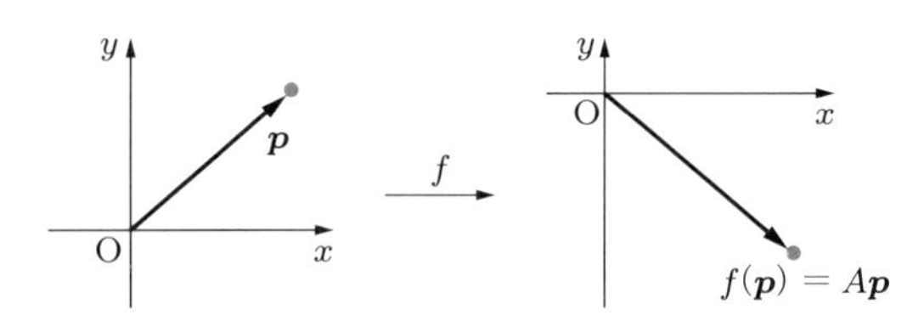

note　空間の点 P(x, y, z) に点 P$'(x', y', z')$ を対応させる規則で，

$$\begin{cases} x' = a_1x + b_1y + c_1z \\ y' = a_2x + b_2y + c_2z \\ z' = a_3x + b_3y + c_3z \end{cases} \quad \text{すなわち} \quad \begin{pmatrix} x' \\ y' \\ z' \end{pmatrix} = \begin{pmatrix} a_1 & b_1 & c_1 \\ a_2 & b_2 & c_2 \\ a_3 & b_3 & c_3 \end{pmatrix} \begin{pmatrix} x \\ y \\ z \end{pmatrix}$$

と表されるものを，空間の線形変換という．空間の線形変換の表現行列は3次正方行列である．

例 6.1 の $\begin{cases} x' = 3x - \ \ y \\ y' = \ \ x - 2y \end{cases}$ で表される線形変換 f を行列を用いて表すと，

$$\begin{pmatrix} x' \\ y' \end{pmatrix} = \begin{pmatrix} 3 & -1 \\ 1 & -2 \end{pmatrix} \begin{pmatrix} x \\ y \end{pmatrix}$$

である．したがって，f の表現行列は $A = \begin{pmatrix} 3 & -1 \\ 1 & -2 \end{pmatrix}$ であり，ベクトル $\boldsymbol{p} = \begin{pmatrix} 5 \\ 4 \end{pmatrix}$ の f による像は

$$f(\boldsymbol{p}) = A\boldsymbol{p} = \begin{pmatrix} 3 & -1 \\ 1 & -2 \end{pmatrix} \begin{pmatrix} 5 \\ 4 \end{pmatrix} = \begin{pmatrix} 11 \\ -3 \end{pmatrix}$$

として，行列とベクトルの積の計算で求めることができる．

問6.1　$\begin{cases} x' = 2x - 4y \\ y' = 3x + 2y \end{cases}$ で表される線形変換 f の表現行列 A を求めよ．また，f によるベクトル $\boldsymbol{p} = \begin{pmatrix} 5 \\ -2 \end{pmatrix}$ の像 $f(\boldsymbol{p})$ を求めよ．

線形変換の性質　線形変換 f の表現行列を A とする．このとき，任意のベクトル $\boldsymbol{p}$ と実数 t に対して，

$$f(t\boldsymbol{p}) = A(t\boldsymbol{p}) = t(A\boldsymbol{p}) = tf(\boldsymbol{p})$$

が成り立つ．また，2 つのベクトル $\boldsymbol{p}, \boldsymbol{q}$ に対して，

$$f(\boldsymbol{p} + \boldsymbol{q}) = A(\boldsymbol{p} + \boldsymbol{q}) = A\boldsymbol{p} + A\boldsymbol{q} = f(\boldsymbol{p}) + f(\boldsymbol{q})$$

が成り立つ．したがって，線形変換について次の線形性が成り立つ．

6.2　線形変換の線形性

f を線形変換とするとき，任意のベクトル $\boldsymbol{p}, \boldsymbol{q}$ と実数 t に対して，次の式が成り立つ．

(1)　$f(t\boldsymbol{p}) = tf(\boldsymbol{p})$　　　(2)　$f(\boldsymbol{p} + \boldsymbol{q}) = f(\boldsymbol{p}) + f(\boldsymbol{q})$

線形性を用いると，任意の実数 s, t に対して，

$$f(s\boldsymbol{p} + t\boldsymbol{q}) = f(s\boldsymbol{p}) + f(t\boldsymbol{q}) = sf(\boldsymbol{p}) + tf(\boldsymbol{q})$$

が成り立つ．逆に，この式が成り立てば，定理 6.2 の (1), (2) も成り立つ．

$\boldsymbol{e}_1, \boldsymbol{e}_2$ を基本ベクトルとするとき，線形変換 f による $\boldsymbol{p} = x\boldsymbol{e}_1 + y\boldsymbol{e}_2$ の像は

$$f(\boldsymbol{p}) = f(x\boldsymbol{e}_1 + y\boldsymbol{e}_2) = xf(\boldsymbol{e}_1) + yf(\boldsymbol{e}_2)$$

となる．

例題 6.1　線形変換による像

表現行列を $\begin{pmatrix} 3 & 1 \\ 1 & 2 \end{pmatrix}$ とする線形変換 f について，次の問いに答えよ．

(1)　f による基本ベクトル $\boldsymbol{e}_1, \boldsymbol{e}_2$ の像 $f(\boldsymbol{e}_1), f(\boldsymbol{e}_2)$ を求めよ．

(2)　f によるベクトル $\boldsymbol{p} = \boldsymbol{e}_1 + 2\boldsymbol{e}_2$ の像 $f(\boldsymbol{p})$ を求めよ．

解　(1)　$\boldsymbol{e}_1, \boldsymbol{e}_2$ の像 $f(\boldsymbol{e}_1), f(\boldsymbol{e}_2)$ はそれぞれ次のようになる．

$$f(\boldsymbol{e}_1) = \begin{pmatrix} 3 & 1 \\ 1 & 2 \end{pmatrix}\begin{pmatrix} 1 \\ 0 \end{pmatrix} = \begin{pmatrix} 3 \\ 1 \end{pmatrix}, \quad f(\boldsymbol{e}_2) = \begin{pmatrix} 3 & 1 \\ 1 & 2 \end{pmatrix}\begin{pmatrix} 0 \\ 1 \end{pmatrix} = \begin{pmatrix} 1 \\ 2 \end{pmatrix}$$

(2)　線形変換の線形性［→定理 6.2］を用いれば，像 $f(\boldsymbol{p})$ は次のようになる．

$$f(\boldsymbol{p}) = f(\boldsymbol{e}_1 + 2\boldsymbol{e}_2) = f(\boldsymbol{e}_1) + 2f(\boldsymbol{e}_2) = \begin{pmatrix} 3 \\ 1 \end{pmatrix} + 2\begin{pmatrix} 1 \\ 2 \end{pmatrix} = \begin{pmatrix} 5 \\ 5 \end{pmatrix}$$

例題 6.1 の $\boldsymbol{e}_1, \boldsymbol{e}_2, \boldsymbol{p}$ と，線形変換 f によるそれらの像 $f(\boldsymbol{e}_1), f(\boldsymbol{e}_2), f(\boldsymbol{p})$ の位置関係は，次の図のようになる．そして，$\boldsymbol{e}_1, \boldsymbol{e}_2$ を 2 辺とする正方形の内部は，f によって $f(\boldsymbol{e}_1), f(\boldsymbol{e}_2)$ を 2 辺とする平行四辺形の内部に対応する．さらに，左図の個々の正方形はどれも，右図の合同な平行四辺形に対応する．このように，「図形を均一に引き伸ばす変形」が，線形変換のイメージである．

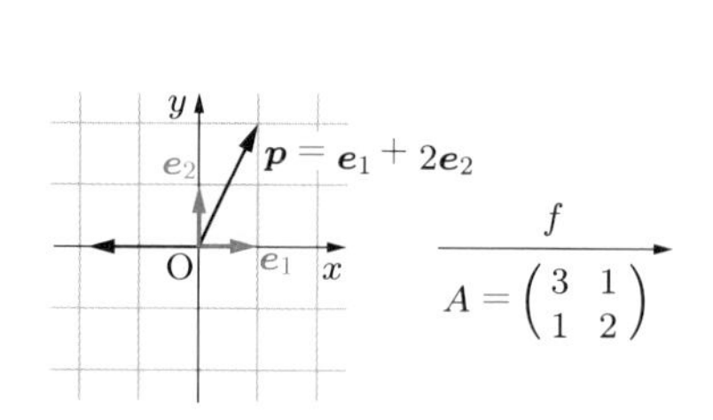

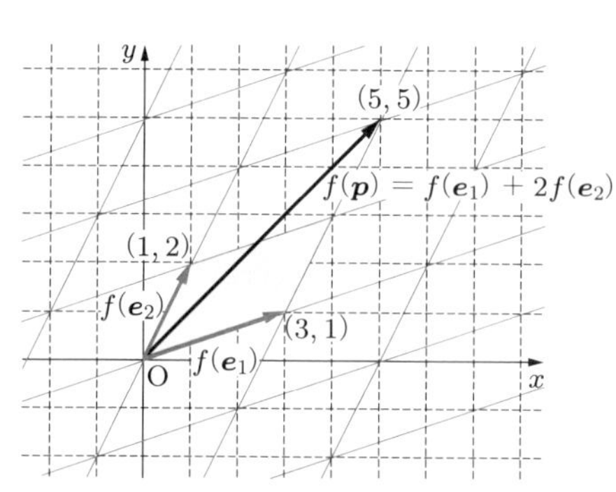

問6.2 表現行列が $\begin{pmatrix} 4 & 2 \\ 3 & 2 \end{pmatrix}$ である線形変換 f について，次の問いに答えよ．

(1) f による基本ベクトル $\boldsymbol{e}_1, \boldsymbol{e}_2$ の像 $f(\boldsymbol{e}_1), f(\boldsymbol{e}_2)$ を求めよ．

(2) f によるベクトル $\boldsymbol{p} = 3\boldsymbol{e}_1 - \boldsymbol{e}_2$ の像 $f(\boldsymbol{p})$ を求めよ．

6.2 合成変換と逆変換

合成変換 2つの線形変換 f, g に対して，$f(\boldsymbol{p}) = \boldsymbol{q}, g(\boldsymbol{q}) = \boldsymbol{r}$ とする．このとき，$\boldsymbol{r} = g(f(\boldsymbol{p}))$ として定まる $\boldsymbol{p}$ から $\boldsymbol{r}$ への変換を f と g の**合成変換**といい，$g \circ f$ で表す．

線形変換 f, g の表現行列を，それぞれ A, B とするとき，

$$(g \circ f)(\boldsymbol{p}) = g(f(\boldsymbol{p})) = g(A\boldsymbol{p}) = B(A\boldsymbol{p}) = (BA)\boldsymbol{p} \tag{6.3}$$

となる．したがって，次のことが成り立つ．

6.3 合成変換

線形変換 f, g の表現行列を，それぞれ A, B とするとき，f と g の合成変換 $g \circ f$ は，行列 BA を表現行列とする線形変換である．

note 変換の順序と行列の積の順序に注意すること．

例 6.2 線形変換 f, g の表現行列をそれぞれ $A = \begin{pmatrix} 3 & -1 \\ -2 & -5 \end{pmatrix}, B = \begin{pmatrix} 1 & 0 \\ 2 & 3 \end{pmatrix}$ とするとき，合成変換 $g \circ f$ の表現行列は

$$BA = \begin{pmatrix} 1 & 0 \\ 2 & 3 \end{pmatrix} \begin{pmatrix} 3 & -1 \\ -2 & -5 \end{pmatrix} = \begin{pmatrix} 3 & -1 \\ 0 & -17 \end{pmatrix}$$

である．

問6.3 線形変換 f, g の表現行列を，それぞれ $A = \begin{pmatrix} -2 & -1 \\ 1 & 0 \end{pmatrix}, B = \begin{pmatrix} 1 & 3 \\ 0 & -1 \end{pmatrix}$ とする．次の線形変換の表現行列を求めよ．

(1) $f \circ g$　　(2) $g \circ f$　　(3) $f \circ f$

逆変換　線形変換 f の表現行列 A が正則であるとする．$\boldsymbol{q}=f(\boldsymbol{p})$ とすると $\boldsymbol{q}=A\boldsymbol{p}$ であるから，$\boldsymbol{p}=A^{-1}\boldsymbol{q}$ である．したがって，A^{-1} はベクトル $\boldsymbol{q}$ にベクトル $\boldsymbol{p}$ を対応させる線形変換の表現行列である．この対応を，f の**逆変換**といい，f^{-1} で表す．

A が正則でないときは逆行列 A^{-1} が存在しないから，$A\boldsymbol{p}=\boldsymbol{q}$ を満たす $\boldsymbol{p}$ が1つには定まらない．したがって，f の逆変換は存在しない．

6.4　逆変換

線形変換 f の表現行列を A とする．f の逆変換 f^{-1} は，A が正則であるときに限って存在し，その表現行列は A^{-1} である．

例 6.3　線形変換 f の表現行列が $A=\begin{pmatrix}3 & -1\\ -2 & -5\end{pmatrix}$ のとき，$|A|=-17\neq 0$ であるから，A は正則である．したがって，f の逆変換 f^{-1} が存在し，f^{-1} の表現行列は

$$A^{-1}=\begin{pmatrix}3 & -1\\ -2 & -5\end{pmatrix}^{-1}=-\frac{1}{17}\begin{pmatrix}-5 & 1\\ 2 & 3\end{pmatrix}$$

である．したがって，たとえば $f(\boldsymbol{p})=\begin{pmatrix}4\\ 3\end{pmatrix}$ となるベクトル $\boldsymbol{p}$ は，

$$\boldsymbol{p}=A^{-1}\begin{pmatrix}4\\ 3\end{pmatrix}=-\frac{1}{17}\begin{pmatrix}-5 & 1\\ 2 & 3\end{pmatrix}\begin{pmatrix}4\\ 3\end{pmatrix}=\begin{pmatrix}1\\ -1\end{pmatrix}$$

となる．

問6.4　線形変換 f の表現行列を $A=\begin{pmatrix}4 & 1\\ 1 & -2\end{pmatrix}$ とするとき，f の逆変換の表現行列および $f(\boldsymbol{p})=\begin{pmatrix}3\\ -1\end{pmatrix}$ となるベクトル $\boldsymbol{p}$ を求めよ．

問6.5　線形変換 f, g の表現行列を，それぞれ $A=\begin{pmatrix}2 & -1\\ 1 & 1\end{pmatrix}$, $B=\begin{pmatrix}3 & 1\\ -1 & 1\end{pmatrix}$ とする．次の線形変換の表現行列を求めよ．

(1)　f^{-1}　　(2)　g^{-1}　　(3)　$f^{-1}\circ g^{-1}$　　(4)　$(f\circ g)^{-1}$

6.3 いろいろな線形変換

線形変換による基本ベクトルの像　線形変換 f の表現行列が $A = \begin{pmatrix} a & b \\ c & d \end{pmatrix}$ であるとき，基本ベクトル $\boldsymbol{e}_1, \boldsymbol{e}_2$ の像は，

$$f(\boldsymbol{e}_1) = \begin{pmatrix} a & b \\ c & d \end{pmatrix}\begin{pmatrix} 1 \\ 0 \end{pmatrix} = \begin{pmatrix} a \\ c \end{pmatrix}$$

$$f(\boldsymbol{e}_2) = \begin{pmatrix} a & b \\ c & d \end{pmatrix}\begin{pmatrix} 0 \\ 1 \end{pmatrix} = \begin{pmatrix} b \\ d \end{pmatrix}$$

となる．したがって，基本ベクトルの像がわかれば，線形変換 f の表現行列は

$$A = \begin{pmatrix} a & b \\ c & d \end{pmatrix} = \begin{pmatrix} f(\boldsymbol{e}_1) & f(\boldsymbol{e}_2) \end{pmatrix} \tag{6.4}$$

となる．例題 6.1 のあとの図のように，$\boldsymbol{e}_1, \boldsymbol{e}_2$ が作る正方形の f による像は，$f(\boldsymbol{e}_1), f(\boldsymbol{e}_2)$ が作る平行四辺形に対応する．

例 6.4　線形変換 f が $f(\boldsymbol{e}_1) = \begin{pmatrix} -1 \\ 2 \end{pmatrix}$, $f(\boldsymbol{e}_2) = \begin{pmatrix} 3 \\ -1 \end{pmatrix}$ を満たすとき，f の表現行列は $\begin{pmatrix} -1 & 3 \\ 2 & -1 \end{pmatrix}$ である．線形変換 f によって，$\boldsymbol{e}_1, \boldsymbol{e}_2$ が作る正方形は，$f(\boldsymbol{e}_1), f(\boldsymbol{e}_2)$ が作る平行四辺形に対応する．

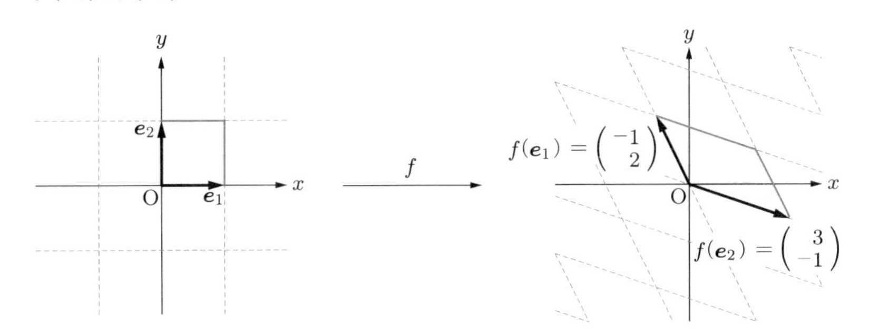

note　線形変換 f が逆変換をもたないとき，たとえば f の表現行列が $\begin{pmatrix} -1 & 1 \\ 2 & -2 \end{pmatrix}$ のときは，$f(\boldsymbol{e}_1), f(\boldsymbol{e}_2)$ を 2 辺とする平行四辺形を作ることはできない．

問6.6　線形変換の表現行列が次のように与えられているとき，基本ベクトルの像 $f(\boldsymbol{e}_1)$, $f(\boldsymbol{e}_2)$ が作る平行四辺形を図示せよ．

(1) $\begin{pmatrix} 4 & 1 \\ 2 & 3 \end{pmatrix}$　　(2) $\begin{pmatrix} -2 & 1 \\ -3 & -4 \end{pmatrix}$

いろいろな線形変換　ここでは，いろいろな線形変換 f の表現行列について調べる．

例6.5　$a > 0, b > 0$ のとき，ベクトル $\boldsymbol{p} = \begin{pmatrix} x \\ y \end{pmatrix}$ を $\begin{pmatrix} ax \\ by \end{pmatrix}$ に対応させる変換を f とすれば，

$$f(\boldsymbol{p}) = \begin{pmatrix} ax \\ by \end{pmatrix} = \begin{pmatrix} a & 0 \\ 0 & b \end{pmatrix}\begin{pmatrix} x \\ y \end{pmatrix}$$

であるから，f は $\begin{pmatrix} a & 0 \\ 0 & b \end{pmatrix}$ を表現行列とする線形変換である．この線形変換 f は，平面上の図形を x 軸方向に a 倍，y 軸方向に b 倍する．このとき，

$$f(\boldsymbol{e}_1) = \begin{pmatrix} a \\ 0 \end{pmatrix} = a\boldsymbol{e}_1, \quad f(\boldsymbol{e}_2) = \begin{pmatrix} 0 \\ b \end{pmatrix} = b\boldsymbol{e}_2$$

となるから，下図左側の $\boldsymbol{e}_1, \boldsymbol{e}_2$ が作る正方形の像は，右側の長方形になる．

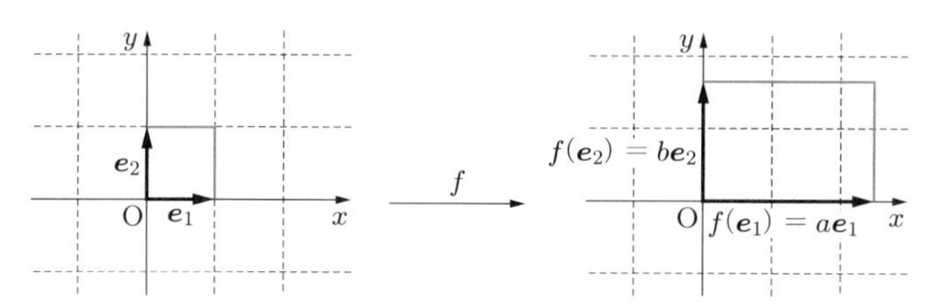

とくに，$a = b = 1$ のとき，すなわち，単位行列を表現行列とする線形変換は，すべての点をそれ自身に対応させる．これを**恒等変換**という．

問6.7　次の行列を表現行列とする線形変換はどのような変換か答えよ．

(1) $\begin{pmatrix} 1 & 0 \\ 0 & 3 \end{pmatrix}$　　(2) $\begin{pmatrix} 2 & 0 \\ 0 & 4 \end{pmatrix}$

例 6.6 ベクトル $\boldsymbol{p} = \begin{pmatrix} x \\ y \end{pmatrix}$ を $\begin{pmatrix} y \\ x \end{pmatrix}$ に対応させる変換を f とすれば，

$$f(\boldsymbol{p}) = \begin{pmatrix} y \\ x \end{pmatrix} = \begin{pmatrix} 0 & 1 \\ 1 & 0 \end{pmatrix} \begin{pmatrix} x \\ y \end{pmatrix}$$

であるから，f は $\begin{pmatrix} 0 & 1 \\ 1 & 0 \end{pmatrix}$ を表現行列とする線形変換である．f による点 $\mathrm{P}(x, y)$ の像は点 $\mathrm{P}'(y, x)$ であり，点 P と P$'$ は直線 $y = x$ に関して対称であるから，f は直線 $y = x$ に関する対称移動である．このとき，

$$f(\boldsymbol{e}_1) = \begin{pmatrix} 0 \\ 1 \end{pmatrix} = \boldsymbol{e}_2, \quad f(\boldsymbol{e}_2) = \begin{pmatrix} 1 \\ 0 \end{pmatrix} = \boldsymbol{e}_1$$

となるから，$\boldsymbol{e}_1, \boldsymbol{e}_2$ が作る正方形の像は，下図左側の正方形を直線 $y = x$ に関して対称移動したものであり，右側の正方形になる．

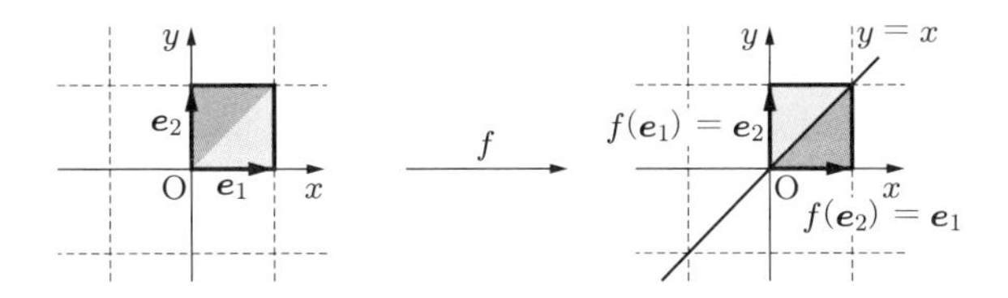

このような，直線または点に関する対称移動を表す線形変換を**対称変換**という．

問 6.8 次の行列を表現行列とする線形変換はどのような変換か答えよ．

(1) $\begin{pmatrix} 1 & 0 \\ 0 & -1 \end{pmatrix}$ (2) $\begin{pmatrix} -1 & 0 \\ 0 & 1 \end{pmatrix}$ (3) $\begin{pmatrix} -1 & 0 \\ 0 & -1 \end{pmatrix}$

原点を中心とした回転 平面上の点 P は，原点からの距離 r と，x 軸の正の方向とのなす角 α を用いて，$\mathrm{P}(r\cos\alpha, r\sin\alpha)$ と表すことができる．したがって，点 P を原点 O を中心として角 θ だけ回転させる変換を f とすれば，f による点 $\mathrm{P}(r\cos\alpha, r\sin\alpha)$ の像は，点 $\mathrm{P}'(r\cos(\alpha+\theta), r\sin(\alpha+\theta))$ である（右図）．したがって，点 P の位置ベクトルを $\boldsymbol{p}$ とすれば，

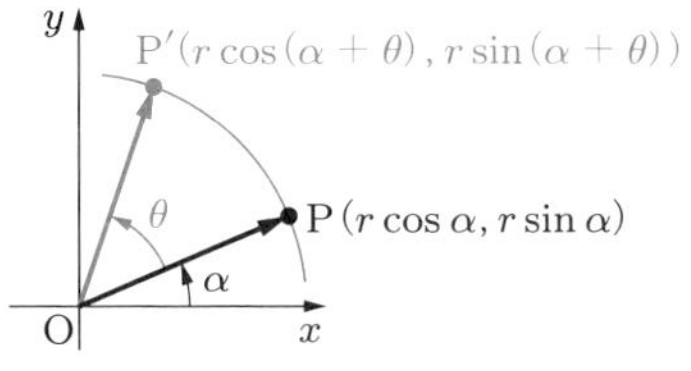

$$f(\boldsymbol{p}) = \begin{pmatrix} r\cos(\alpha+\theta) \\ r\sin(\alpha+\theta) \end{pmatrix}$$

$$= \begin{pmatrix} r\cos\alpha\cos\theta - r\sin\alpha\sin\theta \\ r\sin\alpha\cos\theta + r\cos\alpha\sin\theta \end{pmatrix} = \begin{pmatrix} \cos\theta & -\sin\theta \\ \sin\theta & \cos\theta \end{pmatrix} \begin{pmatrix} r\cos\alpha \\ r\sin\alpha \end{pmatrix}$$

であるから，変換 f は $\begin{pmatrix} \cos\theta & -\sin\theta \\ \sin\theta & \cos\theta \end{pmatrix}$ を表現行列とする線形変換である．この f を，原点を中心とする角 θ の**回転**という．f の表現行列を $R(\theta)$ とかく．

6.5　原点を中心とする回転

原点を中心とする角 θ の回転は線形変換であり，その表現行列 $R(\theta)$ は次のようになる．

$$R(\theta) = \begin{pmatrix} \cos\theta & -\sin\theta \\ \sin\theta & \cos\theta \end{pmatrix}$$

note　角 θ の回転による基本ベクトルの像は，次のようになる．

$$f(\boldsymbol{e}_1) = \begin{pmatrix} \cos\theta \\ \sin\theta \end{pmatrix}, \quad f(\boldsymbol{e}_2) = \begin{pmatrix} -\sin\theta \\ \cos\theta \end{pmatrix}$$

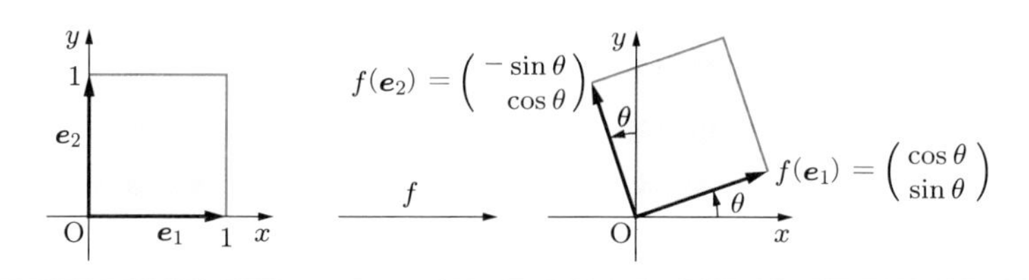

例題 6.2　回転による像

原点を中心とする $\frac{\pi}{6}$ の回転を f とするとき，次の問いに答えよ．

(1)　f の表現行列を求めよ．　　　(2)　f による点 $(2\sqrt{3}, 4)$ の像を求めよ．

解　(1)　f の表現行列は，次のようになる．

$$R\left(\frac{\pi}{6}\right) = \begin{pmatrix} \cos\frac{\pi}{6} & -\sin\frac{\pi}{6} \\ \sin\frac{\pi}{6} & \cos\frac{\pi}{6} \end{pmatrix} = \begin{pmatrix} \frac{\sqrt{3}}{2} & -\frac{1}{2} \\ \frac{1}{2} & \frac{\sqrt{3}}{2} \end{pmatrix}$$

(2) 点 $(2\sqrt{3}, 4)$ の位置ベクトルの像は,

$$\begin{pmatrix} \frac{\sqrt{3}}{2} & -\frac{1}{2} \\ \frac{1}{2} & \frac{\sqrt{3}}{2} \end{pmatrix} \begin{pmatrix} 2\sqrt{3} \\ 4 \end{pmatrix} = \begin{pmatrix} 1 \\ 3\sqrt{3} \end{pmatrix}$$

となる. したがって, 与えられた点の像は点 $(1, 3\sqrt{3})$ である.

問6.9 原点を中心とする $\frac{\pi}{3}$ の回転を f とするとき, 次の問いに答えよ.

(1) f の表現行列を求めよ. (2) f による点 $(-4, 2)$ の像を求めよ.

問6.10 回転を表す線形変換の表現行列 $R(\theta)$ について, 次のことを証明せよ.

(1) 任意の実数 θ_1, θ_2 に対して, $R(\theta_1)R(\theta_2) = R(\theta_1 + \theta_2)$ が成り立つ.

(2) 任意の実数 θ に対して $R(\theta)$ は正則であり, $R(\theta)^{-1} = R(-\theta)$ が成り立つ.

6.4 直交行列と直交変換

直交行列 行列 $A = \begin{pmatrix} a_1 & b_1 \\ a_2 & b_2 \end{pmatrix} = \begin{pmatrix} \boldsymbol{a} & \boldsymbol{b} \end{pmatrix}$ の列ベクトル $\boldsymbol{a}$, $\boldsymbol{b}$ は, 互いに直交する単位ベクトルであるとする.

ここで, ベクトルの内積は, 行ベクトルと列ベクトルの積になっていることに注意する. たとえば,

$$\boldsymbol{a} \cdot \boldsymbol{b} = a_1 b_1 + a_2 b_2 = \begin{pmatrix} a_1 & a_2 \end{pmatrix} \begin{pmatrix} b_1 \\ b_2 \end{pmatrix} = {}^t\boldsymbol{a}\boldsymbol{b}$$

である. 条件から, $\boldsymbol{a} \cdot \boldsymbol{a} = \boldsymbol{b} \cdot \boldsymbol{b} = 1$, $\boldsymbol{a} \cdot \boldsymbol{b} = 0$ であるから, 行列 A は

$${}^tAA = \begin{pmatrix} {}^t\boldsymbol{a} \\ {}^t\boldsymbol{b} \end{pmatrix} \begin{pmatrix} \boldsymbol{a} & \boldsymbol{b} \end{pmatrix} = \begin{pmatrix} {}^t\boldsymbol{a}\boldsymbol{a} & {}^t\boldsymbol{b}\boldsymbol{a} \\ {}^t\boldsymbol{b}\boldsymbol{a} & {}^t\boldsymbol{b}\boldsymbol{b} \end{pmatrix} = \begin{pmatrix} 1 & 0 \\ 0 & 1 \end{pmatrix} = E \tag{6.5}$$

を満たす. 逆に, 2 次正方行列 A が ${}^tAA = E$ を満たせば, 上式より A の列ベクトルは互いに直交する単位ベクトルである.

一般の n 次正方行列について，次のように定める．

6.6　直交行列

${}^tAA = A{}^tA = E$ を満たす正方行列 A を**直交行列**という．

A が直交行列ならば，${}^tAA = A{}^tA = E$ であるから，A は正則で $A^{-1} = {}^tA$ である．また，${}^tAA = E$ から

$$\left|{}^tAA\right| = \left|{}^tA\right| |A| = |A|^2 = 1 \tag{6.6}$$

であるから，$|A| = \pm 1$ が成り立つ．

6.7　直交行列の性質

直交行列 A は次の性質をもつ．

(1)　$A^{-1} = {}^tA$　　(2)　$|A| = \pm 1$

2次正方行列 A の列ベクトルが互いに直交しているとき，それぞれのベクトルの大きさを1にすることによって，直交行列を作ることができる．

例 6.7　$A = \begin{pmatrix} 3 & 4 \\ -2 & 6 \end{pmatrix}$ とする．列ベクトルを $\boldsymbol{a}_1 = \begin{pmatrix} 3 \\ -2 \end{pmatrix}$, $\boldsymbol{a}_2 = \begin{pmatrix} 4 \\ 6 \end{pmatrix}$ とおくと，

$$\boldsymbol{a}_1 \cdot \boldsymbol{a}_2 = 3 \cdot 4 + (-2) \cdot 6 = 0$$

であるから，$\boldsymbol{a}_1, \boldsymbol{a}_2$ は互いに直交する．$|\,\boldsymbol{a}_1\,| = \sqrt{13}, |\,\boldsymbol{a}_2\,| = 2\sqrt{13}$ であるから，

$$B = \begin{pmatrix} \dfrac{3}{\sqrt{13}} & \dfrac{2}{\sqrt{13}} \\ -\dfrac{2}{\sqrt{13}} & \dfrac{3}{\sqrt{13}} \end{pmatrix}$$

とすれば，B は直交行列となる．

問6.11 次の行列について，列ベクトルが互いに直交していることを確かめよ．また，列ベクトルを，向きを変えずに大きさを1にすることによって直交行列を作れ．

(1) $\begin{pmatrix} 1 & 2 \\ -2 & 1 \end{pmatrix}$ (2) $\begin{pmatrix} 1 & -6 \\ 3 & 2 \end{pmatrix}$

直交変換 表現行列が直交行列である線形変換を**直交変換**という．

直交変換の表現行列を A とすると，$f(\boldsymbol{p}) = A\boldsymbol{p}$ であるから，${}^tAA = E$ と転置行列の性質によって

$$f(\boldsymbol{p}) \cdot f(\boldsymbol{q}) = {}^t(A\boldsymbol{p})(A\boldsymbol{q}) = ({}^t\boldsymbol{p}{}^tA)(A\boldsymbol{q}) = {}^t\boldsymbol{p}({}^tAA)\boldsymbol{q} = {}^t\boldsymbol{p}\boldsymbol{q} = \boldsymbol{p} \cdot \boldsymbol{q}$$

が成り立つ．すなわち，直交変換によって内積は変化しない．とくに，

$$|f(\boldsymbol{p})|^2 = f(\boldsymbol{p}) \cdot f(\boldsymbol{p}) = \boldsymbol{p} \cdot \boldsymbol{p} = |\boldsymbol{p}|^2 \tag{6.7}$$

となるから，f によってベクトルの大きさも変化しない．さらに，$\boldsymbol{p}, \boldsymbol{q}$ のなす角を θ，それらの像 $f(\boldsymbol{p}), f(\boldsymbol{q})$ のなす角を θ' $(0 \leqq \theta, \theta' \leqq \pi)$ とするとき，

$$\cos\theta' = \frac{f(\boldsymbol{p}) \cdot f(\boldsymbol{q})}{|f(\boldsymbol{p})||f(\boldsymbol{q})|} = \frac{\boldsymbol{p} \cdot \boldsymbol{q}}{|\boldsymbol{p}||\boldsymbol{q}|} = \cos\theta \tag{6.8}$$

となるから，f によってベクトルのなす角 θ も変化しない．

6.8 直交変換の性質

直交変換によって内積の値は変化しない．したがって，直交変換は，ベクトルの大きさと2つのベクトルのなす角を変えない．

これは，直交変換では図形の形は変わらないことを意味する．

例6.8 原点を中心とする角 θ の回転の表現行列 $R(\theta) = \begin{pmatrix} \cos\theta & -\sin\theta \\ \sin\theta & \cos\theta \end{pmatrix}$ は，直交行列である．したがって，原点を中心とする回転は直交変換である．

問6.12 原点を中心とする角 $\dfrac{\pi}{4}$ の回転を f とし，$\boldsymbol{p} = \begin{pmatrix} 2 \\ 1 \end{pmatrix}$, $\boldsymbol{q} = \begin{pmatrix} 1 \\ -3 \end{pmatrix}$ とする．このとき，次を求めよ．

(1) $\boldsymbol{p} \cdot \boldsymbol{q}$ (2) $f(\boldsymbol{p}) \cdot f(\boldsymbol{q})$

6.5 線形変換による図形の像

線形変換による直線の像　線形変換 f による直線の像について調べる．点 A を通り，方向ベクトルが $\boldsymbol{v}$ である直線を ℓ とする．点 A の位置ベクトルを $\boldsymbol{a}$ とし，直線 ℓ 上の任意の点 P の位置ベクトルを $\boldsymbol{p}$ とすれば，直線 ℓ のベクトル方程式は，媒介変数 t を用いて

$$\boldsymbol{p} = \boldsymbol{a} + t\boldsymbol{v}$$

と表される［→定理 1.10］．よって，f による $\boldsymbol{p}$ の像は，

$$f(\boldsymbol{p}) = f(\boldsymbol{a} + t\boldsymbol{v}) = f(\boldsymbol{a}) + tf(\boldsymbol{v}) \tag{6.9}$$

となる．したがって，$f(\boldsymbol{v}) \neq \boldsymbol{0}$ のとき，点 P の像 $\mathrm{P}' = f(\mathrm{P})$ は，点 A の像 $\mathrm{A}' = f(\mathrm{A})$ を通り $f(\boldsymbol{v})$ を方向ベクトルとする直線 ℓ' 上の点である．

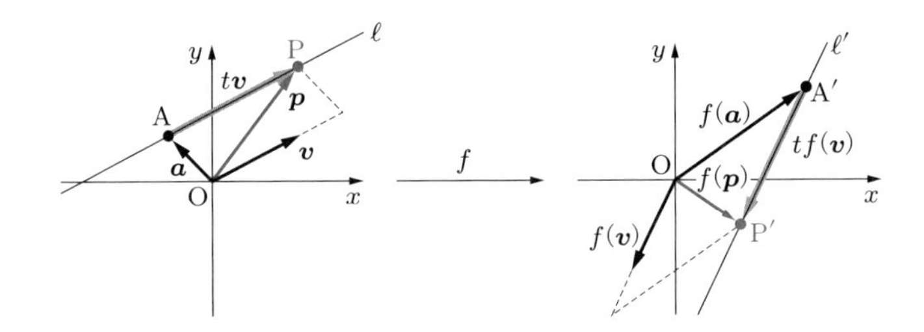

$f(\boldsymbol{v}) = \boldsymbol{0}$ のとき，$f(\boldsymbol{p}) = f(\boldsymbol{a})$ であるから，直線 ℓ 上のすべての点 P の像は点 A′ である．

以上により，線形変換による直線の像は，直線または 1 点になる．

6.9　線形変換による直線の像

f を線形変換とし，点 A を通り $\boldsymbol{v}$ を方向ベクトルとする直線を ℓ とする．このとき，f による直線 ℓ の像は，次のようになる．

(1)　$f(\boldsymbol{v}) \neq \boldsymbol{0}$ のとき，点 $f(A)$ を通り $f(\boldsymbol{v})$ を方向ベクトルとする直線

(2)　$f(\boldsymbol{v}) = \boldsymbol{0}$ のとき，点 A の像 A′ のただ 1 点

2 直線 ℓ_1, ℓ_2 の像がともに直線であるとする．このとき，ℓ_1, ℓ_2 が平行ならば，同じ方向ベクトルを選ぶことができるから，その像 ℓ'_1, ℓ'_2 の方向ベクトルも一致する．すなわち，ℓ'_1 と ℓ'_2 は平行である．したがって，互いに平行な 2 直線の像は，互いに平行な直線，または，ともに 1 点となる．

例題 6.3 直線の像

次の行列を表現行列とする線形変換による，直線 $\ell: \dfrac{x-2}{3} = \dfrac{y+1}{2}$ の像を求めよ．

(1) $\begin{pmatrix} 2 & 1 \\ 1 & -3 \end{pmatrix}$　　(2) $\begin{pmatrix} 2 & -3 \\ -4 & 6 \end{pmatrix}$

解 直線 ℓ は点 $\mathrm{A}(2, -1)$ を通り，方向ベクトルは $\boldsymbol{v} = \begin{pmatrix} 3 \\ 2 \end{pmatrix}$ であるから，そのベクトル方程式は

$$\begin{pmatrix} x \\ y \end{pmatrix} = \begin{pmatrix} 2 \\ -1 \end{pmatrix} + t \begin{pmatrix} 3 \\ 2 \end{pmatrix}$$

である．点 A の位置ベクトルを $\boldsymbol{a}$ とする．

(1) 線形変換 f の表現行列が $\begin{pmatrix} 2 & 1 \\ 1 & -3 \end{pmatrix}$ のとき，

$$f(\boldsymbol{a}) = \begin{pmatrix} 2 & 1 \\ 1 & -3 \end{pmatrix}\begin{pmatrix} 2 \\ -1 \end{pmatrix} = \begin{pmatrix} 3 \\ 5 \end{pmatrix}, \quad f(\boldsymbol{v}) = \begin{pmatrix} 2 & 1 \\ 1 & -3 \end{pmatrix}\begin{pmatrix} 3 \\ 2 \end{pmatrix} = \begin{pmatrix} 8 \\ -3 \end{pmatrix}$$

であるから，直線 ℓ の像のベクトル方程式は

$$\begin{pmatrix} x \\ y \end{pmatrix} = \begin{pmatrix} 3 \\ 5 \end{pmatrix} + t \begin{pmatrix} 8 \\ -3 \end{pmatrix}$$

である．これから t を消去すれば，求める方程式は次のようになる．

$$\frac{x-3}{8} = \frac{y-5}{-3} \quad \text{または} \quad 3x + 8y - 49 = 0$$

(2) 線形変換 f の表現行列が $\begin{pmatrix} 2 & -3 \\ -4 & 6 \end{pmatrix}$ のとき，

$$f(\boldsymbol{a}) = \begin{pmatrix} 2 & -3 \\ -4 & 6 \end{pmatrix}\begin{pmatrix} 2 \\ -1 \end{pmatrix} = \begin{pmatrix} 7 \\ -14 \end{pmatrix}, \quad f(\boldsymbol{v}) = \begin{pmatrix} 2 & -3 \\ -4 & 6 \end{pmatrix}\begin{pmatrix} 3 \\ 2 \end{pmatrix} = \begin{pmatrix} 0 \\ 0 \end{pmatrix}$$

となる．したがって，直線 ℓ の像は 1 点 $(7, -14)$ である．

問6.13　行列 $\begin{pmatrix} 2 & -1 \\ 1 & 3 \end{pmatrix}$ を表現行列とする線形変換による，次の直線の像を求めよ．

(1)　$x+1=\dfrac{y-3}{-2}$　　(2)　$\dfrac{x-1}{5}=\dfrac{y-1}{2}$

線形変換による曲線の像　線形変換 f による曲線の像を調べる．

例題 6.4　円の像

表現行列が $A=\begin{pmatrix} 2 & 1 \\ 3 & 3 \end{pmatrix}$ である線形変換 f による，円 $x^2+y^2=1$ の像を求めよ．

解　求める像の上に点 P をとり，その位置ベクトルを $\boldsymbol{p}=\begin{pmatrix} x \\ y \end{pmatrix}$ とする．A が正則であるから，f の逆変換が存在し，$f^{-1}(\boldsymbol{p})$ は円 $x^2+y^2=1$ 上の点の位置ベクトルである．逆変換 f^{-1} の表現行列は $A^{-1}=\dfrac{1}{3}\begin{pmatrix} 3 & -1 \\ -3 & 2 \end{pmatrix}$ であるから

$$f^{-1}(\boldsymbol{p})=\frac{1}{3}\begin{pmatrix} 3 & -1 \\ -3 & 2 \end{pmatrix}\begin{pmatrix} x \\ y \end{pmatrix}=\begin{pmatrix} \dfrac{3x-y}{3} \\ \dfrac{-3x+2y}{3} \end{pmatrix}$$

である．この点が $x^2+y^2=1$ の上にあるから，x, y は

$$\left(\frac{3x-y}{3}\right)^2+\left(\frac{-3x+2y}{3}\right)^2=1 \quad \text{よって} \quad 18x^2-18xy+5y^2=9$$

を満たす．これが求める像の方程式である．

問6.14　双曲線 $x^2-y^2=1$ を原点のまわりに $\dfrac{\pi}{4}$ だけ回転させた図形の方程式を求めよ．

練習問題 6

[1] 点 $(-3,-2)$ の像が点 $(1,3)$，点 $(4,3)$ の像が点 $(-2,-1)$ である線形変換の表現行列を求めよ．

[2] 線形変換 f の表現行列が $A=\begin{pmatrix}-5 & -2\\ 3 & 2\end{pmatrix}$ であるとき，次の問いに答えよ．

(1) f による点 $(1,2)$ の像の座標を求めよ．

(2) f による像が点 $(3,-1)$ である点の座標を求めよ．

(3) f による直線 $y=x+1$ の像の方程式を求めよ．

(4) f による像が直線 $y=x+1$ である直線の方程式を求めよ．

[3] 原点を中心とする $\dfrac{2\pi}{3}$ の回転を f，直線 $y=x$ に関する対称変換を g とするとき，次の問いに答えよ．

(1) 合成変換 $f\circ g,\ g\circ f$ の表現行列を求めよ．

(2) 点 P の f による像 $\mathrm{P}'=f(\mathrm{P})$ の，g による像 $\mathrm{P}''=g(\mathrm{P}')$ の座標は $(2,1)$ である．点 P の座標を求めよ．

[4] 直線 $y=2x$ に関する対称変換を f とする．f による $\mathrm{P}(x,y)$ の像を $\mathrm{P}'(x',y')$ とするとき，次の問いに答えよ．

(1) 線分 PP' の中点が直線 $y=2x$ 上にある．この性質を，$x,\ y,\ x',\ y'$ の関係式で表せ．

(2) 2 点 $\mathrm{P},\ \mathrm{P}'$ を通る直線と直線 $y=2x$ が垂直に交わる．この性質を，$x,\ y,\ x',\ y'$ の関係式で表せ．

(3) $x',\ y'$ をそれぞれ $x,\ y$ を用いて表せ．

(4) f の表現行列を求めよ．

[5] 基本ベクトル $\boldsymbol{e}_1,\ \boldsymbol{e}_2$ が作る正方形の線形変換による像は，$\boldsymbol{e}_1,\ \boldsymbol{e}_2$ の像 $\boldsymbol{e}_1',\ \boldsymbol{e}_2'$ が作る平行四辺形である．この平行四辺形の面積を線形変換による**面積の拡大率**という．

線形変換 $f,\ g$ の表現行列をそれぞれ $A=\begin{pmatrix}2 & -3\\ 1 & 1\end{pmatrix},\ B=\begin{pmatrix}0 & 4\\ 1 & 2\end{pmatrix}$ とするとき，次の線形変換による面積の拡大率を求めよ．

(1) f　　(2) g　　(3) f^{-1}　　(4) $f\circ g$

[6] 楕円 $\dfrac{x^2}{4}+y^2=1$ を原点のまわりに $\dfrac{\pi}{2}$ だけ回転させた図形の方程式を求めよ．

7 正方行列の固有値と対角化

7.1 固有値と固有ベクトル

固有値と固有ベクトル　一般に，線形変換によるベクトルの像は，元のベクトルと大きさや方向が異なる．いま，行列 $A = \dfrac{1}{4}\begin{pmatrix} 5 & 3 \\ 3 & 5 \end{pmatrix}$ を表現行列とする線形変換を f とする．たとえば，$\boldsymbol{a} = \begin{pmatrix} 1 \\ 0 \end{pmatrix}$ に対しては

$$f(\boldsymbol{a}) = A\boldsymbol{a} = \frac{1}{4}\begin{pmatrix} 5 & 3 \\ 3 & 5 \end{pmatrix}\begin{pmatrix} 1 \\ 0 \end{pmatrix} = \frac{1}{4}\begin{pmatrix} 5 \\ 3 \end{pmatrix}$$

となって，$f(\boldsymbol{a})$ と $\boldsymbol{a}$ とは大きさも方向も異なる．ところが，$\boldsymbol{p} = \begin{pmatrix} 1 \\ 1 \end{pmatrix}$，$\boldsymbol{q} = \begin{pmatrix} 1 \\ -1 \end{pmatrix}$ に対しては，

$$f(\boldsymbol{p}) = A\boldsymbol{p} = \frac{1}{4}\begin{pmatrix} 5 & 3 \\ 3 & 5 \end{pmatrix}\begin{pmatrix} 1 \\ 1 \end{pmatrix} = 2\begin{pmatrix} 1 \\ 1 \end{pmatrix} = 2\boldsymbol{p},$$

$$f(\boldsymbol{q}) = A\boldsymbol{q} = \frac{1}{4}\begin{pmatrix} 5 & 3 \\ 3 & 5 \end{pmatrix}\begin{pmatrix} 1 \\ -1 \end{pmatrix} = \frac{1}{2}\begin{pmatrix} 1 \\ -1 \end{pmatrix} = \frac{1}{2}\boldsymbol{q}$$

となるから，f は $\boldsymbol{p}, \boldsymbol{q}$ の方向を変えず，大きさだけをそれぞれ 2 倍，$\dfrac{1}{2}$ 倍していることになる．

note　上記の線形変換 f によって，図の左の円は右の楕円に対応する．

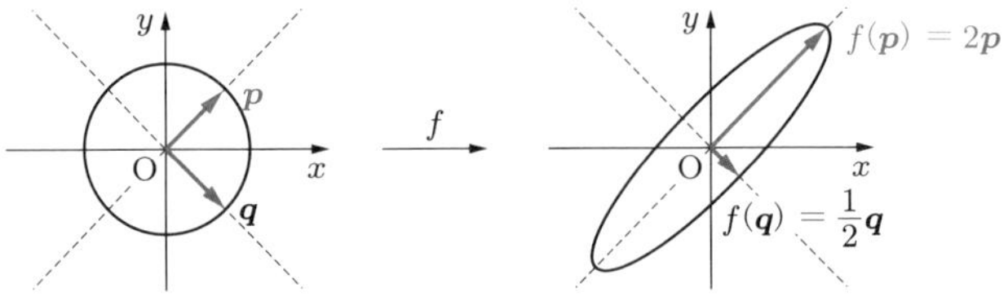

線形変換 f によるベクトル $\boldsymbol{p}$ $(\boldsymbol{p} \neq \boldsymbol{0})$ の像 $f(\boldsymbol{p})$ が，ベクトル $\boldsymbol{p}$ と平行であるとすると，$f(\boldsymbol{p}) = \lambda\boldsymbol{p}$, $\boldsymbol{p} \neq \boldsymbol{0}$ (λ は 0 でない定数) と表すことができる．f の表現行列を A とすれば，条件 $f(\boldsymbol{p}) = \lambda\boldsymbol{p}$ は

$$A\boldsymbol{p} = \lambda\boldsymbol{p}, \quad \boldsymbol{p} \neq \boldsymbol{0} \tag{7.1}$$

と表すことができる．

この条件は，$\lambda = 0$ の場合も含めて，一般の次数の正方行列について考えることができる．

7.1 正方行列の固有値と固有ベクトル

正方行列 A に対して，

$$A\boldsymbol{p} = \lambda\boldsymbol{p}, \quad \boldsymbol{p} \neq \boldsymbol{0}$$

を満たす定数 λ とベクトル $\boldsymbol{p}$ が存在するとき，λ を行列 A の**固有値**，$\boldsymbol{p}$ を λ に属する**固有ベクトル**という．

E を単位行列とする．$\lambda\boldsymbol{p} = \lambda E\boldsymbol{p}$ であることに注意すると，$A\boldsymbol{p} = \lambda\boldsymbol{p}$ は

$$(A - \lambda E)\boldsymbol{p} = \boldsymbol{0} \tag{7.2}$$

とかき直すことができる．これは，係数行列を $A - \lambda E$ とする斉次連立 1 次方程式である．これが $\boldsymbol{p} = \boldsymbol{0}$ 以外の解をもつための必要十分条件は，係数行列が正則でないことであるから，

$$|A - \lambda E| = 0 \tag{7.3}$$

が成り立つ［→定理 5.8］．この方程式を A の**固有方程式**という．つまり，固有方程式を満たす λ が固有値であり，そのときの $(A - \lambda E)\boldsymbol{p} = \boldsymbol{0}$ の解 $\boldsymbol{p}$ が λ に属する固有ベクトルである．

A が n 次正方行列のとき，固有方程式は λ に関する n 次方程式である．固有値は実数とは限らないが，本書では，固有方程式のすべての解が実数である場合だけを扱う．

note　固有方程式は $|\lambda E - A| = 0$ としても同じである．

2 次正方行列の固有値と固有ベクトル　2 次正方行列 $A = \begin{pmatrix} a & b \\ c & d \end{pmatrix}$ に対して

$$A - \lambda E = \begin{pmatrix} a-\lambda & b \\ c & d-\lambda \end{pmatrix}$$

であるから，A の固有方程式は

$$\begin{vmatrix} a-\lambda & b \\ c & d-\lambda \end{vmatrix} = 0$$

である．これを展開して λ について整理すれば，2 次方程式

$$\lambda^2 - (a+d)\lambda + (ad-bc) = 0$$

が得られる．この方程式の解が A の固有値である．

例題 7.1　**2 次正方行列の固有値と固有ベクトル**

2 次正方行列 $A = \begin{pmatrix} 1 & 2 \\ 2 & -2 \end{pmatrix}$ の固有値と固有ベクトルを求めよ．

解　A の固有方程式は

$$|A - \lambda E| = 0 \quad \text{すなわち} \quad \begin{vmatrix} 1-\lambda & 2 \\ 2 & -2-\lambda \end{vmatrix} = 0$$

である．これを展開して因数分解すれば，

$$(\lambda-2)(\lambda+3) = 0 \quad \text{よって} \quad \lambda = 2,\ -3$$

となり，これらが A の固有値である．

$\lambda = 2$ に属する固有ベクトル $\boldsymbol{p} = \begin{pmatrix} x \\ y \end{pmatrix}$ は，方程式 $(A-2E)\boldsymbol{p} = \boldsymbol{0}$ の解である．

$A - 2E = \begin{pmatrix} -1 & 2 \\ 2 & -4 \end{pmatrix}$ であるから，

$$\begin{pmatrix} -1 & 2 \\ 2 & -4 \end{pmatrix}\begin{pmatrix} x \\ y \end{pmatrix} = \begin{pmatrix} 0 \\ 0 \end{pmatrix} \quad \text{よって} \quad x - 2y = 0 \qquad [x = 2y]$$

が成り立つ．ここで，$y = s$ とおくと $x = 2s$ となるから，$\lambda = 2$ に属する固有ベクトル $\boldsymbol{p}$ は，

$$\boldsymbol{p} = \begin{pmatrix} x \\ y \end{pmatrix} = \begin{pmatrix} 2s \\ s \end{pmatrix} = s\begin{pmatrix} 2 \\ 1 \end{pmatrix} \quad (s \text{ は } 0 \text{ でない任意の定数})$$

である．

$\lambda = -3$ に属する固有ベクトル $\boldsymbol{q} = \begin{pmatrix} x \\ y \end{pmatrix}$ は，方程式 $(A + 3E)\boldsymbol{q} = \boldsymbol{0}$ の解である．

$A + 3E = \begin{pmatrix} 4 & 2 \\ 2 & 1 \end{pmatrix}$ であるから，

$$\begin{pmatrix} 4 & 2 \\ 2 & 1 \end{pmatrix}\begin{pmatrix} x \\ y \end{pmatrix} = \begin{pmatrix} 0 \\ 0 \end{pmatrix} \quad \text{よって} \quad 2x + y = 0 \qquad \left[x = -\frac{1}{2}y\right]$$

が成り立つ．ここで，$y = t$ とおくと $x = -\dfrac{t}{2}$ となるから，$\lambda = -3$ に属する固有ベクトル $\boldsymbol{q}$ は，

$$\boldsymbol{q} = \begin{pmatrix} x \\ y \end{pmatrix} = \begin{pmatrix} -\frac{t}{2} \\ t \end{pmatrix} = \frac{t}{2}\begin{pmatrix} -1 \\ 2 \end{pmatrix} \quad (t \text{ は } 0 \text{ でない任意の定数})$$

である．ここで，$\dfrac{t}{2}$ を改めて t とおくと

$$\boldsymbol{q} = t\begin{pmatrix} -1 \\ 2 \end{pmatrix} \quad (t \text{ は } 0 \text{ でない任意の定数})$$

である．

---

note　例題 7.1 の固有ベクトル $\boldsymbol{q}$ は，$\boldsymbol{q} = t\begin{pmatrix} 1 \\ -2 \end{pmatrix}$ や $\boldsymbol{q} = t\begin{pmatrix} -\frac{1}{2} \\ 1 \end{pmatrix}$ としてもよい．

問7.1　次の正方行列 A の固有値と固有ベクトルを求めよ．

(1)　$A = \begin{pmatrix} 1 & -1 \\ 4 & 6 \end{pmatrix}$　　(2)　$A = \begin{pmatrix} 1 & 4 \\ -1 & 5 \end{pmatrix}$

3 次正方行列の固有値と固有ベクトル　ここでは，3 次正方行列について，固有値と固有ベクトルを求める．

例題 7.2　3 次正方行列の固有値と固有ベクトル

3 次正方行列 $A = \begin{pmatrix} 1 & 3 & 3 \\ 3 & 1 & 3 \\ -3 & -3 & -5 \end{pmatrix}$ の固有値と固有ベクトルを求めよ．

解　A の固有方程式は

$$|A - \lambda E| = 0 \quad \text{すなわち} \quad \begin{vmatrix} 1-\lambda & 3 & 3 \\ 3 & 1-\lambda & 3 \\ -3 & -3 & -5-\lambda \end{vmatrix} = 0$$

である．これを展開して整理すると，

$$\lambda^3 + 3\lambda^2 - 4 = 0$$

となる．これを因数分解すると，

$$(\lambda - 1)(\lambda + 2)^2 = 0 \quad \text{よって} \quad \lambda = 1, -2 \ (2 \text{ 重解})$$

となるから，A の固有値は 1, −2（2 重解）である．

$\lambda = 1$ に属する固有ベクトルは，

$$\begin{pmatrix} 0 & 3 & 3 \\ 3 & 0 & 3 \\ -3 & -3 & -6 \end{pmatrix} \begin{pmatrix} x \\ y \\ z \end{pmatrix} = \begin{pmatrix} 0 \\ 0 \\ 0 \end{pmatrix} \quad \text{よって} \quad \begin{cases} y + z = 0 \\ x + z = 0 \end{cases} \quad \left[\begin{cases} x = -z \\ y = -z \end{cases} \right]$$

を満たす．ここで，$z = s$ とおくと $x = -s, y = -s$ となるから，$\lambda = 1$ に属する固有ベクトル $\boldsymbol{p}$ は，

$$\boldsymbol{p} = \begin{pmatrix} x \\ y \\ z \end{pmatrix} = \begin{pmatrix} -s \\ -s \\ s \end{pmatrix} = s \begin{pmatrix} -1 \\ -1 \\ 1 \end{pmatrix} \quad (s \text{ は } 0 \text{ でない任意の定数})$$

と表すことができる．

$\lambda = -2$ に属する固有ベクトルは，

$$\begin{pmatrix} 3 & 3 & 3 \\ 3 & 3 & 3 \\ -3 & -3 & -3 \end{pmatrix} \begin{pmatrix} x \\ y \\ z \end{pmatrix} = \begin{pmatrix} 0 \\ 0 \\ 0 \end{pmatrix} \quad \text{よって} \quad x + y + z = 0 \qquad [x = -y - z]$$

を満たす．ここで，$y = t_1, z = t_2$ とおくと $x = -t_1 - t_2$ となるから，$\lambda = -2$ に属する固有ベクトル $\boldsymbol{q}$ は，

$$\boldsymbol{q} = \begin{pmatrix} x \\ y \\ z \end{pmatrix} = \begin{pmatrix} -t_1 - t_2 \\ t_1 \\ t_2 \end{pmatrix} = \begin{pmatrix} -t_1 \\ t_1 \\ 0 \end{pmatrix} + \begin{pmatrix} -t_2 \\ 0 \\ t_2 \end{pmatrix}$$

と表すことができる．したがって，

$$\boldsymbol{q} = t_1 \begin{pmatrix} -1 \\ 1 \\ 0 \end{pmatrix} + t_2 \begin{pmatrix} -1 \\ 0 \\ 1 \end{pmatrix} \quad (t_1,\ t_2 \text{ は } t_1 \neq 0 \text{ または } t_2 \neq 0 \text{ を満たす任意の定数})$$

となる．

問7.2　次の正方行列 A の固有値と固有ベクトルを求めよ．

(1)　$A = \begin{pmatrix} -1 & 2 & -2 \\ 1 & -2 & -1 \\ -2 & 1 & -2 \end{pmatrix}$　　(2)　$A = \begin{pmatrix} 1 & 2 & -2 \\ 0 & 2 & -1 \\ -1 & 2 & -1 \end{pmatrix}$

7.2　行列の対角化

行列の対角化　2 次正方行列 A の固有値を $\lambda_1,\ \lambda_2$ とし，$\boldsymbol{p}_1 = \begin{pmatrix} p_{11} \\ p_{21} \end{pmatrix}$，$\boldsymbol{p}_2 = \begin{pmatrix} p_{12} \\ p_{22} \end{pmatrix}$ をそれぞれの固有値に属する固有ベクトルとすると，$A\boldsymbol{p}_1 = \lambda_1 \boldsymbol{p}_1$，$A\boldsymbol{p}_2 = \lambda_2 \boldsymbol{p}_2$ である．このとき，

$$P = \begin{pmatrix} \boldsymbol{p}_1 & \boldsymbol{p}_2 \end{pmatrix} = \begin{pmatrix} p_{11} & p_{12} \\ p_{21} & p_{22} \end{pmatrix}$$

とおくと，

$$\begin{aligned} AP &= A \begin{pmatrix} \boldsymbol{p}_1 & \boldsymbol{p}_2 \end{pmatrix} \\ &= \begin{pmatrix} A\boldsymbol{p}_1 & A\boldsymbol{p}_2 \end{pmatrix} \\ &= \begin{pmatrix} \lambda_1 \boldsymbol{p}_1 & \lambda_2 \boldsymbol{p}_2 \end{pmatrix} \\ &= \begin{pmatrix} \lambda_1 p_{11} & \lambda_2 p_{12} \\ \lambda_1 p_{21} & \lambda_2 p_{22} \end{pmatrix} = \begin{pmatrix} p_{11} & p_{12} \\ p_{21} & p_{22} \end{pmatrix} \begin{pmatrix} \lambda_1 & 0 \\ 0 & \lambda_2 \end{pmatrix} \end{aligned}$$

となる．したがって，固有値 λ_1, λ_2 を対角成分とする対角行列を $D = \begin{pmatrix} \lambda_1 & 0 \\ 0 & \lambda_2 \end{pmatrix}$ とすれば，

$$AP = PD$$

が成り立つ．いま，P が正則であれば，P の逆行列 P^{-1} が存在するから，上式の両辺に左から P^{-1} をかけることによって，

$$P^{-1}AP = D = \begin{pmatrix} \lambda_1 & 0 \\ 0 & \lambda_2 \end{pmatrix} \tag{7.4}$$

が得られる．

例 7.1　例題 7.1 によれば，行列 $A = \begin{pmatrix} 1 & 2 \\ 2 & -2 \end{pmatrix}$ の固有値とそれに属する固有ベクトルの 1 つは，

$$\lambda_1 = 2,\ \boldsymbol{p}_1 = \begin{pmatrix} 2 \\ 1 \end{pmatrix}; \quad \lambda_2 = -3,\ \boldsymbol{p}_2 = \begin{pmatrix} 1 \\ -2 \end{pmatrix}$$

である．2 次正方行列 P を

$$P = \begin{pmatrix} \boldsymbol{p}_1 & \boldsymbol{p}_2 \end{pmatrix} = \begin{pmatrix} 2 & 1 \\ 1 & -2 \end{pmatrix}$$

とおくと，$\boldsymbol{p}_1, \boldsymbol{p}_2$ は線形独立であるから，P は正則で，

$$P^{-1}AP = \begin{pmatrix} \lambda_1 & 0 \\ 0 & \lambda_2 \end{pmatrix} = \begin{pmatrix} 2 & 0 \\ 0 & -3 \end{pmatrix}$$

が成り立つ．

A を n 次正方行列とする．A の固有ベクトル $\boldsymbol{p}_1, \boldsymbol{p}_2, \ldots, \boldsymbol{p}_n$ を線形独立となるようにとることができれば，これらを列ベクトルとする行列 $P = \begin{pmatrix} \boldsymbol{p}_1 & \boldsymbol{p}_2 & \cdots & \boldsymbol{p}_n \end{pmatrix}$ は正則である［→定理 5.8］．したがって，P の逆行列が存在し，2 次正方行列の場合と同様の計算をすると，A の固有値 $\lambda_1, \lambda_2, \ldots, \lambda_n$ を用いて

$$P^{-1}AP = \begin{pmatrix} \lambda_1 & 0 & \cdots & 0 \\ 0 & \lambda_2 & \ddots & \vdots \\ \vdots & \ddots & \ddots & 0 \\ 0 & \cdots & 0 & \lambda_n \end{pmatrix}$$

とすることができる．これを A の**対角化**といい，P を A の**対角化行列**という．この $P^{-1}AP$ が対角行列になるような P が存在するとき，A は**対角化可能**であるという．

一般に，異なる固有値に対する固有ベクトルは線形独立である．したがって，次のことが成り立つ．

7.2　正方行列の対角化

n 次正方行列 A が異なる n 個の固有値 $\lambda_1, \lambda_2, \ldots, \lambda_n$ をもつとし，$\lambda_1, \lambda_2, \ldots, \lambda_n$ に属する固有ベクトルをそれぞれ $\boldsymbol{p}_1, \boldsymbol{p}_2, \ldots, \boldsymbol{p}_n$ とする．このとき，行列 $P = \begin{pmatrix}\boldsymbol{p}_1\, \boldsymbol{p}_2 \cdots \boldsymbol{p}_n\end{pmatrix}$ は正則であり，次の式が成り立つ．

$$P^{-1}AP = \begin{pmatrix} \lambda_1 & 0 & \cdots & 0 \\ 0 & \lambda_2 & \ddots & \vdots \\ \vdots & \ddots & \ddots & 0 \\ 0 & \cdots & 0 & \lambda_n \end{pmatrix}$$

証明　$\lambda_1, \lambda_2, \ldots, \lambda_m$ は，正方行列 A の互いに異なる固有値とする．このとき，各固有値 λ_k に属する固有ベクトルを $\boldsymbol{p}_k$ とすると，$\boldsymbol{p}_1, \boldsymbol{p}_2, \ldots, \boldsymbol{p}_m$ は線形独立であることを，m についての数学的帰納法によって示す．

(i)　固有ベクトルは零ベクトルではないから，$\boldsymbol{p}_1$ は線形独立である．したがって，$m = 1$ のとき命題は成り立つ．

(ii)　$m = k$ のとき命題が正しいと仮定して，$m = k + 1$ のときに命題が成り立つことを示す．

$$x_1\boldsymbol{p}_1 + x_2\boldsymbol{p}_2 + \cdots + x_k\boldsymbol{p}_k + x_{k+1}\boldsymbol{p}_{k+1} = \boldsymbol{0} \qquad \cdots\cdots ①$$

とする．両辺に左から A をかけると，$A\boldsymbol{p}_l = \lambda_l\boldsymbol{p}_l$ であるから，

$$x_1\lambda_1\boldsymbol{p}_1 + x_2\lambda_2\boldsymbol{p}_2 + \cdots + x_k\lambda_k\boldsymbol{p}_k + x_{k+1}\lambda_{k+1}\boldsymbol{p}_{k+1} = \boldsymbol{0} \qquad \cdots\cdots ②$$

が成り立つ．また，①の両辺に λ_{k+1} をかけると

$$x_1\lambda_{k+1}\boldsymbol{p}_1 + x_2\lambda_{k+1}\boldsymbol{p}_2 + \cdots + x_k\lambda_{k+1}\boldsymbol{p}_k + x_{k+1}\lambda_{k+1}\boldsymbol{p}_{k+1} = \boldsymbol{0} \qquad \cdots\cdots ③$$

が得られる．② − ③ を計算すると，

$$x_1(\lambda_1 - \lambda_{k+1})\boldsymbol{p}_1 + x_2(\lambda_2 - \lambda_{k+1})\boldsymbol{p}_2 + \cdots + x_k(\lambda_k - \lambda_{k+1})\boldsymbol{p}_k = \boldsymbol{0}$$

となる．仮定から $\boldsymbol{p}_1, \boldsymbol{p}_2, \ldots, \boldsymbol{p}_k$ は線形独立であり，$\lambda_1 - \lambda_{k+1}, \lambda_2 - \lambda_{k+1}, \ldots, \lambda_k - \lambda_{k+1}$ はすべて 0 ではないから，

$$x_1 = x_2 = \cdots = x_k = 0$$

である．これを①に代入すると $x_{k+1}\boldsymbol{p}_{k+1} = \boldsymbol{0}$ となる．$\boldsymbol{p}_{k+1} \neq \boldsymbol{0}$ であるから $x_{k+1} = 0$ となり，$\boldsymbol{p}_1, \boldsymbol{p}_2, \ldots, \boldsymbol{p}_k, \boldsymbol{p}_{k+1}$ は線形独立である．

したがって，(i)，(ii) より，$\boldsymbol{p}_1, \boldsymbol{p}_2, \ldots, \boldsymbol{p}_m$ は線形独立である．

とくに，$m = n$ のときが定理 7.2 である．　証明終

固有ベクトル $\boldsymbol{p}_1, \boldsymbol{p}_2, \ldots, \boldsymbol{p}_n$ の並べ方によって，対角化行列 P も変わる．このとき，対角行列 $P^{-1}AP$ の対角成分である固有値は，並べた固有ベクトルと同じ順序に並ぶ．

例題 7.3　3 次正方行列の対角化

3 次正方行列 $A = \begin{pmatrix} 1 & 1 & 2 \\ 0 & 1 & 0 \\ 1 & 0 & 2 \end{pmatrix}$ の対角化行列 P を求めて，A を対角化せよ．

解　A の固有値と，それぞれの固有値に属する固有ベクトルを求める．固有方程式

$$\begin{vmatrix} 1-\lambda & 1 & 2 \\ 0 & 1-\lambda & 0 \\ 1 & 0 & 2-\lambda \end{vmatrix} = 0$$

を解くと，固有値は 0, 1, 3 となる．それぞれの固有値に属する固有ベクトルを求めると，次のようになる．

$$\lambda_1 = 0,\ \boldsymbol{p}_1 = \begin{pmatrix} -2 \\ 0 \\ 1 \end{pmatrix};\quad \lambda_2 = 1,\ \boldsymbol{p}_2 = \begin{pmatrix} -1 \\ -2 \\ 1 \end{pmatrix};\quad \lambda_2 = 3,\ \boldsymbol{p}_3 = \begin{pmatrix} 1 \\ 0 \\ 1 \end{pmatrix}$$

そこで，対角化行列 P を

$$P = \begin{pmatrix} \boldsymbol{p}_1 & \boldsymbol{p}_2 & \boldsymbol{p}_3 \end{pmatrix} = \begin{pmatrix} -2 & -1 & 1 \\ 0 & -2 & 0 \\ 1 & 1 & 1 \end{pmatrix}$$

とおくと,

$$P^{-1}AP = \begin{pmatrix} 0 & 0 & 0 \\ 0 & 1 & 0 \\ 0 & 0 & 3 \end{pmatrix}$$

となる.

---

note　対角化をするとき, P^{-1} を求めて $P^{-1}AP$ を計算する必要はない. また, 固有ベクトルの選び方により対角化行列 P が異なっても, 固有ベクトルの順序が同じであれば, $P^{-1}AP$ は同じ対角行列になる.

問7.3　次の正方行列 A の対角化行列 P を求めて, A を対角化せよ.

(1)　$A = \begin{pmatrix} 1 & -2 \\ -3 & 2 \end{pmatrix}$　　(2)　$A = \begin{pmatrix} 1 & 2 \\ 4 & 3 \end{pmatrix}$　　(3)　$A = \begin{pmatrix} 0 & 1 & 0 \\ 0 & 0 & 1 \\ 4 & 4 & -1 \end{pmatrix}$

固有方程式が重解をもつ場合の対角化　3 次正方行列は, 3 個の線形独立な固有ベクトルがあれば対角化することができる.

例題 7.4　固有方程式が 2 重解をもつ場合の 3 次正方行列の対角化

3 次正方行列 $A = \begin{pmatrix} 1 & 3 & 3 \\ 3 & 1 & 3 \\ -3 & -3 & -5 \end{pmatrix}$ の対角化行列 P を求めて, A を対角化せよ.

解　例題 7.2 によれば, 行列 A の固有値は 1, −2（2 重解）であり, これらの固有値に属する固有ベクトルは, s, t_1, t_2 を任意の定数として,

$$\boldsymbol{p} = s\begin{pmatrix} -1 \\ -1 \\ 1 \end{pmatrix} \ (s \neq 0), \quad \boldsymbol{q} = t_1\begin{pmatrix} -1 \\ 1 \\ 0 \end{pmatrix} + t_2\begin{pmatrix} -1 \\ 0 \\ 1 \end{pmatrix} \ (t_1 \neq 0 \text{ または } t_2 \neq 0)$$

である. これらから, 固有値 1 に属する固有ベクトル $\boldsymbol{p}_1$ と固有値 −2 に属する固有ベク

トル $\boldsymbol{p}_2, \boldsymbol{p}_3$ を

$$\boldsymbol{p}_1 = \begin{pmatrix} -1 \\ -1 \\ 1 \end{pmatrix}, \quad \boldsymbol{p}_2 = \begin{pmatrix} -1 \\ 1 \\ 0 \end{pmatrix}, \quad \boldsymbol{p}_3 = \begin{pmatrix} -1 \\ 0 \\ 1 \end{pmatrix}$$

に選ぶと，$\boldsymbol{p}_1, \boldsymbol{p}_2, \boldsymbol{p}_3$ は線形独立である．ここで，対角化行列 P を

$$P = \begin{pmatrix} \boldsymbol{p}_1 & \boldsymbol{p}_2 & \boldsymbol{p}_3 \end{pmatrix} = \begin{pmatrix} -1 & -1 & -1 \\ -1 & 1 & 0 \\ 1 & 0 & 1 \end{pmatrix}$$

とおくと，P は正則であり，A は

$$P^{-1}AP = \begin{pmatrix} 1 & 0 & 0 \\ 0 & -2 & 0 \\ 0 & 0 & -2 \end{pmatrix}$$

と対角化することができる．

問7.4　3 次正方行列 $A = \begin{pmatrix} 2 & 1 & 1 \\ 1 & 2 & 1 \\ 0 & 0 & 1 \end{pmatrix}$ の対角化行列 P を求めて，A を対角化せよ．

A の固有方程式が重解 λ をもつとき，対角化することができない場合がある．

たとえば，$A = \begin{pmatrix} 3 & -1 \\ 1 & 1 \end{pmatrix}$ の固有値は $\lambda = 2$（2 重解）である．さらに，$\mathrm{rank}(A - 2E) = 1$ であるから解の自由度は 1 であり，線形独立な 2 つの固有ベクトルを選ぶことはできない．したがって，A は対角化できない．対角化できない場合については，付録 B「ジョルダン標準形」を参照のこと．

7.3　対称行列の対角化

直交行列　成分が実数である正方行列 A が ${}^tAA = A{}^tA = E$ を満たすとき直交行列といい，2 次直交行列の列ベクトルは互いに直交する単位ベクトルであった（6.4 節参照）．ここでは，n 次直交行列の性質を調べる．

n 次元列ベクトル $\boldsymbol{a}=\begin{pmatrix} a_1 \\ a_2 \\ \vdots \\ a_n \end{pmatrix}, \boldsymbol{b}=\begin{pmatrix} b_1 \\ b_2 \\ \vdots \\ b_n \end{pmatrix}$ に対して，ベクトル $\boldsymbol{a}, \boldsymbol{b}$ の内積および $\boldsymbol{a}$ の大きさ $|\boldsymbol{a}|$ を

$$\boldsymbol{a}\cdot\boldsymbol{b} = {}^t\boldsymbol{a}\boldsymbol{b} = a_1b_1 + a_2b_2 + \cdots + a_nb_n \tag{7.5}$$

$$|\boldsymbol{a}| = \sqrt{\boldsymbol{a}\cdot\boldsymbol{a}} = \sqrt{{a_1}^2 + {a_2}^2 + \cdots + {a_n}^2} \tag{7.6}$$

と定める．$|\boldsymbol{a}|=1$ を満たすベクトル $\boldsymbol{a}$ を**単位ベクトル**という．また，ともに零ベクトルでないベクトル $\boldsymbol{a}, \boldsymbol{b}$ が $\boldsymbol{a}\cdot\boldsymbol{b}=0$ を満たすとき，$\boldsymbol{a}$ と $\boldsymbol{b}$ は**垂直**である，または**直交**するといい，$\boldsymbol{a}\perp\boldsymbol{b}$ と表す．

n 個の n 次元列ベクトル $\boldsymbol{a}_1, \boldsymbol{a}_2, \ldots, \boldsymbol{a}_n$ に対して，$A=\begin{pmatrix} \boldsymbol{a}_1 & \boldsymbol{a}_2 & \cdots & \boldsymbol{a}_n \end{pmatrix}$ とすれば，6.4 節と同様に，

$${}^tAA = \begin{pmatrix} {}^t\boldsymbol{a}_1 \\ {}^t\boldsymbol{a}_2 \\ \vdots \\ {}^t\boldsymbol{a}_n \end{pmatrix} \begin{pmatrix} \boldsymbol{a}_1 & \boldsymbol{a}_2 & \cdots & \boldsymbol{a}_n \end{pmatrix}$$

$$= \begin{pmatrix} {}^t\boldsymbol{a}_1\boldsymbol{a}_1 & {}^t\boldsymbol{a}_1\boldsymbol{a}_2 & \cdots & {}^t\boldsymbol{a}_1\boldsymbol{a}_n \\ {}^t\boldsymbol{a}_2\boldsymbol{a}_1 & {}^t\boldsymbol{a}_2\boldsymbol{a}_2 & \cdots & {}^t\boldsymbol{a}_2\boldsymbol{a}_n \\ \vdots & \vdots & \ddots & \vdots \\ {}^t\boldsymbol{a}_n\boldsymbol{a}_1 & {}^t\boldsymbol{a}_n\boldsymbol{a}_2 & \cdots & {}^t\boldsymbol{a}_n\boldsymbol{a}_n \end{pmatrix} = \begin{pmatrix} \boldsymbol{a}_1\cdot\boldsymbol{a}_1 & \boldsymbol{a}_1\cdot\boldsymbol{a}_2 & \cdots & \boldsymbol{a}_1\cdot\boldsymbol{a}_n \\ \boldsymbol{a}_2\cdot\boldsymbol{a}_1 & \boldsymbol{a}_2\cdot\boldsymbol{a}_2 & \cdots & \boldsymbol{a}_2\cdot\boldsymbol{a}_n \\ \vdots & \vdots & \ddots & \vdots \\ \boldsymbol{a}_n\cdot\boldsymbol{a}_1 & \boldsymbol{a}_n\cdot\boldsymbol{a}_2 & \cdots & \boldsymbol{a}_n\cdot\boldsymbol{a}_n \end{pmatrix}$$

となる．よって，A が直交行列（${}^tAA=E$）であるための必要十分条件は，

$$\boldsymbol{a}_i\cdot\boldsymbol{a}_j = \begin{cases} 1 & (i=j \text{ のとき}) \\ 0 & (i\neq j \text{ のとき}) \end{cases} \qquad (i,j=1,2,\ldots,n)$$

である．したがって，A の列ベクトルは互いに直交する単位ベクトルである．

よって，2 次直交行列の場合と同様に，次のことが成り立つ．

7.3　直交行列の性質

正方行列が直交行列であるための必要十分条件は，列ベクトルが互いに直交する単位ベクトルであることである．

対称行列とその固有値　正方行列 A が ${}^tA = A$ を満たすとき，A を**対称行列**という．成分が実数である対称行列を実対称行列という．以下，対称行列はすべて実対称行列とする．

例 7.2　$A = \begin{pmatrix} 1 & 2 & -1 \\ 2 & 3 & -3 \\ -1 & -3 & 0 \end{pmatrix}$ は対称行列である．

対称行列の固有値はすべて実数である［→付録 A 定理 A1.1］．また，対称行列の固有値について，次の性質が成り立つ．

7.4　対称行列の固有値

対称行列の異なる固有値に属する固有ベクトルは，互いに直交する．

証明　A を対称行列，$\boldsymbol{p}, \boldsymbol{q}$ を A の異なる固有値 λ, μ に属する固有ベクトルとすると，$A\boldsymbol{p} = \lambda\boldsymbol{p}$, $A\boldsymbol{q} = \mu\boldsymbol{q}$ である．また，A は対称行列であるから ${}^tA = A$ である．したがって，

$$\lambda\boldsymbol{p}\cdot\boldsymbol{q} = (A\boldsymbol{p})\cdot\boldsymbol{q} = {}^t(A\boldsymbol{p})\boldsymbol{q} = ({}^t\boldsymbol{p}\,{}^tA)\boldsymbol{q} = {}^t\boldsymbol{p}(A\boldsymbol{q}) = {}^t\boldsymbol{p}(\mu\boldsymbol{q}) = \mu\boldsymbol{p}\cdot\boldsymbol{q}$$

が成り立つ．よって，$(\lambda-\mu)\boldsymbol{p}\cdot\boldsymbol{q} = 0$ が得られる．$\lambda \neq \mu$ であるから，$\boldsymbol{p}\cdot\boldsymbol{q} = 0$ である．$\boldsymbol{p} \neq \boldsymbol{0}$, $\boldsymbol{q} \neq \boldsymbol{0}$ であるから，$\boldsymbol{p}$, $\boldsymbol{q}$ は互いに直交する．　証明終

例 7.3　例題 7.1 の行列 $A = \begin{pmatrix} 1 & 2 \\ 2 & -2 \end{pmatrix}$ は対称行列であり，その固有値と固有ベクトルは，t_1, t_2 を 0 でない定数として，

$$\lambda_1 = 2,\ \boldsymbol{p} = t_1\begin{pmatrix} 2 \\ 1 \end{pmatrix};\quad \lambda_2 = -3,\ \boldsymbol{q} = t_2\begin{pmatrix} -1 \\ 2 \end{pmatrix}$$

である．このとき，$\boldsymbol{p}\cdot\boldsymbol{q} = 0$ となるから，$\boldsymbol{p}$ と $\boldsymbol{q}$ は互いに直交している．

直交行列による対称行列の対角化　対称行列は，対角化行列を直交行列にとって対角化できる．ここでは，対称行列 $A = \begin{pmatrix} 1 & 2 \\ 2 & -2 \end{pmatrix}$ を，次の手順で対角化する．

例 7.3 により，行列 A の固有値と固有ベクトルは，t_1, t_2 を 0 でない任意の定数として

$$\lambda_1 = 2,\ \boldsymbol{p} = t_1 \begin{pmatrix} 2 \\ 1 \end{pmatrix};\quad \lambda_2 = -3,\ \boldsymbol{q} = t_2 \begin{pmatrix} -1 \\ 2 \end{pmatrix}$$

であり，これらは互いに直交している．そこで，$\boldsymbol{p}, \boldsymbol{q}$ が単位ベクトルとなるように t_1, t_2 を定めて

$$\boldsymbol{p}_1 = \begin{pmatrix} \dfrac{2}{\sqrt{5}} \\ \dfrac{1}{\sqrt{5}} \end{pmatrix},\quad \boldsymbol{p}_2 = \begin{pmatrix} -\dfrac{1}{\sqrt{5}} \\ \dfrac{2}{\sqrt{5}} \end{pmatrix}$$

とすると，$\boldsymbol{p}_1, \boldsymbol{p}_2$ は互いに直交する単位ベクトルである．ここで，対角化行列 P を

$$P = (\boldsymbol{p}_1 \ \ \boldsymbol{p}_2) = \begin{pmatrix} \dfrac{2}{\sqrt{5}} & -\dfrac{1}{\sqrt{5}} \\ \dfrac{1}{\sqrt{5}} & \dfrac{2}{\sqrt{5}} \end{pmatrix}$$

とすれば，P は直交行列であり $P^{-1} = {}^tP$ であるから，対称行列 A は

$${}^tPAP = \begin{pmatrix} 2 & 0 \\ 0 & -3 \end{pmatrix}$$

と対角化される．

一般に，次のことが成り立つ（証明は付録 A 参照）．

7.5 対称行列の対角化

任意の対称行列 A は直交行列 P によって対角化することができる．

例題 7.5 2 次対称行列の対角化

対称行列 $A = \begin{pmatrix} 2 & 1 \\ 1 & 2 \end{pmatrix}$ を，直交行列 P によって対角化せよ．

解　A の固有値と固有ベクトルを求めると

$$\lambda_1 = 1,\ t_1 \begin{pmatrix} -1 \\ 1 \end{pmatrix}; \quad \lambda_2 = 3,\ t_2 \begin{pmatrix} 1 \\ 1 \end{pmatrix} \quad (t_1,\ t_2 \text{ は } 0 \text{ でない定数})$$

となり，これらの固有ベクトルは互いに直交する．そこで，固有ベクトルの大きさが 1 となるように t_1, t_2 を定めて，単位ベクトル

$$\boldsymbol{p}_1 = \begin{pmatrix} -\dfrac{1}{\sqrt{2}} \\ \dfrac{1}{\sqrt{2}} \end{pmatrix}, \quad \boldsymbol{p}_2 = \begin{pmatrix} \dfrac{1}{\sqrt{2}} \\ \dfrac{1}{\sqrt{2}} \end{pmatrix}$$

を作る．これらを並べて

$$P = \begin{pmatrix} \boldsymbol{p}_1 & \boldsymbol{p}_2 \end{pmatrix} = \begin{pmatrix} -\dfrac{1}{\sqrt{2}} & \dfrac{1}{\sqrt{2}} \\ \dfrac{1}{\sqrt{2}} & \dfrac{1}{\sqrt{2}} \end{pmatrix}$$

とおくと，P は直交行列であり，

$${}^tPAP = \begin{pmatrix} 1 & 0 \\ 0 & 3 \end{pmatrix}$$

となる．

問7.5　次の対称行列 A を直交行列 P によって対角化せよ．

(1)　$A = \begin{pmatrix} 1 & -2 \\ -2 & 1 \end{pmatrix}$　　　(2)　$A = \begin{pmatrix} 3 & 4 \\ 4 & 3 \end{pmatrix}$

例題 7.6　3 次対称行列の対角化

対称行列 $A = \begin{pmatrix} 1 & 1 & -1 \\ 1 & 1 & 1 \\ -1 & 1 & 1 \end{pmatrix}$ を直交行列 P によって対角化せよ．

解　固有方程式 $|A - \lambda E| = 0$ を解くと，解 $x = -1, 2$ (2 重解) が得られる．

$\lambda = -1$ のとき，$A - \lambda E$ と $(A - \lambda E)\boldsymbol{x} = \boldsymbol{0}$ は

$$A - (-1)E = \begin{pmatrix} 2 & 1 & -1 \\ 1 & 2 & 1 \\ -1 & 1 & 2 \end{pmatrix} \sim \begin{pmatrix} 1 & 0 & -1 \\ 0 & 1 & 1 \\ 0 & 0 & 0 \end{pmatrix} \quad \text{よって} \quad \begin{cases} x \phantom{{}+y} - z = 0 \\ \phantom{x+{}} y + z = 0 \end{cases}$$

となるから，固有ベクトル $\boldsymbol{a}$ を次のように選び，その大きさを 1 にすることによって

$$\boldsymbol{a} = \begin{pmatrix} 1 \\ -1 \\ 1 \end{pmatrix} \quad \text{から} \quad \boldsymbol{p}_1 = \frac{1}{\sqrt{3}} \begin{pmatrix} 1 \\ -1 \\ 1 \end{pmatrix}$$

が得られる．

$\lambda = 2$ のとき，

$$A - 2E = \begin{pmatrix} -1 & 1 & -1 \\ 1 & -1 & 1 \\ -1 & 1 & -1 \end{pmatrix} \sim \begin{pmatrix} 1 & -1 & 1 \\ 0 & 0 & 0 \\ 0 & 0 & 0 \end{pmatrix}$$

となるから，$(A - \lambda E)\boldsymbol{x} = \boldsymbol{0}$ は $x - y + z = 0$ となる．この条件を満たすベクトル $\boldsymbol{b}, \boldsymbol{c}$ を

$$\boldsymbol{b} = \begin{pmatrix} 1 \\ 1 \\ 0 \end{pmatrix}, \quad \boldsymbol{c} = \begin{pmatrix} -1 \\ 0 \\ 1 \end{pmatrix}$$

に選ぶ．シュミットの直交化法 [→定理 A1.1]を利用すると，この 2 つのベクトル $\boldsymbol{b}, \boldsymbol{c}$ から互いに直交する単位ベクトル

$$\boldsymbol{p}_2 = \frac{1}{\sqrt{2}} \begin{pmatrix} 1 \\ 1 \\ 0 \end{pmatrix}, \quad \boldsymbol{p}_3 = \frac{1}{\sqrt{6}} \begin{pmatrix} -1 \\ 1 \\ 2 \end{pmatrix}$$

を作ることができる．

したがって，

$$P = \begin{pmatrix} \boldsymbol{p}_1 & \boldsymbol{p}_2 & \boldsymbol{p}_3 \end{pmatrix} = \begin{pmatrix} \frac{1}{\sqrt{3}} & \frac{1}{\sqrt{2}} & -\frac{1}{\sqrt{6}} \\ -\frac{1}{\sqrt{3}} & \frac{1}{\sqrt{2}} & \frac{1}{\sqrt{6}} \\ \frac{1}{\sqrt{3}} & 0 & \frac{2}{\sqrt{6}} \end{pmatrix}$$

とすれば，次が成り立つ．

$${}^tPAP = \begin{pmatrix} -1 & 0 & 0 \\ 0 & 2 & 0 \\ 0 & 0 & 2 \end{pmatrix}$$

問7.6　対称行列 $A = \begin{pmatrix} 3 & -2 & 0 \\ -2 & 3 & 0 \\ 0 & 0 & 1 \end{pmatrix}$ を，直交行列 P によって対角化せよ．

7.4 対角化の応用

2次曲線の標準形とその分類　a, b, c, k を定数とするとき，方程式

$$ax^2 + 2bxy + cy^2 = k \tag{7.7}$$

で表される曲線を **2次曲線**という．

例 7.4　$\dfrac{x^2}{2} + y^2 = 1$ は楕円（図1），$\dfrac{x^2}{9} - \dfrac{y^2}{4} = 1$ は双曲線（図2）である．

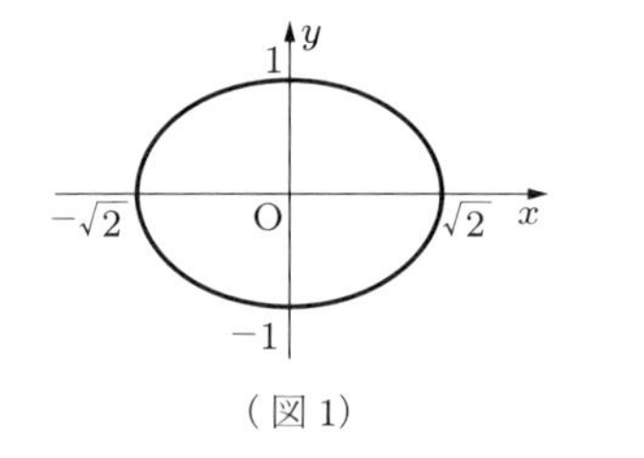

（図1）

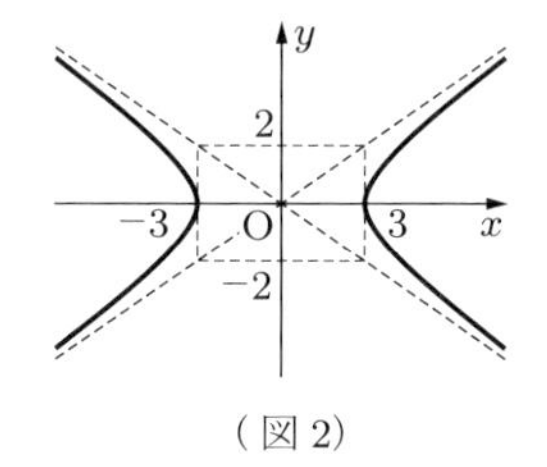

（図2）

ここで，$A = \begin{pmatrix} a & b \\ b & c \end{pmatrix}$, $\boldsymbol{x} = \begin{pmatrix} x \\ y \end{pmatrix}$ とすれば，2次曲線の方程式 (7.7) は

$$(x, y)\begin{pmatrix} a & b \\ b & c \end{pmatrix}\begin{pmatrix} x \\ y \end{pmatrix} = k \quad \text{すなわち} \quad {}^t\boldsymbol{x}A\boldsymbol{x} = k \tag{7.8}$$

と表すことができる．このとき，直交行列を用いて A を対角化すると，方程式 (7.7) をより簡単な形で表すことができる．A は対称行列であるから，実数の固有値 λ_1, λ_2 をもつ．$D = \begin{pmatrix} \lambda_1 & 0 \\ 0 & \lambda_2 \end{pmatrix}$ とすれば，直交行列 P を用いて

$${}^tPAP = D \quad \text{よって} \quad A = PD{}^tP$$

とすることができる．したがって，式 (7.8) は

$${}^t\boldsymbol{x}\left(PD{}^tP\right)\boldsymbol{x} = k \quad \text{すなわち} \quad {}^t\left({}^tP\boldsymbol{x}\right)D\left({}^tP\boldsymbol{x}\right) = k$$

となる．$\boldsymbol{x}' = \begin{pmatrix} x' \\ y' \end{pmatrix} = {}^tP\boldsymbol{x}$ として xy 座標を $x'y'$ 座標に変換すると，

$${}^t\boldsymbol{x}'D\boldsymbol{x}' = k \quad \text{すなわち} \quad \lambda_1 x'^2 + \lambda_2 y'^2 = k$$

となる．直交行列によって座標を変換しても図形の形は変わらないから，2 つの曲線

$$ax^2 + 2bxy + cy^2 = k, \quad \lambda_1 x^2 + \lambda_2 y^2 = k$$

は合同である．$\lambda_1 x^2 + \lambda_2 y^2 = k$ を，式 (7.7) で表される **2 次曲線の標準形**という．

以上より，次のことが成り立つ．

7.6　2 次曲線の標準形

対称行列 $\begin{pmatrix} a & b \\ b & c \end{pmatrix}$ の固有値を λ_1，λ_2 とする．このとき，2 次曲線 $ax^2 + 2bxy + cy^2 = k$ の標準形は，

$$\lambda_1 x^2 + \lambda_2 y^2 = k$$

である．さらに，2 次曲線 $ax^2 + 2bxy + cy^2 = k$ は，次のように分類される．

(1)　$\lambda_1 \lambda_2 > 0$ かつ k が λ_1 と同符号であるとき，楕円（円を含む）

(2)　$\lambda_1 \lambda_2 < 0$ かつ $k \neq 0$ であるとき，双曲線

$\lambda_1 \neq \lambda_2$ のとき，これらを入れ替えることにより 2 通りの標準形ができる．

例題 7.7　**2 次曲線の標準形**

2 次曲線 $2x^2 + 4xy - y^2 = 1$ の標準形を求め，楕円か双曲線かを判定せよ．

解　$A = \begin{pmatrix} 2 & 2 \\ 2 & -1 \end{pmatrix}$ の固有方程式は

$$|A - \lambda E| = \begin{vmatrix} 2 - \lambda & 2 \\ 2 & -1 - \lambda \end{vmatrix} = 0 \quad \text{よって} \quad \lambda^2 - \lambda - 6 = 0$$

となるから，A の固有値は $\lambda_1 = 3$, $\lambda_2 = -2$ である．したがって，$2x^2 + 4xy - y^2 = 1$ の標準形は

$$3x^2 - 2y^2 = 1 \quad \text{または} \quad -2x^2 + 3y^2 = 1$$

である．$\lambda_1 \lambda_2 = -6 < 0$ であるから，$2x^2 + 4xy - y^2 = 1$ は双曲線である．

問 7.7　次の 2 次曲線を，直交行列により座標を変換して標準形を求め，楕円か双曲線かを判定せよ．

(1)　$2x^2 + 2xy + 2y^2 = 1$　　　(2)　$3x^2 + 8xy + 3y^2 = 1$

直交変換と回転　対称行列 A を直交化する行列 P は，A の固有値 λ_1 に属する固有ベクトル $\boldsymbol{p}_1$，λ_2 に属する固有ベクトル $\boldsymbol{p}_2$ を用いて，$P = \begin{pmatrix} \boldsymbol{p}_1 & \boldsymbol{p}_2 \end{pmatrix}$ と表すことができる．$\boldsymbol{p}_1, \boldsymbol{p}_2$ は互いに直交する単位ベクトルであるから，$P = \begin{pmatrix} \boldsymbol{p}_1 & \boldsymbol{p}_2 \end{pmatrix}$ または $P = (\boldsymbol{p}_1, -\boldsymbol{p}_2)$ のうちのどちらかを選ぶことにより，適当な実数 θ を用いて $P = R(\theta)$，すなわち

$$P = \begin{pmatrix} \cos\theta & -\sin\theta \\ \sin\theta & \cos\theta \end{pmatrix}$$

とすることができる．このとき，$\boldsymbol{x} = P\boldsymbol{x}'$（これは $\boldsymbol{x}' = {}^tP\boldsymbol{x}$ と同じことである）は，2次曲線 $\lambda_1 x^2 + \lambda_2 y^2 = k$ を角 θ だけ回転して得られる曲線が $ax^2+2bxy+cy^2 = k$ であることを意味している．

例題 7.8　2次曲線の標準形と回転

$5x^2 - 2\sqrt{3}xy + 7y^2 = 8$ の標準形を求めよ．また，この2次曲線は標準形が表す曲線をどのように回転させたものか答えよ．

解　$A = \begin{pmatrix} 5 & -\sqrt{3} \\ -\sqrt{3} & 7 \end{pmatrix}$ の固有値とそれぞれに属する固有ベクトルの1つは，

$$\lambda_1 = 4,\ \boldsymbol{p}_1 = \begin{pmatrix} \sqrt{3} \\ 1 \end{pmatrix};\quad \lambda_2 = 8,\ \boldsymbol{p}_2 = \begin{pmatrix} -1 \\ \sqrt{3} \end{pmatrix}$$

となる．したがって，$5x^2 - 2\sqrt{3}xy + 7y^2 = 8$ の標準形の1つは，

$$4x^2 + 8y^2 = 8 \quad \text{すなわち} \quad \frac{x^2}{2} + y^2 = 1$$

となる．ここで，対角化行列は

$$P = \begin{pmatrix} \frac{\sqrt{3}}{2} & -\frac{1}{2} \\ \frac{1}{2} & \frac{\sqrt{3}}{2} \end{pmatrix} = \begin{pmatrix} \cos\frac{\pi}{6} & -\sin\frac{\pi}{6} \\ \sin\frac{\pi}{6} & \cos\frac{\pi}{6} \end{pmatrix}$$

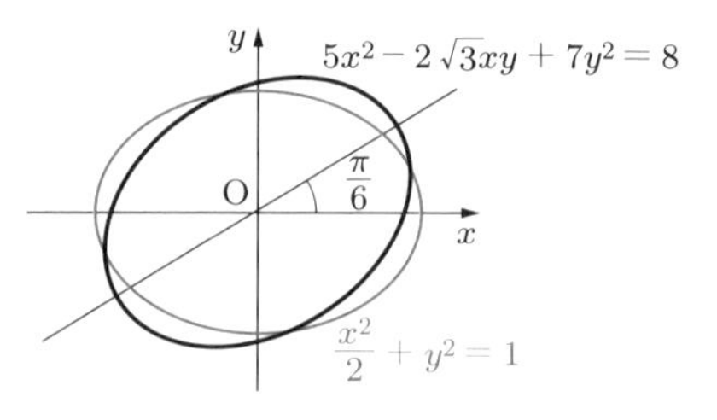

とすることができる．したがって，標準形は $\frac{x^2}{2} + y^2 = 1$ であり，2次曲線 $5x^2 - 2\sqrt{3}xy + 7y^2 = 8$ は，標準形が表す楕円を角 $\frac{\pi}{6}$ だけ回転させた曲線である．

問7.8 $7x^2+6\sqrt{3}xy+13y^2=16$ の標準形を求めよ．また，この2次曲線は標準形が表す曲線をどのように回転させたものか答えよ．

正方行列の累乗 正方行列の累乗を求めることを考える．まず，対角行列 $D=\begin{pmatrix} a & 0 & 0 \\ 0 & b & 0 \\ 0 & 0 & c \end{pmatrix}$ の場合には，

$$D^2=\begin{pmatrix} a & 0 & 0 \\ 0 & b & 0 \\ 0 & 0 & c \end{pmatrix}\begin{pmatrix} a & 0 & 0 \\ 0 & b & 0 \\ 0 & 0 & c \end{pmatrix}=\begin{pmatrix} a^2 & 0 & 0 \\ 0 & b^2 & 0 \\ 0 & 0 & c^2 \end{pmatrix},$$

$$D^3=D^2\cdot D=\begin{pmatrix} a^2 & 0 & 0 \\ 0 & b^2 & 0 \\ 0 & 0 & c^2 \end{pmatrix}\begin{pmatrix} a & 0 & 0 \\ 0 & b & 0 \\ 0 & 0 & c \end{pmatrix}=\begin{pmatrix} a^3 & 0 & 0 \\ 0 & b^3 & 0 \\ 0 & 0 & c^3 \end{pmatrix}$$

であることから，自然数 n に対して，

$$D^n=\begin{pmatrix} a^n & 0 & 0 \\ 0 & b^n & 0 \\ 0 & 0 & c^n \end{pmatrix}$$

となることがわかる（証明には数学的帰納法を用いる）．

A が対角化可能である場合は，対角化行列 P によって，$P^{-1}AP=D$ を対角行列とすることができる．このとき，$A=PDP^{-1}$ となるから

$$A^2=(PDP^{-1})(PDP^{-1})=PD(P^{-1}P)DP^{-1}=PD^2P^{-1}$$

となる．D が対角行列ならば D^2 は簡単に計算できるから，この式から A^2 を求めることができる．同じように，自然数 n に対して

$$\begin{aligned} A^n &= \underbrace{(PDP^{-1})(PDP^{-1})(PDP^{-1})\cdots(PDP^{-1})}_{n\text{ 個}} \\ &= PD(P^{-1}P)D(P^{-1}P)D\cdots(P^{-1}P)DP^{-1} \\ &= P(\underbrace{DD\cdots D}_{n\text{ 個}})P^{-1} \\ &= PD^nP^{-1} \qquad (7.9) \end{aligned}$$

となり，A^n を求めることができる．

例題 7.9 正方行列の累乗

$A = \begin{pmatrix} 0 & 1 \\ 2 & -1 \end{pmatrix}$ とするとき，自然数 n について A^n を求めよ．

解 A の固有値は $\lambda_1 = -2, \lambda_1 = 1$ であり，それぞれに属する固有ベクトル $\boldsymbol{p}_1, \boldsymbol{p}_2$ を

$$\boldsymbol{p}_1 = \begin{pmatrix} 1 \\ -2 \end{pmatrix}, \quad \boldsymbol{p}_2 = \begin{pmatrix} 1 \\ 1 \end{pmatrix}$$

と選ぶことができる．よって，$P = \begin{pmatrix} 1 & 1 \\ -2 & 1 \end{pmatrix}$ とおくと，

$$P^{-1}AP = \begin{pmatrix} -2 & 0 \\ 0 & 1 \end{pmatrix}$$

である．したがって，$A = P\begin{pmatrix} -2 & 0 \\ 0 & 1 \end{pmatrix}P^{-1}$ であるから，自然数 n に対して，

$$\begin{aligned} A^n &= \left(P\begin{pmatrix} -2 & 0 \\ 0 & 1 \end{pmatrix}P^{-1}\right)^n \\ &= P\begin{pmatrix} -2 & 0 \\ 0 & 1 \end{pmatrix}^n P^{-1} \\ &= \begin{pmatrix} 1 & 1 \\ -2 & 1 \end{pmatrix}\begin{pmatrix} (-2)^n & 0 \\ 0 & 1^n \end{pmatrix} \cdot \frac{1}{3}\begin{pmatrix} 1 & -1 \\ 2 & 1 \end{pmatrix} \\ &= \frac{1}{3}\begin{pmatrix} (-2)^n + 2 & -(-2)^n + 1 \\ -2(-2)^n + 2 & 2(-2)^n + 1 \end{pmatrix} \end{aligned}$$

となる．

問7.9 次の正方行列 A について，A^n を求めよ．ただし，n は自然数である．

(1) $A = \begin{pmatrix} 3 & -3 \\ -2 & 4 \end{pmatrix}$ (2) $A = \begin{pmatrix} 1 & -1 & 1 \\ -1 & 1 & -1 \\ 1 & 1 & -1 \end{pmatrix}$

練習問題 7

[1] 次の行列 A の対角化行列 P を求めて，A を対角化せよ．

(1) $A = \begin{pmatrix} 5 & 3 \\ 3 & -3 \end{pmatrix}$　　(2) $A = \begin{pmatrix} -2 & -6 \\ -5 & 5 \end{pmatrix}$

[2] 次の行列 A の対角化行列 P を求めて，A を対角化せよ．

(1) $A = \begin{pmatrix} -1 & 2 & -2 \\ 1 & -2 & 0 \\ -2 & 0 & -2 \end{pmatrix}$　　(2) $A = \begin{pmatrix} 0 & 2 & -6 \\ 5 & -3 & 3 \\ 3 & -3 & 7 \end{pmatrix}$

[3] 次の対称行列 A を対角化する直交行列 P を求めて，A を対角化せよ．

(1) $A = \begin{pmatrix} 0 & 1 \\ 1 & 0 \end{pmatrix}$　　(2) $A = \begin{pmatrix} 1 & 1 & 1 \\ 1 & 2 & 0 \\ 1 & 0 & 2 \end{pmatrix}$　　(3) $A = \begin{pmatrix} 2 & 1 & 1 \\ 1 & 2 & 1 \\ 1 & 1 & 2 \end{pmatrix}$

[4] 次の行列 A について，A^n を求めよ．ただし，n は自然数である．(1) の行列 A は，[1](1) と同じものである．

(1) $A = \begin{pmatrix} 5 & 3 \\ 3 & -3 \end{pmatrix}$　　(2) $A = \begin{pmatrix} 0 & 1 & 0 \\ 1 & 0 & 0 \\ 0 & 0 & 2 \end{pmatrix}$

[5] 2 次曲線 $3x^2 - 10xy + 3y^2 = -8$ の標準形を求めよ．また，この 2 次曲線は標準形が表す曲線をどのように回転させたものか答えよ．

[6] 数列 $\{a_n\}$ が漸化式

$$a_{n+2} = -2a_n + 3a_{n+1} \quad (n = 1, 2, 3, \ldots)$$

を満たすとき，行列を用いて

$$\begin{pmatrix} a_{n+1} \\ a_{n+2} \end{pmatrix} = \begin{pmatrix} 0 & 1 \\ -2 & 3 \end{pmatrix} \begin{pmatrix} a_n \\ a_{n+1} \end{pmatrix} \quad (n = 1, 2, 3, \ldots)$$

と表すことができる．$A = \begin{pmatrix} 0 & 1 \\ -2 & 3 \end{pmatrix}$ とおくとき，次の問いに答えよ．

(1) すべての自然数 n について $\begin{pmatrix} a_n \\ a_{n+1} \end{pmatrix} = A^{n-1} \begin{pmatrix} a_1 \\ a_2 \end{pmatrix}$ が成り立つことを証明せよ．

(2) A を対角化する行列 P を求め，A を対角化せよ．

(3) A^n を求めよ．ただし，n は自然数である．

(4) 条件 $a_1 = 2, a_2 = 1$ のもとで，数列 $\{a_n\}$ の一般項を求めよ．

第 3 章の章末問題

1. 行列 $A = \begin{pmatrix} -\dfrac{\sqrt{3}}{2} & -\dfrac{1}{2} \\ \dfrac{1}{2} & -\dfrac{\sqrt{3}}{2} \end{pmatrix}$ について次の問いに答えよ．ただし，E は 2 次の単位行列である．
   (1)　A によって表される線形変換はどのような変換であるか．
   (2)　$A^n = E$ となる最小の自然数 n を求めよ．

2. 行列 $A = \begin{pmatrix} 1 & -2 \\ -3 & 6 \end{pmatrix}$ によって表される線形変換を f とするとき，f による次の直線の像の方程式を求めよ．
   (1)　$2x + y - 1 = 0$　　　(2)　$x - 2y + 1 = 0$

3. 直線 $y = mx$ に関する対称移動の表現行列を求めよ．

4. 行列 $A = \begin{pmatrix} -2 & 2 & -3 \\ 4 & -1 & 1 \\ 5 & 3 & -6 \end{pmatrix}$ を表現行列とする空間の線形変換を f とするとき，f による平面 $2x - y + z = 0$ の像の方程式を求めよ．

5. 2 次正方行列 $A = \begin{pmatrix} 1 & -2 \\ -3 & 2 \end{pmatrix}$ について，A^n を求めよ．ただし，n は自然数とする．

6. 2 つの数列 $\{x_n\}, \{y_n\}$ が漸化式

$$\begin{cases} x_n = 7x_{n-1} + 8y_{n-1} \\ y_n = 9x_{n-1} + 8y_{n-1} \end{cases} \quad (n \geqq 2), \qquad \begin{cases} x_1 = 1 \\ y_1 = -1 \end{cases}$$

で定められるとき，自然数 n について

$$\begin{pmatrix} x_n \\ y_n \end{pmatrix} = \begin{pmatrix} 7 & 8 \\ 9 & 8 \end{pmatrix}^{n-1} \begin{pmatrix} x_1 \\ y_1 \end{pmatrix}$$

が成り立つ．このことを使って，$\{x_n\}, \{y_n\}$ の一般項を求めよ．

7. 対称行列 $A = \begin{pmatrix} 4 & -1 & 1 \\ -1 & 4 & -1 \\ 1 & -1 & 4 \end{pmatrix}$ を直交行列によって対角化せよ．

Chapter

4 ベクトル空間

8 ベクトル空間

8.1 ベクトル空間とその部分空間

ベクトル空間　平面や空間のベクトルばかりでなく，非常に多くの集合がベクトルの集合と同じような性質をもっている．ここではその性質を一般化して，ベクトル空間を次のように定義する．

8.1　ベクトル空間

集合 V の任意の要素 $\boldsymbol{p}, \boldsymbol{q}$ と定数 t に対して，$\boldsymbol{p}$ の t 倍 $t\boldsymbol{p}$ および $\boldsymbol{p}, \boldsymbol{q}$ の和 $\boldsymbol{p}+\boldsymbol{q}$ が定められ，次の [1]〜[6] を満たすとき，V を**ベクトル空間**または**線形空間**という．ベクトル空間の要素を**ベクトル**という．

[1]　交換法則：$\boldsymbol{p}+\boldsymbol{q}=\boldsymbol{q}+\boldsymbol{p}$

[2]　結合法則：$(\boldsymbol{p}+\boldsymbol{q})+\boldsymbol{r}=\boldsymbol{p}+(\boldsymbol{q}+\boldsymbol{r})$,　$(st)\boldsymbol{p}=s(t\boldsymbol{p})$

[3]　分配法則：$t(\boldsymbol{p}+\boldsymbol{q})=t\boldsymbol{p}+t\boldsymbol{q}$,　$(s+t)\boldsymbol{p}=s\boldsymbol{p}+t\boldsymbol{p}$

[4]　$1\boldsymbol{p}=\boldsymbol{p}$

[5]　**零ベクトル**とよばれる要素 $\boldsymbol{0}$ が存在して，任意の要素 $\boldsymbol{p}$ に対して $\boldsymbol{p}+\boldsymbol{0}=\boldsymbol{p}$ が成り立つ．

[6]　任意の要素 $\boldsymbol{p}$ に対して $\boldsymbol{p}+\boldsymbol{p}'=\boldsymbol{0}$ となる要素 $\boldsymbol{p}'$ が存在する．$\boldsymbol{p}'$ を $\boldsymbol{p}$ の**逆ベクトル**といい，$-\boldsymbol{p}$ と表す．また，$\boldsymbol{q}+(-\boldsymbol{p})$ を $\boldsymbol{q}-\boldsymbol{p}$ とかく．

[5]，[6] の零ベクトル，逆ベクトルはただ 1 つだけ存在することが知られている．

空間ベクトル全体のなす集合はベクトル空間である．

実数全体の集合を $\mathbb{R}$ と表す．実数を成分とする n 次元列ベクトル全体のなす集合はベクトル空間である．これを $\mathbb{R}^n$ と表し，**実ベクトル空間**という．

複素数全体のなす集合を $\mathbb{C}$ とかく．複素数を成分とする n 次元列ベクトル全体のなす集合は，ベクトル空間の定義 8.1 の定数を複素数に置き換えたとき，[1] から [6] までの条件を満たす．このような集合を**複素ベクトル空間**といい，複素数を成分とする n 次元列ベクトル全体のなす複素ベクトル空間を $\mathbb{C}^n$ とかく．本章では実ベクトル空間だけを取り扱うが，述べられた定理はすべて複素ベクトル空間についても成り立つ．

例 8.1　ベクトルは有向線分で表されるものだけではない．実数倍と和が定義され，定義 8.1 の [1] から [6] までの性質をもつ集合はすべてベクトル空間であり，ベクトル空間の要素がベクトルである．

(1) 3 次以下の多項式 ax^3+bx^2+cx+d（a, b, c, d は実数）全体はベクトル空間となる．このとき，x^3+1 や $-x^2+5x$ などはベクトルである．

(2) 閉区間 $[0,1]$ で定義された連続関数 $f(x)$ 全体はベクトル空間である．

note　定義 8.1 の [1]～[6] の性質を用いると，任意のベクトル $\boldsymbol{p}$ について，$0\boldsymbol{p}=\boldsymbol{0}$，$(-1)\boldsymbol{p}=-\boldsymbol{p}$ であることを証明することができる（練習問題 8 の [4] 参照）．

部分空間　ベクトル空間 V の部分集合 W について，次のように定める．

8.2　部分空間

ベクトル空間 V の空集合でない部分集合 W が，条件

$$t \in \mathbb{R},\ \boldsymbol{p}, \boldsymbol{q} \in W \quad ならば \quad t\boldsymbol{p} \in W,\ \boldsymbol{p}+\boldsymbol{q} \in W$$

を満たすとき，W は V の**部分空間**であるという．

W が V の部分空間であることは，任意の $\boldsymbol{v}, \boldsymbol{w} \in W$ と実数 s, t に対して，$s\boldsymbol{v}+t\boldsymbol{w} \in W$ となることと同値である．

ベクトル空間 V の部分集合 W は，W 自身がベクトル空間となっているとき，V の部分空間という．V 自身も V の部分空間である．また，零ベクトルだけからなる集合 $W=\{\boldsymbol{0}\}$ も $\mathbb{R}^n$ の部分空間である．V が $\mathbb{R}^n$ の部分空間のとき，V の要素 $\boldsymbol{p}$ について $0\boldsymbol{p}=\boldsymbol{0}$ も W の要素であるから，任意の部分空間は必ず $\boldsymbol{0}$ を含む．

例題 8.1 $\mathbb{R}^3$ の部分空間

次の集合 W が $\mathbb{R}^3$ の部分空間であるかどうか調べよ．

(1) $W = \left\{ \begin{pmatrix} a \\ b \\ c \end{pmatrix} \middle| \, a+b+c=1 \right\}$ (2) $W = \left\{ \begin{pmatrix} s \\ 2s \\ -3s \end{pmatrix} \middle| \, s \in \mathbb{R} \right\}$

解 (1) $\boldsymbol{p} = \begin{pmatrix} a \\ b \\ c \end{pmatrix} \in W$ ならば，$a+b+c=1$ が成り立つ．$t \in \mathbb{R}$ に対して，

$$t\boldsymbol{p} = \begin{pmatrix} ta \\ tb \\ tc \end{pmatrix}$$

となる．$t \neq 1$ のとき $ta+tb+tc = t(a+b+c) = t \neq 1$ であるから，$t\boldsymbol{p}$ は W の要素ではない．したがって，W は $\mathbb{R}^3$ の部分空間ではない．

(2) $\boldsymbol{p}, \boldsymbol{q} \in W$ とすれば，$\boldsymbol{p}, \boldsymbol{q}$ を $\boldsymbol{p} = \begin{pmatrix} u \\ 2u \\ -3u \end{pmatrix}, \boldsymbol{q} = \begin{pmatrix} v \\ 2v \\ -3v \end{pmatrix}$ $(u, v \in \mathbb{R})$ と表すことができる．$t \in \mathbb{R}$ とするとき，

$$t\boldsymbol{p} = \begin{pmatrix} t \cdot u \\ t \cdot 2u \\ t \cdot (-3u) \end{pmatrix} = \begin{pmatrix} tu \\ 2tu \\ -3tu \end{pmatrix}, \ \boldsymbol{p}+\boldsymbol{q} = \begin{pmatrix} u+v \\ 2u+2v \\ (-3u)+(-3v) \end{pmatrix} = \begin{pmatrix} u+v \\ 2(u+v) \\ -3(u+v) \end{pmatrix}$$

である．したがって，$t\boldsymbol{p} \in W, \boldsymbol{p}+\boldsymbol{q} \in W$ となるから，W は $\mathbb{R}^3$ の部分空間である．

問 8.1 次の集合 W が $\mathbb{R}^3$ の部分空間であるかどうか調べよ．

(1) $W = \left\{ \begin{pmatrix} x \\ y \\ z \end{pmatrix} \middle| \, x+y+z=0 \right\}$ (2) $W = \left\{ \begin{pmatrix} s+1 \\ s+2 \\ s+3 \end{pmatrix} \middle| \, s \in \mathbb{R} \right\}$

8.2 基底と次元

基底 ベクトル空間 V の要素 $\boldsymbol{v}_1, \boldsymbol{v}_2, \ldots, \boldsymbol{v}_n$ に対して，

$$x_1\boldsymbol{v}_1 + x_2\boldsymbol{v}_2 + \cdots + x_n\boldsymbol{v}_n \quad (x_1, x_2, \ldots, x_n \text{ は実数}) \tag{8.1}$$

の形で表されるベクトルを，$\boldsymbol{v}_1$, $\boldsymbol{v}_2$, ..., $\boldsymbol{v}_n$ の**線形結合**という．$x_1 = x_2 = \cdots = x_n = 0$ であれば，等式

$$x_1\boldsymbol{v}_1 + x_2\boldsymbol{v}_2 + \cdots + x_n\boldsymbol{v}_n = \boldsymbol{0} \tag{8.2}$$

が成り立つ．関係式 (8.2) を**線形関係式**または**1 次関係式**という．$x_1 = x_2 = \cdots = x_n = 0$ 以外の実数 x_1, x_2, ..., x_n に対して線形関係式 (8.2) が成り立つとき，$\boldsymbol{v}_1$, $\boldsymbol{v}_2$, ..., $\boldsymbol{v}_n$ は**線形従属**であるという．また，式 (8.2) が $x_1 = x_2 = \cdots = x_n = 0$ 以外では成り立たないとき，$\boldsymbol{v}_1$, $\boldsymbol{v}_2$, ..., $\boldsymbol{v}_n$ は**線形独立**であるという．ここでは，V の任意の要素を，定められたベクトル $\boldsymbol{v}_1$, $\boldsymbol{v}_2$, ..., $\boldsymbol{v}_n$ の線形結合で表すことを考える．このとき，次のように定める．

8.3　ベクトル空間の基底

ベクトル空間 V について，次の性質を満たすベクトルの組 $(\boldsymbol{v}_1, \boldsymbol{v}_2, \ldots, \boldsymbol{v}_n)$ を V の**基底**という．

(1)　$\boldsymbol{v}_1$, $\boldsymbol{v}_2$, ..., $\boldsymbol{v}_n$ は線形独立である．

(2)　V の任意の要素 $\boldsymbol{p}$ は $\boldsymbol{v}_1, \boldsymbol{v}_2, \ldots, \boldsymbol{v}_n$ の線形結合で表すことができる．

$\mathbb{R}^n$ に含まれる n 個のベクトル

$$\boldsymbol{e}_1 = \begin{pmatrix} 1 \\ 0 \\ \vdots \\ 0 \end{pmatrix}, \ \boldsymbol{e}_2 = \begin{pmatrix} 0 \\ 1 \\ \vdots \\ 0 \end{pmatrix}, \ \cdots, \ \boldsymbol{e}_n = \begin{pmatrix} 0 \\ 0 \\ \vdots \\ 1 \end{pmatrix}$$

を**基本ベクトル**という．$x_1\boldsymbol{e}_1 + x_2\boldsymbol{e}_2 + \cdots + x_n\boldsymbol{e}_n = \boldsymbol{0}$ ならば $x_1 = x_2 = \cdots = x_n = 0$ であるから，基本ベクトルの組 $\boldsymbol{e}_1, \boldsymbol{e}_2, \ldots, \boldsymbol{e}_n$ は線形独立である．また，$\mathbb{R}^n$ の任意の要素は

$$\boldsymbol{p} = \begin{pmatrix} p_1 \\ p_2 \\ \vdots \\ p_n \end{pmatrix} = p_1\boldsymbol{e}_1 + p_2\boldsymbol{e}_2 + \cdots + p_n\boldsymbol{e}_n$$

と表すことができる．したがって，$(\boldsymbol{e}_1, \boldsymbol{e}_2, \ldots, \boldsymbol{e}_n)$ は $\mathbb{R}^n$ の基底である．

例 8.2 $(\boldsymbol{e}_1, \boldsymbol{e}_2)$ は $\mathbb{R}^3$ の部分空間

$$W = \left\{ \begin{pmatrix} x \\ y \\ 0 \end{pmatrix} \middle| \, x, y \in \mathbb{R} \right\}$$

の基底である．部分空間 W は，$\boldsymbol{v}_1 = \begin{pmatrix} 1 \\ 1 \\ 0 \end{pmatrix}$, $\boldsymbol{v}_2 = \begin{pmatrix} 0 \\ 1 \\ 0 \end{pmatrix}$ を基底として選ぶこともできる．なぜならば，$\boldsymbol{v}_1$, $\boldsymbol{v}_2$ は線形独立であり，W の任意のベクトルは

$$\begin{pmatrix} x \\ y \\ 0 \end{pmatrix} = \begin{pmatrix} x \\ x \\ 0 \end{pmatrix} + \begin{pmatrix} 0 \\ y-x \\ 0 \end{pmatrix} = x\boldsymbol{v}_1 + (y-x)\boldsymbol{v}_2$$

として，$\boldsymbol{v}_1$, $\boldsymbol{v}_2$ の線形結合で表すことができるからである．

このように，基底の定め方にはいろいろな方法があるが，ベクトル空間 V の基底に含まれるベクトルの個数は，基底の選び方によらないことが知られている．この個数を V の**次元**といい，$\dim V$ で表す．$\dim V = n$ であるとき，V を n 次元ベクトル空間といい，その要素を n 次元ベクトルという．ただし，$V = \{\boldsymbol{0}\}$ の次元は 0 とする．

基底の性質 $(\boldsymbol{v}_1, \boldsymbol{v}_2, \ldots, \boldsymbol{v}_n)$ が V の基底であるとする．このとき，V の任意の要素 $\boldsymbol{p}$ を $\boldsymbol{v}_1$, $\boldsymbol{v}_2$, $\ldots$, $\boldsymbol{v}_n$ の線形結合で表す方法は 1 通りしかないことを示す．もし，$\boldsymbol{p}$ が

$$\boldsymbol{p} = c_1\boldsymbol{v}_1 + c_2\boldsymbol{v}_2 + \cdots + c_n\boldsymbol{v}_n \qquad \cdots\cdots ①$$

$$\boldsymbol{p} = c_1'\boldsymbol{v}_1 + c_2'\boldsymbol{v}_2 + \cdots + c_n'\boldsymbol{v}_n \qquad \cdots\cdots ②$$

と 2 通りの方法で表されたとすれば，① − ② を計算すると，

$$(c_1 - c_1')\boldsymbol{v}_1 + (c_2 - c_2')\boldsymbol{v}_2 + \cdots + (c_n - c_n')\boldsymbol{v}_n = \boldsymbol{0}$$

となる．$\boldsymbol{v}_1$, $\boldsymbol{v}_2$, $\ldots$, $\boldsymbol{v}_n$ は線形独立であるから係数はすべて 0 であり，$c_1 = c_1'$, $c_2 = c_2'$, $\ldots$, $c_n = c_n'$ となる．したがって，①, ② の表し方は一致する．

問 8.2 次の $\mathbb{R}^3$ の部分空間について，基底を 1 組求め，その次元を答えよ．

(1) $W = \left\{ \begin{pmatrix} t \\ -t \\ t \end{pmatrix} \middle| \, t \in \mathbb{R} \right\}$ (2) $W = \left\{ \begin{pmatrix} x \\ 0 \\ y \end{pmatrix} \middle| \, x, y \in \mathbb{R} \right\}$

斉次連立 1 次方程式の解空間　A を係数行列とし，n 次元ベクトル $\boldsymbol{p}$ を未知数ベクトルとする斉次連立 1 次方程式

$$A\boldsymbol{p} = \boldsymbol{0} \tag{8.3}$$

の解全体の集合について調べる．式 (8.3) の任意の 2 つの解を $\boldsymbol{p}_1, \boldsymbol{p}_2$ とし，s を任意の実数とするとき，$A\boldsymbol{p}_1 = A\boldsymbol{p}_2 = \boldsymbol{0}$ であるから，

$$A(s\boldsymbol{p}_1) = s \cdot A\boldsymbol{p}_1 = s \cdot \boldsymbol{0} = \boldsymbol{0}, \quad A(\boldsymbol{p}_1 + \boldsymbol{p}_2) = A\boldsymbol{p}_1 + A\boldsymbol{p}_2 = \boldsymbol{0} + \boldsymbol{0} = \boldsymbol{0}$$

である．よって，$s\boldsymbol{p}_1, \boldsymbol{p}_1 + \boldsymbol{p}_2$ はやはり式 (8.3) の解である．したがって，式 (8.3) の解全体の集合は $\mathbb{R}^n$ の部分空間である．

8.4　斉次連立 1 次方程式の解空間

A を係数行列とし，n 次元ベクトル $\boldsymbol{p}$ を未知数ベクトルとする斉次連立 1 次方程式

$$A\boldsymbol{p} = \boldsymbol{0}$$

の解全体のなす $\mathbb{R}^n$ の部分空間を**解空間**という．

例 8.3　λ を行列 A の固有値とする．このとき，$V(\lambda) = \{\boldsymbol{x} \mid (A - \lambda E)\boldsymbol{x} = \boldsymbol{0}\}$ は斉次連立 1 次方程式の解空間であり，これを固有値 λ に属する**固有空間**という．固有空間は λ に属する固有ベクトル全体に $\boldsymbol{0}$ を付け加えたものである．

解空間の基底と次元　斉次連立 1 次方程式の解空間の基底と次元は，行の基本変形によって求めることができる．

例題 8.2　斉次連立 1 次方程式の解空間

x_1, x_2, x_3, x_4, x_5 を未知数とする斉次 5 元連立 1 次方程式

$$\begin{cases} x_1 - x_2 + 2x_3 - x_4 = 0 \\ -2x_1 + x_2 - 3x_3 - 2x_4 - x_5 = 0 \\ 3x_1 - 2x_2 + 2x_3 + 4x_4 - 2x_5 = 0 \\ - x_2 + x_3 - 4x_4 - x_5 = 0 \end{cases}$$

の解空間を W とするとき，W の基底を 1 組求めよ．また，$\dim W$ を答えよ．

解　与えられた連立 1 次方程式の係数行列を A とし，A を基本変形すれば，

$$A = \begin{pmatrix} 1 & -1 & 2 & -1 & 0 \\ -2 & 1 & -3 & -2 & -1 \\ 3 & -2 & 2 & 4 & -2 \\ 0 & -1 & 1 & -4 & -1 \end{pmatrix} \sim \begin{pmatrix} 1 & 0 & 0 & 4 & 0 \\ 0 & 1 & 0 & 3 & 2 \\ 0 & 0 & 1 & -1 & 1 \\ 0 & 0 & 0 & 0 & 0 \end{pmatrix}$$

となる．したがって，$\operatorname{rank} A = 3$ であるから，解の自由度は 2，つまり 5 つの未知数のうち $5 - \operatorname{rank} A = 2$ 個を任意に決めることができる．よって，連立 1 次方程式の解は $x_4 = s, x_5 = t$ を任意の実数として，

$$\begin{cases} x_1 = -4s \\ x_2 = -3s - 2t \\ x_3 = \quad s - \ t \\ x_4 = \quad s \\ x_5 = \qquad\ t \end{cases} \quad \text{よって} \quad \begin{pmatrix} x_1 \\ x_2 \\ x_3 \\ x_4 \\ x_5 \end{pmatrix} = s\begin{pmatrix} -4 \\ -3 \\ 1 \\ 1 \\ 0 \end{pmatrix} + t\begin{pmatrix} 0 \\ -2 \\ -1 \\ 0 \\ 1 \end{pmatrix}$$

と表すことができる．ここで，$\boldsymbol{u}_1 = \begin{pmatrix} -4 \\ -3 \\ 1 \\ 1 \\ 0 \end{pmatrix}, \boldsymbol{u}_2 = \begin{pmatrix} 0 \\ -2 \\ -1 \\ 0 \\ 1 \end{pmatrix}$ とおくと，解 $\boldsymbol{x}$ は

$$\boldsymbol{x} = s\boldsymbol{u}_1 + t\boldsymbol{u}_2$$

と表すことができる．$\boldsymbol{u}_1, \boldsymbol{u}_2$ は線形独立であるから，解空間 W の基底として $(\boldsymbol{u}_1, \boldsymbol{u}_2)$ を選ぶことができ，$\dim W = 2$ である．

例題 8.2 では，$\operatorname{rank} A = 3, \dim W = 2$，未知数の個数 $n = 5$ について，$\dim W = n - \operatorname{rank} A$ の関係が成り立っている．このことを一般化したものが，次の定理である．

8.5 解空間の次元

n 個の未知数を含む斉次連立 1 次方程式 $A\boldsymbol{p} = \boldsymbol{0}$ の解空間を W とするとき，次が成り立つ．

$$\dim W = n - \operatorname{rank} A$$

問 8.3　次の斉次連立 1 次方程式の解空間の基底を 1 組求め，その次元を答えよ．

(1) $\begin{cases} x + 2y + z = 0 \\ 2x + y + 5z = 0 \\ x - 4y + 7z = 0 \end{cases}$　　(2) $\begin{cases} x + 2y + 3z - w = 0 \\ 3x + 5y + 8z - 4w = 0 \\ 2x + y + 3z - 5w = 0 \end{cases}$

ベクトルが張る部分空間とその次元　V をベクトル空間とし，$\boldsymbol{v}_1, \boldsymbol{v}_2 \in V$ であるとする．このとき，$\boldsymbol{v}_1, \boldsymbol{v}_2$ の線形結合全体，すなわち

$$s_1\boldsymbol{v}_1 + s_2\boldsymbol{v}_2 \quad (s_1,\ s_2 \text{ は実数})$$

の形のベクトル全体の集合 W を考えよう．$\boldsymbol{p}, \boldsymbol{q} \in W$ とすれば，$\boldsymbol{p} = s_1\boldsymbol{v}_1 + s_2\boldsymbol{v}_2$, $\boldsymbol{q} = t_1\boldsymbol{v}_1 + t_2\boldsymbol{v}_2$ と表すことができる（s_1, s_2, t_1, t_2 は実数）．s, t が実数のとき，

$$s\boldsymbol{p} + t\boldsymbol{q} = s(s_1\boldsymbol{v}_1 + s_2\boldsymbol{v}_2) + t(t_1\boldsymbol{v}_1 + t_2\boldsymbol{v}_2) = (ss_1 + tt_1)\boldsymbol{v}_1 + (ss_2 + tt_2)\boldsymbol{v}_2$$

である．したがって，W は V の部分空間である．

同じようにして，$\boldsymbol{v}_1, \boldsymbol{v}_2, \ldots, \boldsymbol{v}_n$ を V のベクトルとし，

$$W = \{\, s_1\boldsymbol{v}_1 + s_2\boldsymbol{v}_2 + \cdots + s_n\boldsymbol{v}_n \,|\, s_1, s_2, \ldots, s_n \in \mathbb{R}\}$$

と定めた場合でも，W が V の部分空間になることを示すことができる．

一般に，次のように定める．

8.6　ベクトルが張る部分空間

$\boldsymbol{v}_1, \boldsymbol{v}_2, \ldots, \boldsymbol{v}_n$ を V のベクトルとするとき，V の部分空間

$$W = \{\, s_1\boldsymbol{v}_1 + s_2\boldsymbol{v}_2 + \cdots + s_n\boldsymbol{v}_n \,|\, s_1, s_2, \ldots, s_n \in \mathbb{R}\}$$

を，ベクトル $\boldsymbol{v}_1, \boldsymbol{v}_2, \ldots, \boldsymbol{v}_n$ が**張る部分空間**といい，$\langle \boldsymbol{v}_1, \boldsymbol{v}_2, \ldots, \boldsymbol{v}_n \rangle$ と表す．

例 8.4　$\boldsymbol{e}_1, \boldsymbol{e}_2$ が張る $\mathbb{R}^3$ の部分空間を W とする．実数 s_1, s_2 に対して

$$s_1\boldsymbol{e}_1 + s_2\boldsymbol{e}_2 = s_1\begin{pmatrix}1\\0\\0\end{pmatrix} + s_2\begin{pmatrix}0\\1\\0\end{pmatrix} = \begin{pmatrix}s_1\\s_2\\0\end{pmatrix}$$

であるから，$W = \left\{ \begin{pmatrix}s_1\\s_2\\0\end{pmatrix} \middle|\, s_1, s_2 \in \mathbb{R} \right\}$ である．

ベクトルが張る部分空間の基底と次元 ここでは，$\mathbb{R}^n$ のベクトルが張る部分空間について，その基底と次元を求める．

例題 8.3 ベクトルが張る部分空間

$\mathbb{R}^4$ の 5 つのベクトル

$$\begin{pmatrix} 1 \\ -2 \\ 3 \\ 0 \end{pmatrix}, \begin{pmatrix} -1 \\ 1 \\ -2 \\ -1 \end{pmatrix}, \begin{pmatrix} 2 \\ -3 \\ 2 \\ 1 \end{pmatrix}, \begin{pmatrix} -1 \\ -2 \\ 4 \\ -4 \end{pmatrix}, \begin{pmatrix} 0 \\ -1 \\ -2 \\ -1 \end{pmatrix}$$

の張る部分空間 W の基底を 1 組求めよ．また，$\dim W$ を答えよ．

解 与えられたベクトルを順に $\boldsymbol{v}_1, \boldsymbol{v}_2, \boldsymbol{v}_3, \boldsymbol{v}_4, \boldsymbol{v}_5$ とし，これを列ベクトルとする行列を A とすれば，A は例題 A3.1 で扱った行列と同じものである．したがって，行列 A に行の基本変形を行うと，次のようになる．

$$A = \begin{pmatrix} \boldsymbol{v}_1 & \boldsymbol{v}_2 & \boldsymbol{v}_3 & \boldsymbol{v}_4 & \boldsymbol{v}_5 \end{pmatrix} \sim \begin{pmatrix} 1 & 0 & 0 & 4 & 0 \\ 0 & 1 & 0 & 3 & 2 \\ 0 & 0 & 1 & -1 & 1 \\ 0 & 0 & 0 & 0 & 0 \end{pmatrix}$$

この結果を用いて，$(\boldsymbol{v}_1, \boldsymbol{v}_2, \boldsymbol{v}_3)$ が W の基底であることを証明する．

基本変形の最初の 3 列に注目すれば

$$\begin{pmatrix} \boldsymbol{v}_1 & \boldsymbol{v}_2 & \boldsymbol{v}_3 \end{pmatrix} \sim \begin{pmatrix} 1 & 0 & 0 \\ 0 & 1 & 0 \\ 0 & 0 & 1 \\ 0 & 0 & 0 \end{pmatrix}$$

となり，$\mathrm{rank}\begin{pmatrix} \boldsymbol{v}_1 & \boldsymbol{v}_2 & \boldsymbol{v}_3 \end{pmatrix} = 3$ であるから，$\boldsymbol{v}_1, \boldsymbol{v}_2, \boldsymbol{v}_3$ は線形独立である．

また，最初の 4 列に注目すれば，

$$\left(\begin{array}{ccc|c} \boldsymbol{v}_1 & \boldsymbol{v}_2 & \boldsymbol{v}_3 & \boldsymbol{v}_4 \end{array}\right) \sim \left(\begin{array}{ccc|c} 1 & 0 & 0 & 4 \\ 0 & 1 & 0 & 3 \\ 0 & 0 & 1 & -1 \\ 0 & 0 & 0 & 0 \end{array}\right)$$

となる．ここで，縦線は便宜上入れたものである．この式は，$\boldsymbol{v}_4$ を定数項ベクトルとする連立 1 次方程式 $x\boldsymbol{v}_1 + y\boldsymbol{v}_2 + z\boldsymbol{v}_3 = \boldsymbol{v}_4$ の拡大係数行列を基本変形したものと考えることができる．この結果から，この連立 1 次方程式は解 $x = 4,\ y = 3,\ z = -1$ をもつ．したがって，$\boldsymbol{v}_4$ は $\boldsymbol{v}_1,\ \boldsymbol{v}_2,\ \boldsymbol{v}_3$ の線形結合で

$$\boldsymbol{v}_4 = 4\boldsymbol{v}_1 + 3\boldsymbol{v}_2 - \boldsymbol{v}_3$$

と表すことができる．同じようにして，$\boldsymbol{v}_5$ については

$$\boldsymbol{v}_5 = 2\boldsymbol{v}_2 + \boldsymbol{v}_3$$

が成り立つ．すると，W の任意の要素 $a\boldsymbol{v}_1 + b\boldsymbol{v}_2 + c\boldsymbol{v}_3 + d\boldsymbol{v}_4 + e\boldsymbol{v}_5$ ($a,\ b,\ c,\ d,\ e$ は実数) は

$$\begin{aligned} &a\boldsymbol{v}_1 + b\boldsymbol{v}_2 + c\boldsymbol{v}_3 + d\boldsymbol{v}_4 + e\boldsymbol{v}_5 \\ &\quad = a\boldsymbol{v}_1 + b\boldsymbol{v}_2 + c\boldsymbol{v}_3 + d(4\boldsymbol{v}_1 + 3\boldsymbol{v}_2 - \boldsymbol{v}_3) + e(2\boldsymbol{v}_2 + \boldsymbol{v}_3) \\ &\quad = (a + 4d)\boldsymbol{v}_1 + (b + 3d + 2e)\boldsymbol{v}_2 + (c - d + e)\boldsymbol{v}_3 \end{aligned}$$

となり，$\boldsymbol{v}_1,\ \boldsymbol{v}_2,\ \boldsymbol{v}_3$ の線形結合で表すことができる．

したがって，$(\boldsymbol{v}_1, \boldsymbol{v}_2, \boldsymbol{v}_3)$ は W の基底であり，$\dim W = 3$ である．

例題 8.3 では，$\operatorname{rank} A = \dim W = 3$ の関係が成り立っている．このことを一般化したものが，次の定理である．

8.7　ベクトルが張る部分空間の次元

ベクトル $\boldsymbol{v}_1,\ \boldsymbol{v}_2,\ \ldots,\ \boldsymbol{v}_n$ が張る部分空間を W とするとき，次が成り立つ．

$$\dim W = \operatorname{rank}\begin{pmatrix} \boldsymbol{v}_1 & \boldsymbol{v}_2 & \cdots & \boldsymbol{v}_n \end{pmatrix}$$

問 8.4　次のベクトルが張る部分空間の基底を 1 組求め，その次元を答えよ．

(1) $\begin{pmatrix} 3 \\ -2 \end{pmatrix},\ \begin{pmatrix} -6 \\ 4 \end{pmatrix}$　　(2) $\begin{pmatrix} 1 \\ -1 \\ 2 \end{pmatrix},\ \begin{pmatrix} 0 \\ 2 \\ -1 \end{pmatrix},\ \begin{pmatrix} 3 \\ 1 \\ 4 \end{pmatrix}$

8.3 線形写像

線形写像　2つの集合 X, Y が与えられたとき，X の各要素 a に Y の要素 b をただ1つ対応させる規則 f を，X から Y への**写像**という．このとき，$b \in Y$ を，写像 f による a の像といい，$b = f(a)$ と表す．写像のうち，線形変換を拡張したものを次のように定める．

8.8　線形写像

ベクトル空間 V からベクトル空間 U への写像 f が任意のベクトル $\boldsymbol{x}, \boldsymbol{y} \in V$ と任意の実数 t について，次の等式を満たすとき，f を V から U への**線形写像**という．

(1)　$f(t\boldsymbol{x}) = tf(\boldsymbol{x})$　　(2)　$f(\boldsymbol{x}+\boldsymbol{y}) = f(\boldsymbol{x}) + f(\boldsymbol{y})$

とくに，V から V への線形写像を**線形変換**という．

$\boldsymbol{x} = \begin{pmatrix} x_1 \\ x_2 \\ \vdots \\ x_n \end{pmatrix} \in \mathbb{R}^n$ に対して，$f(\boldsymbol{x}) = \begin{pmatrix} x'_1 \\ x'_2 \\ \vdots \\ x'_m \end{pmatrix} \in \mathbb{R}^m$ を対応させる $\mathbb{R}^n$ から $\mathbb{R}^m$ への写像 f を

$$\begin{cases} x'_1 = a_{11}x_1 + a_{12}x_2 + \cdots + a_{1n}x_n \\ x'_2 = a_{21}x_1 + a_{22}x_2 + \cdots + a_{2n}x_n \\ \qquad \vdots \\ x'_m = a_{m1}x_1 + a_{m2}x_2 + \cdots + a_{mn}x_n \end{cases}$$

で定めると，この写像は行列を用いて

$$\begin{pmatrix} x'_1 \\ x'_2 \\ \vdots \\ x'_m \end{pmatrix} = \begin{pmatrix} a_{11} & a_{12} & \cdots & a_{1n} \\ a_{21} & a_{22} & \cdots & a_{2n} \\ \vdots & \vdots & \ddots & \vdots \\ a_{m1} & a_{m2} & \cdots & a_{mn} \end{pmatrix} \begin{pmatrix} x_1 \\ x_2 \\ \vdots \\ x_n \end{pmatrix}$$

と表すことができる．したがって，写像 f は $\mathbb{R}^n$ から $\mathbb{R}^m$ への線形写像である．

$m \times n$ 型行列 $\begin{pmatrix} a_{11} & a_{12} & \cdots & a_{1n} \\ a_{21} & a_{22} & \cdots & a_{2n} \\ \vdots & \vdots & \ddots & \vdots \\ a_{m1} & a_{m2} & \cdots & a_{mn} \end{pmatrix}$ を，線形写像 f の表現行列という．$\mathbb{R}^n$ の基本ベクトルを $\boldsymbol{e}_1, \boldsymbol{e}_2, \ldots, \boldsymbol{e}_n$ とすると，表現行列は $\begin{pmatrix} f(\boldsymbol{e}_1) & f(\boldsymbol{e}_2) & \cdots & f(\boldsymbol{e}_n) \end{pmatrix}$ と表すことができる．

例 8.5　$\mathbb{R}^3$ から $\mathbb{R}^2$ への線形写像 f を $\begin{cases} x' = x + 2y - 3z \\ y' = -5x + z \end{cases}$ で定めるとき，f を行列を用いて表すと

$$\begin{pmatrix} x' \\ y' \end{pmatrix} = \begin{pmatrix} 1 & 2 & -3 \\ -5 & 0 & 1 \end{pmatrix} \begin{pmatrix} x \\ y \\ z \end{pmatrix}$$

となる．$\mathbb{R}^3$ の基本ベクトル $\boldsymbol{e}_1$, $\boldsymbol{e}_2$, $\boldsymbol{e}_3$ を用いて表すと，この表現行列は，$\begin{pmatrix} f(\boldsymbol{e}_1) & f(\boldsymbol{e}_2) & f(\boldsymbol{e}_n) \end{pmatrix}$ と表すことができる．

線形写像の核と像　V, U をベクトル空間，$f: V \to U$ を線形写像とする．$\boldsymbol{v}_1, \boldsymbol{v}_2 \in V$ が $f(\boldsymbol{v}_1) = \boldsymbol{0}$, $f(\boldsymbol{v}_2) = \boldsymbol{0}$ を満たすとすれば，任意の実数 s, t に対して

$$f(s\boldsymbol{v}_1 + t\boldsymbol{v}_2) = s\,f(\boldsymbol{v}_1) + t\,f(\boldsymbol{v}_2) = \boldsymbol{0}$$

である．したがって，$\{\boldsymbol{v} \in V \mid f(\boldsymbol{v}) = \boldsymbol{0}\}$ は V の部分空間となる．これを線形写像 f の**核**といい，$\mathrm{Ker}(f)$ と表す．

また，$\boldsymbol{u}_1, \boldsymbol{u}_2 \in \{f(\boldsymbol{v}) \mid \boldsymbol{v} \in V\}$ であれば，$\boldsymbol{u}_1 = f(\boldsymbol{v}_1)$, $\boldsymbol{u}_2 = f(\boldsymbol{v}_2)$ となる $\boldsymbol{v}_1, \boldsymbol{v}_2 \in V$ がある．このとき，任意の実数 s, t に対して $\boldsymbol{v} = s\boldsymbol{v}_1 + t\boldsymbol{v}_2$ とすると $\boldsymbol{v} \in V$ であり，f は線形写像であるから

$$s\boldsymbol{u}_1 + t\boldsymbol{u}_2 = sf(\boldsymbol{v}_1) + tf(\boldsymbol{v}_2) = f(s\boldsymbol{v}_1 + t\boldsymbol{v}_2) = f(\boldsymbol{v})$$

となる．したがって，$s\boldsymbol{u}_1 + t\boldsymbol{u}_2 \in \{f(\boldsymbol{v}) \mid \boldsymbol{v} \in V\}$ となるから，$\{f(\boldsymbol{v}) \mid \boldsymbol{v} \in V\}$ は U の部分空間である．これを線形写像 f の**像**といい，$\mathrm{Im}(f)$ と表す．

8.9 線形写像の核と像

V から U への線形写像 f について，次が成り立つ．

(1) f の核 $\mathrm{Ker}(f) = \{\boldsymbol{v} \in V \mid f(\boldsymbol{v}) = \mathbf{0}\}$ は，V の部分空間である．

(2) f の像 $\mathrm{Im}(f) = \{f(\boldsymbol{v}) \mid \boldsymbol{v} \in V\}$ は，U の部分空間である．

線形写像 $f : \mathbb{R}^n \to \mathbb{R}^m$ の表現行列を A とする．f の核 $\mathrm{Ker}(f)$ は，斉次連立1次方程式 $A\boldsymbol{v} = \mathbf{0}$ の解空間であり，$\mathbb{R}^n$ の部分空間である．また，f の像 $\mathrm{Im}(f)$ は，A のすべての列ベクトルが張る $\mathbb{R}^m$ の部分空間である．このとき，核 $\mathrm{Ker}(f)$ と像 $\mathrm{Im}(f)$ の基底の求め方を例によって示す．

例 8.6　$\mathbb{R}^5$ から $\mathbb{R}^4$ への線形写像 f の表現行列 A が，例題 8.2 と例題 8.3 で扱ったものと同じであるとする．すなわち，

$$A = \begin{pmatrix} 1 & -1 & 2 & -1 & 0 \\ -2 & 1 & -3 & -2 & -1 \\ 3 & -2 & 2 & 4 & -2 \\ 0 & -1 & 1 & -4 & -1 \end{pmatrix} \sim \begin{pmatrix} 1 & 0 & 0 & 4 & 0 \\ 0 & 1 & 0 & 3 & 2 \\ 0 & 0 & 1 & -1 & 1 \\ 0 & 0 & 0 & 0 & 0 \end{pmatrix}$$

であるとき，f の核 $\mathrm{Ker}(f)$ と像 $\mathrm{Im}(f)$ の基底とそれぞれの次元を求める．

f の核 $\mathrm{Ker}(f)$ は斉次連立1次方程式 $A\boldsymbol{x} = \mathbf{0}$ の解空間であるから，それは例題 8.2 で求めた $\mathbb{R}^5$ の部分空間 W と同じである．したがって，基底は例題 8.2 の $(\boldsymbol{u}_1, \boldsymbol{u}_2)$ であり，$\dim \mathrm{Ker}(f) = 5 - \mathrm{rank}\, A = 2$ である．

次に，f の像 $\mathrm{Im}(f)$ を求める．$\mathrm{Im}(f)$ は $f(\boldsymbol{e}_1)$, $f(\boldsymbol{e}_2)$, $f(\boldsymbol{e}_3)$, $f(\boldsymbol{e}_4)$, $f(\boldsymbol{e}_5)$ の張る部分空間であり，線形変換 f の表現行列 A が，

$$A = \begin{pmatrix} f(\boldsymbol{e}_1) \; f(\boldsymbol{e}_2) \; f(\boldsymbol{e}_3) \; f(\boldsymbol{e}_4) \; f(\boldsymbol{e}_5) \end{pmatrix}$$

であることに注意すると，$\mathrm{Im}(f)$ は A の列ベクトルの張る部分空間である．これは例題 8.3 で求めた $\mathbb{R}^4$ の部分空間 W と同じである．したがって，基底は例題 8.3 の $(\boldsymbol{v}_1, \boldsymbol{v}_2, \boldsymbol{v}_3)$ であり，$\dim \mathrm{Im}(f) = \mathrm{rank}\, A = 3$ である．

f を n 次元ベクトル空間 V から m 次元ベクトル空間 U への線形写像とし，f の表現行列を A とする．例 8.6 で見たように，$\mathrm{Ker}(f)$ は斉次連立 n 元1次方程式 $A\boldsymbol{x} = \mathbf{0}$ の解空間であり，$\dim \mathrm{Ker}(f) = n - \mathrm{rank}\, A$ である．また，$\mathrm{Im}(f)$ は

A の列ベクトルが張る部分空間であり，$\dim \mathrm{Im}(f) = \mathrm{rank}\, A$ である．したがって，

$$\dim \mathrm{Ker}(f) + \dim \mathrm{Im}(f) = n$$

が成り立つ．これを次元定理という．

8.10　次元定理

f が n 次元ベクトル空間 V から m 次元ベクトル空間 U への線形写像であるとき，f の核と像の次元について次が成り立つ．

$$\dim \mathrm{Ker}(f) + \dim \mathrm{Im}(f) = n$$

問8.5　次の行列を表現行列とする線形写像の核と像について，それぞれの基底を1組ずつ求め，その次元を答えよ．

(1) $\begin{pmatrix} 1 & 2 & 1 \\ 2 & 1 & 5 \\ 1 & -4 & 7 \end{pmatrix}$　　(2) $\begin{pmatrix} 1 & 2 & 3 & -1 \\ 3 & 5 & 8 & -4 \\ 2 & 1 & 3 & -5 \end{pmatrix}$

練習問題 8

[1] 次の集合 W が $\mathbb{R}^3$ の部分空間であるかどうか調べよ.

(1) $W = \left\{ \begin{pmatrix} x \\ y \\ z \end{pmatrix} \middle| \ x + y + 2z = 2 \right\}$　(2) $W = \left\{ \begin{pmatrix} x \\ y \\ z \end{pmatrix} \middle| \ x = y,\ z = 0 \right\}$

(3) $W = \left\{ \begin{pmatrix} x \\ y \\ z \end{pmatrix} \middle| \ x^2 + y^2 + z^2 = 1 \right\}$

[2] $\mathbb{R}^3$ の部分空間 $W = \left\{ \begin{pmatrix} x \\ y \\ z \end{pmatrix} \middle| \ x + y + z = 0 \right\}$ の基底を 1 組求め，その次元を答えよ.

[3] 次の行列を表現行列とする線形写像の核と像について，それぞれの基底を 1 組ずつ求め，その次元を答えよ.

(1) $\begin{pmatrix} 1 & 2 & 3 \\ 4 & 5 & 6 \\ 7 & 2 & -3 \\ 2 & 1 & 0 \end{pmatrix}$　(2) $\begin{pmatrix} 1 & 2 & 3 & 4 \\ 1 & 1 & 1 & -3 \\ 2 & 3 & 4 & 2 \end{pmatrix}$

[4] 任意のベクトル $\boldsymbol{p}$ について，次が成り立つことを証明せよ.

(1) $0\boldsymbol{p} = \boldsymbol{0}$　(2) $(-1)\boldsymbol{p} = -\boldsymbol{p}$

[5] V をベクトル空間とし，U, W を V の部分空間とする．このとき，次の集合は V の部分空間であるかどうか調べよ．部分集合である場合にはその証明をし，部分空間でない場合には反例をあげよ．ただし，$\overline{U}$ は U の補集合を表し，$U + W$ は U の要素 $\boldsymbol{u}$ と W の要素 $\boldsymbol{w}$ の和 $\boldsymbol{u} + \boldsymbol{w}$ 全体の集合を表す.

(1) $U \cap W$　(2) $U \cup W$　(3) $\overline{U}$　(4) $U + W$

[6] $\mathbb{R}^n$ の部分集合 S に対して，S のすべての要素 $\boldsymbol{s}$ について $\boldsymbol{v} \cdot \boldsymbol{s} = 0$ となる $\mathbb{R}^n$ の要素 $\boldsymbol{v}$ 全体の集合を S の**直交補空間**といい，$S^\perp$ で表す．次の問いに答えよ.

(1) $S^\perp$ が $\mathbb{R}^n$ の部分空間であることを証明せよ.

(2) $\boldsymbol{a} = \begin{pmatrix} 1 \\ 2 \\ -1 \end{pmatrix}$, $\boldsymbol{b} = \begin{pmatrix} 2 \\ 1 \\ 4 \end{pmatrix}$ によって張られる $\mathbb{R}^3$ の部分空間を W とするとき，$W^\perp$ を求めよ.

対称行列の対角化

準備のための定理

定理 7.5 の証明をするための，5 つの定理を準備する．

A1.1　シュミットの直交化法

線形独立なベクトルの組 $\boldsymbol{f}_1, \boldsymbol{f}_2, \ldots, \boldsymbol{f}_k$ から，互いに直交する単位ベクトルの組 $\boldsymbol{e}_1, \boldsymbol{e}_2, \ldots, \boldsymbol{e}_k$ を作ることができる．これを**シュミットの直交化法**という．

証明　$\boldsymbol{e}_1 = \dfrac{1}{|\boldsymbol{f}_1|}\boldsymbol{f}_1$ とすれば，$\boldsymbol{e}_1 \cdot \boldsymbol{e}_1 = 1$ である．

(1)　$\boldsymbol{e}_2' = \boldsymbol{f}_2 - (\boldsymbol{f}_2 \cdot \boldsymbol{e}_1)\boldsymbol{e}_1$ とおくと，

$$\boldsymbol{e}_2' \cdot \boldsymbol{e}_1 = \{\boldsymbol{f}_2 - (\boldsymbol{f}_2 \cdot \boldsymbol{e}_1)\boldsymbol{e}_1\} \cdot \boldsymbol{e}_1 = \boldsymbol{f}_2 \cdot \boldsymbol{e}_1 - (\boldsymbol{f}_2 \cdot \boldsymbol{e}_1)\boldsymbol{e}_1 \cdot \boldsymbol{e}_1 = 0$$

となるから，$\boldsymbol{e}_2'$ は $\boldsymbol{e}_1$ と垂直である．そこで，$\boldsymbol{e}_2 = \dfrac{1}{|\boldsymbol{e}_2'|}\boldsymbol{e}_2'$ とする．

(2)　次に，$\boldsymbol{e}_3' = \boldsymbol{f}_3 - (\boldsymbol{f}_3 \cdot \boldsymbol{e}_1)\boldsymbol{e}_1 - (\boldsymbol{f}_3 \cdot \boldsymbol{e}_2)\boldsymbol{e}_2$ とおくと

$$\begin{aligned}\boldsymbol{e}_3' \cdot \boldsymbol{e}_1 &= \{\boldsymbol{f}_3 - (\boldsymbol{f}_3 \cdot \boldsymbol{e}_1)\boldsymbol{e}_1 - (\boldsymbol{f}_3 \cdot \boldsymbol{e}_2)\boldsymbol{e}_2\} \cdot \boldsymbol{e}_1 \\ &= \boldsymbol{f}_3 \cdot \boldsymbol{e}_1 - (\boldsymbol{f}_3 \cdot \boldsymbol{e}_1)\boldsymbol{e}_1 \cdot \boldsymbol{e}_1 - (\boldsymbol{f}_3 \cdot \boldsymbol{e}_2)\boldsymbol{e}_2 \cdot \boldsymbol{e}_1 = 0\end{aligned}$$

$$\begin{aligned}\boldsymbol{e}_3' \cdot \boldsymbol{e}_2 &= \{\boldsymbol{f}_3 - (\boldsymbol{f}_3 \cdot \boldsymbol{e}_1)\boldsymbol{e}_1 - (\boldsymbol{f}_3 \cdot \boldsymbol{e}_2)\boldsymbol{e}_2\} \cdot \boldsymbol{e}_2 \\ &= \boldsymbol{f}_3 \cdot \boldsymbol{e}_2 - (\boldsymbol{f}_3 \cdot \boldsymbol{e}_1)\boldsymbol{e}_1 \cdot \boldsymbol{e}_2 - (\boldsymbol{f}_3 \cdot \boldsymbol{e}_2)\boldsymbol{e}_2 \cdot \boldsymbol{e}_2 = 0\end{aligned}$$

となるから，$\boldsymbol{e}_3'$ は $\boldsymbol{e}_1, \boldsymbol{e}_2$ と垂直である．そこで，$\boldsymbol{e}_3 = \dfrac{1}{|\boldsymbol{e}_3'|}\boldsymbol{e}_3'$ とする．

(3)　同様にして $\boldsymbol{e}_1, \boldsymbol{e}_2, \ldots, \boldsymbol{e}_k$ を作ると，これらは互いに直交する単位ベクトルである．

証明終

A1.2　対称行列の固有値

n 次対称行列の固有値はすべて実数である．

証明　n 次対称行列 A の固有値を λ とする．λ が実数であることをいうためには，λ の共役複素数を $\overline{\lambda}$ として，$\overline{\lambda} = \lambda$ であることを示せばよい．

λ に属する固有ベクトルを $\boldsymbol{x}$ とし，$A, \boldsymbol{x}$ のすべての成分を共役複素数で置き換えたものを，それぞれ $\overline{A}, \overline{\boldsymbol{x}}$ で表す．A は実数を成分とする対称行列であるから，${}^tA, \overline{A}$ はどちらも A と等しい．ここで，行列の積 ${}^t\boldsymbol{x}A\overline{\boldsymbol{x}}$ を 2 通りの方法で求めると，

$${}^t\boldsymbol{x}A\overline{\boldsymbol{x}} = ({}^t\boldsymbol{x}\,{}^tA)\overline{\boldsymbol{x}} = {}^t(A\boldsymbol{x})\overline{\boldsymbol{x}} = {}^t(\lambda\boldsymbol{x})\overline{\boldsymbol{x}} = (\lambda\,{}^t\boldsymbol{x})\overline{\boldsymbol{x}} = \lambda({}^t\boldsymbol{x}\overline{\boldsymbol{x}}),$$

$$ {}^t\boldsymbol{x}A\overline{\boldsymbol{x}} = {}^t\boldsymbol{x}(\overline{A}\overline{\boldsymbol{x}}) = {}^t\boldsymbol{x}\overline{A\boldsymbol{x}} = {}^t\boldsymbol{x}\overline{\lambda\boldsymbol{x}} = {}^t\boldsymbol{x}(\overline{\lambda}\overline{\boldsymbol{x}}) = \overline{\lambda}({}^t\boldsymbol{x}\overline{\boldsymbol{x}}) $$

となる．したがって，$\lambda{}^t\boldsymbol{x}\overline{\boldsymbol{x}} = \overline{\lambda}{}^t\boldsymbol{x}\overline{\boldsymbol{x}}$ であり，

$$ (\lambda - \overline{\lambda}){}^t\boldsymbol{x}\overline{\boldsymbol{x}} = 0 \qquad \cdots\cdots ① $$

となる．ここで，$\boldsymbol{x} = \begin{pmatrix} x_1 \\ x_2 \\ \vdots \\ x_n \end{pmatrix}$ とすると，

$$ {}^t\boldsymbol{x}\overline{\boldsymbol{x}} = x_1\overline{x_1} + x_2\overline{x_2} + \cdots + x_n\overline{x_n} = |x_1|^2 + |x_2|^2 + \cdots + |x_n|^2 $$

より，${}^t\boldsymbol{x}\overline{\boldsymbol{x}} \geqq 0$ である．この不等式で等号が成り立つのは $\boldsymbol{x} = \boldsymbol{0}$ のときだけである．$\boldsymbol{x}$ は固有ベクトルであるから $\boldsymbol{x} \neq \boldsymbol{0}$ であり，よって，${}^t\boldsymbol{x}\overline{\boldsymbol{x}} > 0$ である．したがって，①から $\lambda - \overline{\lambda} = 0$，すなわち $\overline{\lambda} = \lambda$ となり，λ が実数であることが示された．　証明終

A1.3　単位ベクトルを第 1 列にもつ直交行列

$\mathbb{R}^n$ の任意の単位ベクトルに対し，これを第 1 列にもつ n 次直交行列 P がある．

証明　与えられた単位ベクトルを $\boldsymbol{v} = \begin{pmatrix} v_1 \\ v_2 \\ \vdots \\ v_n \end{pmatrix}$ とする．$\boldsymbol{v} \neq \boldsymbol{0}$ であるから，$\boldsymbol{v}$ は 0 でない成分をもつ．いま，$v_k \neq 0$ とし，単位行列に対して次の基本変形を行う．

(1)　第 1 行と第 k 行を交換する．
(2)　第 k 行を v_k 倍する．
(3)　$i = 1, 2, \ldots, n$ $(i \neq k)$ に対して，第 i 行に第 k 行の $\dfrac{v_i}{v_k}$ 倍を加える．

こうして，単位行列を第 1 列が $\boldsymbol{v}$ である行列 A に基本変形できる．単位行列は正則で，基本変形は正則行列をかけることで得られるから [→定理 5.3]，A も正則である．したがって，A の列ベクトルは互いに線形独立である．次に，シュミットの直交化法によって，A の列ベクトルを互いに直交する単位ベクトルに直せば，それが求める行列である．　証明終

A1.4　直交行列の積

直交行列の積は直交行列である．

証明　P, Q を n 次直交行列とすると，${}^tPP = {}^tQQ = E$ であるから，

$$ {}^t(PQ)(PQ) = ({}^tQ{}^tP)(PQ) = {}^tQ({}^tPP)Q = {}^tQQ = E $$

となる．同様にして，$(PQ)^t(PQ) = E$ が成り立つことを証明することができる．よって，PQ は直交行列である．　証明終

A1.5　行列の対角化における固有値と固有ベクトル

n 次正方行列 A が正則行列 P によって

$$P^{-1}AP = \begin{pmatrix} \lambda_1 & 0 & \cdots & 0 \\ 0 & \lambda_2 & \cdots & 0 \\ \vdots & \vdots & \ddots & \vdots \\ 0 & 0 & \cdots & \lambda_n \end{pmatrix}$$

と対角化されたとき，$\lambda_1, \lambda_2, \ldots, \lambda_n$ は A の固有値であり，P の第 j 列 $\boldsymbol{w}_j$ は λ_j に属する固有ベクトルである．

証明　$P = \begin{pmatrix} \boldsymbol{w}_1 & \boldsymbol{w}_2 & \cdots & \boldsymbol{w}_n \end{pmatrix}$ とし，$P^{-1}AP = D$ とおくと，$AP = PD$ であり，

$$AP = A\begin{pmatrix} \boldsymbol{w}_1 & \boldsymbol{w}_2 & \cdots & \boldsymbol{w}_n \end{pmatrix} = \begin{pmatrix} A\boldsymbol{w}_1 & A\boldsymbol{w}_2 & \cdots & A\boldsymbol{w}_n \end{pmatrix},$$

$$PD = \begin{pmatrix} \boldsymbol{w}_1 & \boldsymbol{w}_2 & \cdots & \boldsymbol{w}_n \end{pmatrix}\begin{pmatrix} \lambda_1 & 0 & \cdots & 0 \\ 0 & \lambda_2 & \cdots & 0 \\ \vdots & \vdots & \ddots & \vdots \\ 0 & 0 & \cdots & \lambda_n \end{pmatrix} = \begin{pmatrix} \lambda_1\boldsymbol{w}_1 & \lambda_2\boldsymbol{w}_2 & \cdots & \lambda_n\boldsymbol{w}_n \end{pmatrix}$$

となる．よって，すべての j について $A\boldsymbol{w}_j = \lambda_j\boldsymbol{w}_j$ が成り立つので，各 λ_j は A の固有値であり，P の第 j 列 $\boldsymbol{w}_j$ は λ_j に属する固有ベクトルである．　証明終

以上の準備のもとで，定理 7.5 を証明する．

証明　A を n 次対称行列とし，A が直交行列によって対角化されることを n についての数学的帰納法で証明する．$n = 1$ の場合は，A が 1 次行列であるからすでに対角行列である．次に，$(n-1)$ 次対称行列が直交行列によって対角化できることを仮定して，n 次対称行列が直交行列によって対角化できることを示す．A の固有値 α を 1 つとると，定理 A1.2 から α は実数である．したがって，α に属する固有ベクトルを $\mathbb{R}^n$ からとることができる．その中で単位ベクトルであるものを 1 つとり，$\boldsymbol{v} = \begin{pmatrix} c_1 \\ c_2 \\ \vdots \\ c_n \end{pmatrix}$ とする．定理 A1.3 から，$\boldsymbol{v}$ を第 1 列にもつ n 次直交行列 Q があるから，これを $Q = \begin{pmatrix} \boldsymbol{v} & \boldsymbol{v}_1 & \boldsymbol{v}_2 & \cdots & \boldsymbol{v}_{n-1} \end{pmatrix}$ とおく．このとき，$A\boldsymbol{v} = \alpha\boldsymbol{v}$ より，

$$AQ = \begin{pmatrix} \alpha c_1 & * & * & * \\ \alpha c_2 & * & * & * \\ \vdots & \vdots & \vdots & \vdots \\ \alpha c_n & * & * & * \end{pmatrix}$$

である．Q は直交行列であるから，$\boldsymbol{v} \cdot \alpha\boldsymbol{v} = \alpha$ であり，$j = 1, 2, \ldots, n-1$ について $\boldsymbol{v} \cdot \boldsymbol{v}_j = 0$ である．よって，

$${}^tQAQ = \begin{pmatrix} \alpha & * & * & * \\ 0 & * & * & * \\ \vdots & \vdots & \vdots & \vdots \\ 0 & * & * & * \end{pmatrix}$$

となる．A が対称行列であることから，

$${}^t({}^tQAQ) = {}^tQ{}^tA{}^t({}^tQ) = {}^tQAQ$$

であり，${}^tQAQ$ は対称行列である．したがって，

$${}^tQAQ = \begin{pmatrix} \alpha & 0 & \cdots & 0 \\ 0 & & & \\ \vdots & & B & \\ 0 & & & \end{pmatrix}$$

となる．

ここで，B は $(n-1)$ 次対称行列である．数学的帰納法の仮定から，${}^tRBR$ が $(n-1)$ 次対角行列となるような $(n-1)$ 次直交行列 R がある．この R を使って，n 次正方行列 S を

$$S = \begin{pmatrix} 1 & 0 & \cdots & 0 \\ 0 & & & \\ \vdots & & R & \\ 0 & & & \end{pmatrix}$$

によって定めると，S は直交行列となる．このとき，定理 A1.4 から QS は直交行列であり，

$${}^t(QS)A(QS) = {}^tS({}^tQAQ)S$$

$$= \begin{pmatrix} 1 & 0 & \cdots & 0 \\ 0 & & & \\ \vdots & & {}^tR & \\ 0 & & & \end{pmatrix} \begin{pmatrix} \alpha & 0 & \cdots & 0 \\ 0 & & & \\ \vdots & & B & \\ 0 & & & \end{pmatrix} \begin{pmatrix} 1 & 0 & \cdots & 0 \\ 0 & & & \\ \vdots & & R & \\ 0 & & & \end{pmatrix} = \begin{pmatrix} \alpha & 0 & \cdots & 0 \\ 0 & & & \\ \vdots & & {}^tRBR & \\ 0 & & & \end{pmatrix}$$

となる．最後の行列は対角行列である．したがって，A は直交行列 QS によって対角化された．定理の後半部分は，定理 A1.5 からわかる．　証明終

Appendix

B ジョルダン標準形

B1 ジョルダン細胞とジョルダン標準形

ジョルダン細胞　付録 B では，複素数を成分とする複素ベクトル空間 $\mathbb{C}^n$ を扱う．

正方行列 A が対角化できないとき，ジョルダン標準形とよばれる対角行列に近い形にすることができる．

n 次正方行列の対角成分はすべて α で，$(k, k+1)$ 成分はすべて 1 ($k = 1, 2, \ldots, n-1$) であり，それ以外の成分がすべて 0 であるとき，この行列を固有値 α の n 次**ジョルダン細胞**といい，$J_n(\alpha)$ と表す．

例 B1.1　1 次ジョルダン細胞は，$J_1(\alpha) = (\alpha)$ である．2 次ジョルダン細胞，3 次ジョルダン細胞の例を示す．

(1)　$J_2(3) = \begin{pmatrix} 3 & 1 \\ 0 & 3 \end{pmatrix}$ は，固有値 3 の 2 次ジョルダン細胞である．

(2)　$J_3(\alpha) = \begin{pmatrix} \alpha & 1 & 0 \\ 0 & \alpha & 1 \\ 0 & 0 & \alpha \end{pmatrix}$ は，固有値 α の 3 次ジョルダン細胞である．

ジョルダン標準形　2 個のジョルダン細胞 $J_m(\alpha), J_n(\beta)$ に対して，$m+n$ 次正方行列

$$\begin{pmatrix} J_m(\alpha) & O \\ O & J_n(\beta) \end{pmatrix}$$

を $J_m(\alpha), J_n(\beta)$ の**直和**といい，$J_m(\alpha) \oplus J_n(\beta)$ と表す．3 個以上のジョルダン細胞についても，同様にして直和を定義する．ジョルダン細胞の直和で表される正方行列を**ジョルダン標準形**という．

例 B1.2　次の行列で，青字の部分がジョルダン細胞である．

(1)　$\begin{pmatrix} 2 & 0 & 0 \\ 0 & 2 & 1 \\ 0 & 0 & 2 \end{pmatrix}$ は 2 個のジョルダン細胞 $J_1(2)$ と $J_2(2)$ の直和 $J_1(2) \oplus J_2(2)$ である．

(2) $\begin{pmatrix} \alpha & 1 & 0 & 0 & 0 & 0 \\ 0 & \alpha & 0 & 0 & 0 & 0 \\ 0 & 0 & \beta & 1 & 0 & 0 \\ 0 & 0 & 0 & \beta & 1 & 0 \\ 0 & 0 & 0 & 0 & \beta & 0 \\ 0 & 0 & 0 & 0 & 0 & \gamma \end{pmatrix}$ は 3 個のジョルダン細胞 $J_2(\alpha)$, $J_3(\beta)$, $J_1(\gamma)$ の直和 $J_2(\alpha) \oplus J_3(\beta) \oplus J_1(\gamma)$ である.

正方行列 A に対して，適当な正則行列 P を選んで $P^{-1}AP$ がジョルダン標準形になるとき，$P^{-1}AP$ を A のジョルダン標準形という．また，P をジョルダン標準形への**変換行列**という．ジョルダン標準形は，ジョルダン細胞の個数と各細胞の次数がわかれば，配列の仕方を除いて一意に確定する.

問B1.1 次の行列（ジョルダン標準形）をかけ.

(1) $J_3(-3)$
(2) $J_1(2) \oplus J_2(3)$
(3) $J_2(2) \oplus J_1(2) \oplus J_1(2)$
(4) $J_2(4) \oplus J_2(-5)$

B2 ジョルダン標準形への変形

固有空間の拡張 固有値 α が固有方程式の m 重解であるとき，α の**重複度**は m であるという．n 次正方行列 A の固有値 α_i の重複度が m_i であるとする．各固有値 α_i に属する固有空間（例 8.3 参照）の次元について

$$\dim\{\boldsymbol{p} \,|\, (A - \alpha_i E)\boldsymbol{p} = \boldsymbol{0}\} = m_i$$

が成り立つならば，各固有値 α_i に属する線形独立な m_i 個の固有ベクトルを選ぶことができ，A は対角化可能である．そのような固有ベクトルを選ぶことができないとき，A は対角化可能ではない．そこで，拡張された固有空間

$$V_k(\alpha) = \{\boldsymbol{v} \,|\, (A - \alpha E)^k \boldsymbol{v} = \boldsymbol{0}\} \tag{B.1}$$

を考え，この中から n 個の線形独立なベクトルを選ぶ．定義から $V_1(\alpha)$ は固有値 α に属する固有空間であり，

$$V_1(\alpha) \subset V_2(\alpha) \subset \cdots \subset V_k(\alpha) \subset \cdots \tag{B.2}$$

が成り立つ.

3 次正方行列のジョルダン標準形　ここでは，3 次正方行列 A のジョルダン標準形への変形について述べる．A が対角化可能ではない場合，ジョルダン標準形は

$$(1)\quad J_3(\alpha) = \begin{pmatrix} \alpha & 1 & 0 \\ 0 & \alpha & 1 \\ 0 & 0 & \alpha \end{pmatrix} \qquad (2)\ J_2(\alpha) \oplus J_1(\alpha) = \begin{pmatrix} \alpha & 1 & 0 \\ 0 & \alpha & 0 \\ 0 & 0 & \alpha \end{pmatrix}$$

$$(3)\quad J_2(\alpha) \oplus J_1(\beta) = \begin{pmatrix} \alpha & 1 & 0 \\ 0 & \alpha & 0 \\ 0 & 0 & \beta \end{pmatrix} \quad (\alpha \neq \beta)$$

の 3 つに分類される．以下，ジョルダン標準形が (1)〜(3) になるような場合について解説し，その例を示す．(1), (2) は A が重複度 3 の固有値 α だけをもつ場合である．(1) は $\dim V_1(\alpha) = 1$，(2) は $\dim V_1(\alpha) = 2$ であり，いずれも対角化可能ではない．(3) は A が重複度 2 の固有値 α と重複度 1 の固有値 β をもち，$\dim V_1(\alpha) = 1$ の場合である．

(1) 固有値 $\boldsymbol{\alpha}$ の重複度が 3 で，$\dim V_1(\boldsymbol{\alpha}) = 1$ である場合

例 B2.1　3 次の行列 $A = \begin{pmatrix} 2 & 1 & 2 \\ 0 & 2 & 1 \\ 0 & 0 & 2 \end{pmatrix}$ のジョルダン標準形を求める．A の固有値は $\alpha = 2$ だけであり，その重複度は 3 である．$k = 1, 2, 3$ について $(A - 2E)^k \boldsymbol{p} = \boldsymbol{0}$ を解くと，

$$V_1(2) = \{\boldsymbol{p} \,|\, (A - 2E)\boldsymbol{p} = \boldsymbol{0}\} = \left\{ s \begin{pmatrix} 1 \\ 0 \\ 0 \end{pmatrix} \middle|\, s \text{ は定数} \right\}$$

$$V_2(2) = \{\boldsymbol{p} \,|\, (A - 2E)^2\boldsymbol{p} = \boldsymbol{0}\} = \left\{ t_1 \begin{pmatrix} 1 \\ 0 \\ 0 \end{pmatrix} + t_2 \begin{pmatrix} 0 \\ 1 \\ 0 \end{pmatrix} \middle|\, t_1,\ t_2 \text{ は定数} \right\}$$

$$V_3(2) = \{\boldsymbol{p} \,|\, (A - 2E)^3\boldsymbol{p} = \boldsymbol{0}\} = \mathbb{C}^3$$

となるから，$\dim V_1(2) = 1$, $\dim V_2(2) = 2$, $\dim V_3(2) = 3$ である．まず，$V_3(2)$ に属すが $V_2(2)$ に属さないベクトル $\boldsymbol{p}_3$ を 1 つとる．ここでは，

$$\boldsymbol{p}_3 = \begin{pmatrix} 0 \\ 0 \\ 1 \end{pmatrix}$$

と選ぶ．次に，

$$\boldsymbol{p}_2 = (A-2E)\boldsymbol{p}_3 = \begin{pmatrix} 2 \\ 1 \\ 0 \end{pmatrix}, \quad \boldsymbol{p}_1 = (A-2E)\boldsymbol{p}_2 = \begin{pmatrix} 1 \\ 0 \\ 0 \end{pmatrix}$$

とおくと，$\boldsymbol{p}_2 \in V_2(2), \boldsymbol{p}_2 \notin V_1(2)$ となり，$\boldsymbol{p}_1 \in V_1(2)$ となる．さらに，$\boldsymbol{p}_1, \boldsymbol{p}_2, \boldsymbol{p}_3$ は線形独立である．これらのベクトルの間には

- $(A-2E)\boldsymbol{p}_1 = \boldsymbol{0}$　であるから $A\boldsymbol{p}_1 = 2\boldsymbol{p}_1$
- $(A-2E)\boldsymbol{p}_2 = \boldsymbol{p}_1$ であるから $A\boldsymbol{p}_2 = \boldsymbol{p}_1 + 2\boldsymbol{p}_2$
- $(A-2E)\boldsymbol{p}_3 = \boldsymbol{p}_2$ であるから $A\boldsymbol{p}_3 = \boldsymbol{p}_2 + 2\boldsymbol{p}_3$

が成り立つ．そこで，

$$P = \begin{pmatrix} \boldsymbol{p}_1 & \boldsymbol{p}_2 & \boldsymbol{p}_3 \end{pmatrix} = \begin{pmatrix} 1 & 2 & 0 \\ 0 & 1 & 0 \\ 0 & 0 & 1 \end{pmatrix}$$

とおくと，P は正則で，

$$\begin{aligned} AP &= A\begin{pmatrix} \boldsymbol{p}_1 & \boldsymbol{p}_2 & \boldsymbol{p}_3 \end{pmatrix} \\ &= \begin{pmatrix} 2\boldsymbol{p}_1 & \boldsymbol{p}_1 + 2\boldsymbol{p}_2 & \boldsymbol{p}_2 + 2\boldsymbol{p}_3 \end{pmatrix} = \begin{pmatrix} \boldsymbol{p}_1 & \boldsymbol{p}_2 & \boldsymbol{p}_3 \end{pmatrix} \begin{pmatrix} 2 & 1 & 0 \\ 0 & 2 & 1 \\ 0 & 0 & 2 \end{pmatrix} = P\,J_3(2) \end{aligned}$$

となるから，

$$P^{-1}AP = J_3(2) = \begin{pmatrix} 2 & 1 & 0 \\ 0 & 2 & 1 \\ 0 & 0 & 2 \end{pmatrix}$$

が成り立つ．よって，A のジョルダン標準形は $J_3(2)$ で，変換行列は P である．

例 B2.1 を図式化すると下図のようになる．この図において，② $\boldsymbol{p}_2 \longleftarrow$ ① $\boldsymbol{p}_3$ は，まず $\boldsymbol{p}_3$ を求め，それに $(A-2E)$ をかけて $\boldsymbol{p}_2$ を作ったことを示す．丸数字はベクトルを求める順であり，$\boldsymbol{p}_k$ の添え字 k は変換行列に並べる順序を表したものである．以下の図も同様とする．

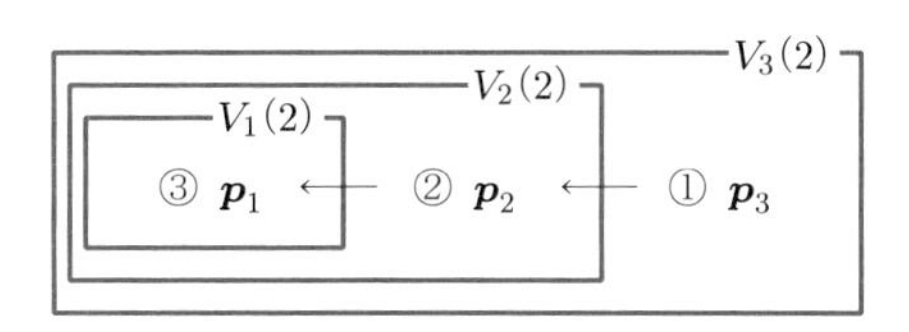

(2) 固有値 α の重複度が 3 で，$\dim V_1(\alpha) = 2$ である場合

例 B2.2　3 次の行列 $A = \begin{pmatrix} -3 & 4 & -2 \\ -1 & 1 & -1 \\ 0 & 0 & -1 \end{pmatrix}$ のジョルダン標準形を求める．A の固有値は $\alpha = -1$ だけであり，その重複度は 3 である．

$$V_1(-1) = \{\boldsymbol{p} \,|\, (A+E)\boldsymbol{p} = \boldsymbol{0}\} = \left\{ s_1 \begin{pmatrix} 2 \\ 1 \\ 0 \end{pmatrix} + s_2 \begin{pmatrix} -1 \\ 0 \\ 1 \end{pmatrix} \,\middle|\, s_1,\ s_2 \text{ は定数} \right\}$$

$$V_2(-1) = \{\boldsymbol{p} \,|\, (A+E)^2\boldsymbol{p} = \boldsymbol{0}\} = \mathbb{R}^3$$

となり，$\dim V_1(-1) = 2$，$\dim V_2(-1) = 3$ である．拡張された固有空間が 2 つしかないので，まず，$V_2(-1)$ に属すが $V_1(-1)$ に属さないベクトル $\boldsymbol{p}_2$ を 1 つとる．ここでは，

$$\boldsymbol{p}_2 = \begin{pmatrix} 0 \\ 0 \\ 1 \end{pmatrix}$$

と選ぶ．次に，

$$\boldsymbol{p}_1 = (A+E)\boldsymbol{p}_2 = \begin{pmatrix} -2 \\ -1 \\ 0 \end{pmatrix}$$

とおく．さらに，$V_1(-1)$ に属するベクトル $\boldsymbol{q}$ を，$\boldsymbol{p}_1, \boldsymbol{p}_2, \boldsymbol{q}$ が線形独立になるように選ぶ．いまの場合には，

$$\boldsymbol{q} = \begin{pmatrix} -1 \\ 0 \\ 1 \end{pmatrix}$$

とすればよい．これらのベクトルの間には，

- $\boldsymbol{p}_2 \in V_2(-1)$ であるから $(A+E)\boldsymbol{p}_1 = (A+E)^2\boldsymbol{p}_2 = \boldsymbol{0}$ である．よって，$A\boldsymbol{p}_1 = -\boldsymbol{p}_1$
- $(A+E)\boldsymbol{p}_2 = \boldsymbol{p}_1$ であるから $A\boldsymbol{p}_2 = \boldsymbol{p}_1 - \boldsymbol{p}_2$
- $\boldsymbol{q} \in V_1(-1)$ であるから $(A+E)\boldsymbol{q} = \boldsymbol{0}$ である．よって，$A\boldsymbol{q} = -\boldsymbol{q}$

が成り立つ．そこで，

$$P = \begin{pmatrix} \boldsymbol{p}_1 & \boldsymbol{p}_2 & \boldsymbol{q} \end{pmatrix} = \begin{pmatrix} -2 & 0 & -1 \\ -1 & 0 & 0 \\ 0 & 1 & 1 \end{pmatrix}$$

とおくと，P は正則で，

$$
\begin{aligned}
AP &= A\begin{pmatrix} \boldsymbol{p}_1 & \boldsymbol{p}_2 & \boldsymbol{q} \end{pmatrix} \\
&= \begin{pmatrix} -1\boldsymbol{p}_1 & \boldsymbol{p}_1 + (-1)\boldsymbol{p}_2 & -1\boldsymbol{q} \end{pmatrix} = \begin{pmatrix} \boldsymbol{p}_1 & \boldsymbol{p}_2 & \boldsymbol{q} \end{pmatrix}\begin{pmatrix} -1 & 1 & 0 \\ 0 & -1 & 0 \\ 0 & 0 & -1 \end{pmatrix} \\
&= P\left(J_2(-1) \oplus J_1(-1)\right)
\end{aligned}
$$

となるから，

$$
P^{-1}AP = J_2(-1) \oplus J_1(-1) = \begin{pmatrix} -1 & 1 & 0 \\ 0 & -1 & 0 \\ 0 & 0 & -1 \end{pmatrix}
$$

が成り立つ．よって，A のジョルダン標準形は $J_2(-1) \oplus J_1(-1)$ で，変換行列は P である．

例 B2.2 を図式化すると次のようになる．

$V_2(-1)$
$V_1(-1)$
② $\boldsymbol{p}_1$ ⟵ ① $\boldsymbol{p}_2$
③ $\boldsymbol{q}$

例 B2.1, B2.2 では，ジョルダン標準形に含まれるジョルダン細胞の個数は，固有空間の次元と一致している．このことは，固有値がただ 1 つの場合に成り立つ．

B2.1　ジョルダン細胞の個数

ただ 1 つの固有値 α をもつ正方行列の，ジョルダン標準形に含まれるジョルダン細胞の個数は，固有値 α に属する固有空間の次元に等しい．

問 B2.1　次の行列はいずれも重複度 3 の固有値 3 をもつ．ジョルダンの標準形 J およびジョルダン標準形への変換行列 P を 1 つ求めよ．

(1) $A = \begin{pmatrix} 5 & 2 & -6 \\ 2 & 4 & -5 \\ 1 & 1 & 0 \end{pmatrix}$　　(2) $A = \begin{pmatrix} 2 & 1 & -1 \\ -1 & 4 & -1 \\ 0 & 0 & 3 \end{pmatrix}$

(3) 固有値 α の重複度が 2，$\dim V_1(\alpha) = 1$ であり，固有値 β が重複度 1 をもつ場合

例 B2.3　$A = \begin{pmatrix} -8 & -4 & 3 \\ 6 & 4 & -2 \\ -21 & -9 & 8 \end{pmatrix}$ のジョルダン標準形を求める．固有値は $\lambda = 1$（重複度 2）と $\lambda = 2$（重複度 1）である．

$$V_1(1) = \left\{ s \begin{pmatrix} 1 \\ 0 \\ 3 \end{pmatrix} \middle| \ s \text{ は定数} \right\},\ V_2(1) = \left\{ t_1 \begin{pmatrix} 1 \\ 0 \\ 3 \end{pmatrix} + t_2 \begin{pmatrix} -1 \\ 2 \\ 0 \end{pmatrix} \middle| \ t_1, t_2 \text{ は定数} \right\}$$

$$V_1(2) = \left\{ u \begin{pmatrix} 1 \\ -1 \\ 2 \end{pmatrix} \middle| \ u \text{ は定数} \right\}$$

となる．まず，$V_2(1)$ に属すが $V_1(1)$ に属さないベクトル $\boldsymbol{p}_2$ を選び，$\boldsymbol{p}_1 = (A - E)\boldsymbol{p}_2$ とおく．次に，$V_1(2)$ から零でないベクトル $\boldsymbol{q}$ を選ぶ．いまの場合，

$$\boldsymbol{p}_2 = \begin{pmatrix} -1 \\ 2 \\ 0 \end{pmatrix},\quad \boldsymbol{p}_1 = \begin{pmatrix} 1 \\ 0 \\ 3 \end{pmatrix},\quad \boldsymbol{q} = \begin{pmatrix} 1 \\ -1 \\ 2 \end{pmatrix}$$

とすればよい．このとき，$\boldsymbol{p}_1, \boldsymbol{p}_2, \boldsymbol{q}$ は線形独立である．これらのベクトルの間には，

- $(A - E)\boldsymbol{p}_1 = \boldsymbol{0}$, $(A - 2E)\boldsymbol{q} = \boldsymbol{0}$ であるから $A\boldsymbol{p}_1 = \boldsymbol{p}_1$, $A\boldsymbol{q} = 2\boldsymbol{q}$
- $(A - E)\boldsymbol{p}_2 = \boldsymbol{p}_1$ であるから $A\boldsymbol{p}_2 = \boldsymbol{p}_1 + \boldsymbol{p}_2$

が成り立つ．このことから，

$$P = \begin{pmatrix} \boldsymbol{p}_1 & \boldsymbol{p}_2 & \boldsymbol{q} \end{pmatrix} = \begin{pmatrix} -1 & 1 & 1 \\ 2 & 0 & -1 \\ 0 & 3 & 2 \end{pmatrix}$$

とすると，

$$P^{-1}AP = J_2(1) \oplus J_1(2) = \begin{pmatrix} 1 & 1 & 0 \\ 0 & 1 & 0 \\ 0 & 0 & 2 \end{pmatrix}$$

となることを示すことができる．

例 B2.3 を図式化すると，次のようになる．

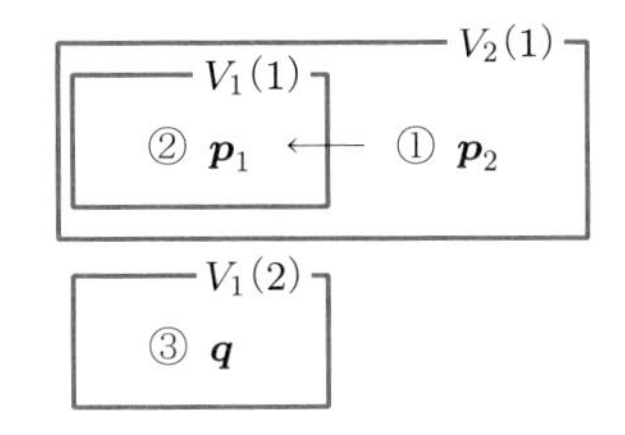

note　一般に，A がいくつかの固有値をもつとき，A のジョルダン標準形は，それらの固有値に対するジョルダン細胞の直和となる．

問 B2.2　次の行列 A のジョルダン標準形 J およびジョルダン標準形への変換行列 P を 1 つ求めよ．

(1)　$A = \begin{pmatrix} 1 & -2 & 0 \\ 0 & 1 & 0 \\ -2 & -4 & 3 \end{pmatrix}$　　(2)　$A = \begin{pmatrix} -1 & 4 & -5 \\ 1 & 1 & 0 \\ 1 & 0 & 1 \end{pmatrix}$

4 次以上の正方行列のジョルダン標準形　これまで，3 次正方行列だけを扱ってきたが，ここでは，4 次以上の正方行列のジョルダン標準形の求め方について簡単にふれておく．

まず，部分空間の直和について，要点だけを述べる．V をベクトル空間とし，W, W_1, W_2 をその部分空間とする．W の任意の要素 $\boldsymbol{w}$ が $\boldsymbol{w} = \boldsymbol{w}_1 + \boldsymbol{w}_2$ $(\boldsymbol{w}_1 \in W_1,\ \boldsymbol{w}_2 \in W_2)$ の形でただ一通りに表されるとき，W は W_1 と W_2 の**直和**であるといい，$W = W_1 \oplus W_2$ と書く．

例 B2.4　$\mathbb{R}^3 = \langle \boldsymbol{e}_1, \boldsymbol{e}_2 \rangle \oplus \langle \boldsymbol{e}_3 \rangle$ である．$\mathbb{R}^3$ の任意の要素 $\boldsymbol{v} = \begin{pmatrix} a \\ b \\ c \end{pmatrix}$ をとると，$\boldsymbol{v} = (a\boldsymbol{e}_1 + b\boldsymbol{e}_2) + c\boldsymbol{e}_3$ $(a\boldsymbol{e}_1 + b\boldsymbol{e}_2 \in \langle \boldsymbol{e}_1, \boldsymbol{e}_2 \rangle,\ c\boldsymbol{e}_3 \in \langle \boldsymbol{e}_3 \rangle)$ であり，このような表し方は 1 通りしかないからである．

note　V はベクトル空間で，W, W_1, W_2 がその部分空間であるとき，$W = W_1 \oplus W_2$ である必要十分条件は，W の任意の要素 $\boldsymbol{w}$ が $\boldsymbol{w} = \boldsymbol{w}_1 + \boldsymbol{w}_2$ $(\boldsymbol{w}_1 \in W_1,\ \boldsymbol{w}_2 \in W_2)$ の形で表され，$W_1 \cap W_2 = \{\boldsymbol{0}\}$ であることが知られている．

例 B2.5　A は 6 次正方行列で，その固有値が α だけであり，$\dim V_1(\alpha) = 3$, $\dim V_2(\alpha) = 5$, $\dim V_3(\alpha) = 6$ であることがわかったとする．このとき，

$$\{\boldsymbol{0}\} \subset V_1(\alpha) \subset V_2(\alpha) \subset V_3(\alpha) = \mathbb{C}^6$$

である．

まず，$V_3(\alpha) = V_2(\alpha) \oplus \langle \boldsymbol{p}_3 \rangle$ となる $V_3(\alpha)$ のベクトル $\boldsymbol{p}_3$ を 1 つ選ぶ．$V_3(\alpha)$ の要素であって $V_2(\alpha)$ の要素でないものの中から任意に選べばよい．このとき，

$$\boldsymbol{p}_2 = (A - \alpha E)\boldsymbol{p}_3, \quad \boldsymbol{p}_1 = (A - \alpha E)\boldsymbol{p}_2$$

と定める．次に，$V_2(\alpha) = V_1(\alpha) \oplus \langle \boldsymbol{p}_2, \boldsymbol{q}_2 \rangle$ となる $V_2(\alpha)$ のベクトル $\boldsymbol{q}_2$ を 1 つ選ぶ．$V_2(\alpha)$ の要素であって $\boldsymbol{v} + \boldsymbol{w}$ $(\boldsymbol{v} \in V_1(\alpha),\ \boldsymbol{w} \in \langle \boldsymbol{p}_2 \rangle)$ の形で表すことができないものの中から任意に選べばよい．このとき，

$$\boldsymbol{q}_1 = (A - \alpha E)\boldsymbol{q}_2$$

と定める．最後に，$V_1(\alpha) = \langle \boldsymbol{p}_1, \boldsymbol{q}_1, \boldsymbol{r}_1 \rangle$ となる $V_1(\alpha)$ のベクトル $\boldsymbol{r}_1$ を 1 つ選ぶ．

このようにしてできた $\boldsymbol{p}_1$，$\boldsymbol{p}_2$，$\boldsymbol{p}_3$，$\boldsymbol{q}_1$，$\boldsymbol{q}_2$，$\boldsymbol{r}_1$ は線形独立となる．そこで，$P = \begin{pmatrix} \boldsymbol{p}_1 & \boldsymbol{p}_2 & \boldsymbol{p}_3 & \boldsymbol{q}_1 & \boldsymbol{q}_2 & \boldsymbol{r}_1 \end{pmatrix}$ とおくと，P は正則行列となり，A のジョルダン標準形は次のようになる．

$$P^{-1}AP = \begin{pmatrix} \alpha & 1 & 0 & 0 & 0 & 0 \\ 0 & \alpha & 1 & 0 & 0 & 0 \\ 0 & 0 & \alpha & 0 & 0 & 0 \\ 0 & 0 & 0 & \alpha & 1 & 0 \\ 0 & 0 & 0 & 0 & \alpha & 0 \\ 0 & 0 & 0 & 0 & 0 & \alpha \end{pmatrix} = J_3(\alpha) \oplus J_2(\alpha) \oplus J_1(\alpha)$$

以上のことを図示すると，次のようになる．

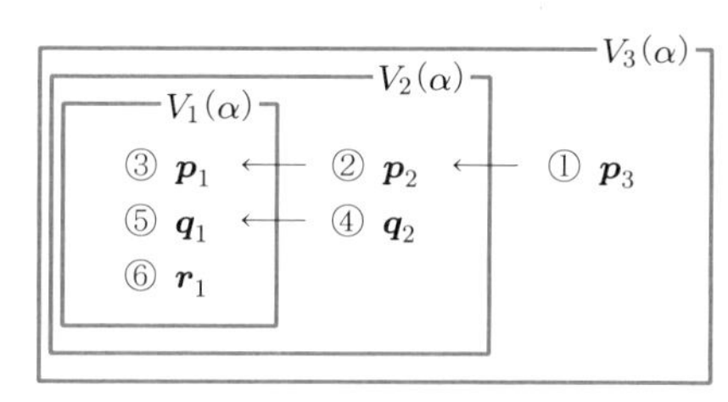

問・練習問題の解答

第 1 章

第 1 節の問

1.1 (1) $\overrightarrow{\mathrm{BO}}, \overrightarrow{\mathrm{OE}}, \overrightarrow{\mathrm{CD}}$ (2) $\overrightarrow{\mathrm{DO}}, \overrightarrow{\mathrm{OA}}, \overrightarrow{\mathrm{CB}}, \overrightarrow{\mathrm{EF}}$ (3) $\overrightarrow{\mathrm{AD}}, \overrightarrow{\mathrm{DA}}, \overrightarrow{\mathrm{BE}}, \overrightarrow{\mathrm{EB}}, \overrightarrow{\mathrm{CF}}, \overrightarrow{\mathrm{FC}}$

1.2 (1) $\overrightarrow{\mathrm{DC}}, \overrightarrow{\mathrm{EF}}, \overrightarrow{\mathrm{HG}}$ (2) $\overrightarrow{\mathrm{EA}}, \overrightarrow{\mathrm{FB}}, \overrightarrow{\mathrm{GC}}, \overrightarrow{\mathrm{HD}}$ (3) $\overrightarrow{\mathrm{HA}}, \overrightarrow{\mathrm{DE}}, \overrightarrow{\mathrm{ED}}, \overrightarrow{\mathrm{BG}}, \overrightarrow{\mathrm{GB}}, \overrightarrow{\mathrm{CF}}, \overrightarrow{\mathrm{FC}}$

1.3 (1) $\pm 2\boldsymbol{a}$ (2) $-\dfrac{1}{5}\boldsymbol{a}$ (3) $\dfrac{7}{4}\boldsymbol{a}$

1.4 (1)

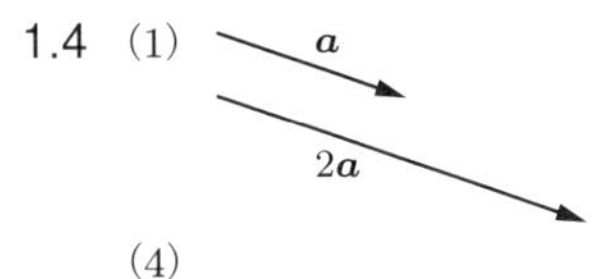

(2)

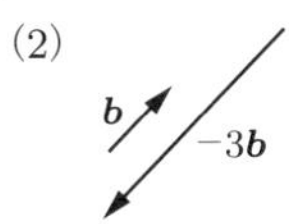

(3)

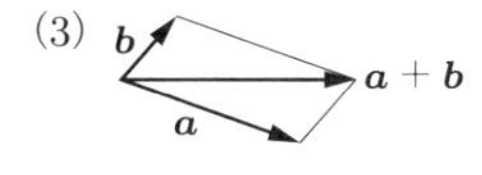

(4)

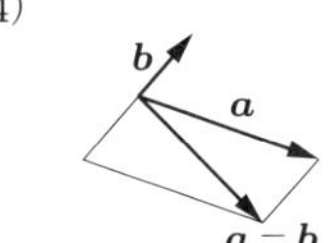

(5)

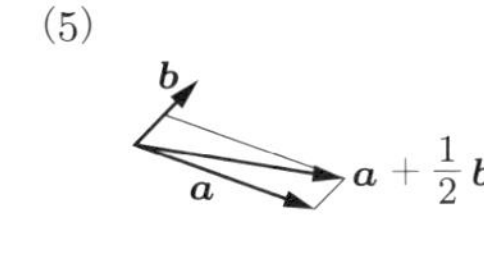

(6)

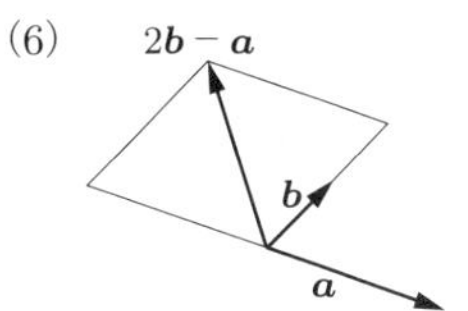

1.5 (1) $\overrightarrow{\mathrm{AF}}, \overrightarrow{\mathrm{DG}}$ (2) $\overrightarrow{\mathrm{BD}}, \overrightarrow{\mathrm{FH}}$ (3) $\overrightarrow{\mathrm{DF}}$

1.6 (1) $8\boldsymbol{a} - 3\boldsymbol{b}$ (2) $-3\boldsymbol{a} - 5\boldsymbol{b}$ (3) $12\boldsymbol{a} - 15\boldsymbol{b}$

1.7 (1) $\dfrac{\boldsymbol{a}+\boldsymbol{b}}{2}$ (2) $\dfrac{\boldsymbol{a}+3\boldsymbol{b}}{4}$ (3) $\dfrac{7\boldsymbol{a}+2\boldsymbol{b}}{9}$

1.8 (1)

$\boldsymbol{a}_1$ $\boldsymbol{a}_2$ ℓ_1 $\boldsymbol{a}$ ℓ_2

(2)

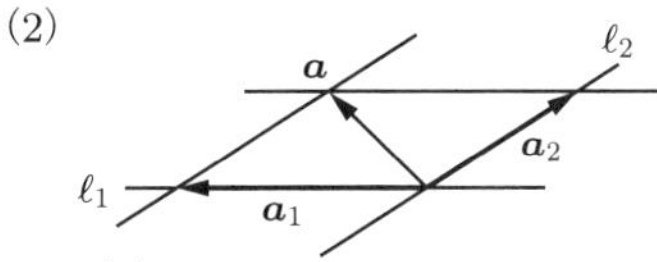

1.9 (1) $2\sqrt{2}$ (2) 11 (3) 5

1.10 (1) $\mathrm{B}(-3, 0, 0)$ (2) $\mathrm{C}(-3, 0, -1)$

1.11 (1) $\sqrt{26}$ (2) $\sqrt{41}$ (3) $\sqrt{29}$

1.12 $\boldsymbol{a} = \begin{pmatrix} 3 \\ 5 \end{pmatrix}$, $\boldsymbol{b} = \begin{pmatrix} -2 \\ 2 \end{pmatrix}$, $\boldsymbol{c} = \begin{pmatrix} 0 \\ -3 \end{pmatrix}$, $\boldsymbol{u} = \begin{pmatrix} 3 \\ 0 \end{pmatrix}$, $\boldsymbol{v} = \begin{pmatrix} -2 \\ -1 \end{pmatrix}$

1.13 (1) $\begin{pmatrix} 1 \\ 1 \end{pmatrix}$ (2) $\begin{pmatrix} -5 \\ 3 \end{pmatrix}$ (3) $\begin{pmatrix} 12 \\ -8 \end{pmatrix}$

1.14 (1) $\begin{pmatrix} -1 \\ 1 \\ -6 \end{pmatrix}$ (2) $\begin{pmatrix} -1 \\ -3 \\ 2 \end{pmatrix}$

1.15 (1) $\begin{pmatrix} -3 \\ 5 \\ 4 \end{pmatrix}$ (2) $\begin{pmatrix} -8 \\ 6 \\ 2 \end{pmatrix}$ (3) $\begin{pmatrix} 10 \\ -13 \\ -9 \end{pmatrix}$

1.16 (1) $\sqrt{2}$　(2) $\sqrt{34}$　(3) $4\sqrt{13}$

1.17 (1) 3　(2) $\sqrt{26}$　(3) $\sqrt{61}$

1.18 (1) $k=6$　(2) $k=-2,\ 4$　(3) $k_1=\dfrac{4}{3},\ k_2=6$

1.19 t を媒介変数とする．

(1) $\begin{pmatrix} x \\ y \end{pmatrix}=\begin{pmatrix} 1 \\ -3 \end{pmatrix}+t\begin{pmatrix} 4 \\ 2 \end{pmatrix}$, $\begin{cases} x = 1+4t \\ y = -3+2t \end{cases}$, $\dfrac{x-1}{4}=\dfrac{y+3}{2}$

(2) $\begin{pmatrix} x \\ y \\ z \end{pmatrix}=\begin{pmatrix} 0 \\ 2 \\ -1 \end{pmatrix}+t\begin{pmatrix} 2 \\ 4 \\ 3 \end{pmatrix}$, $\begin{cases} x = 2t \\ y = 2+4t \\ z = -1+3t \end{cases}$, $\dfrac{x}{2}=\dfrac{y-2}{4}=\dfrac{z+1}{3}$

1.20 (1) $\dfrac{x+2}{5}=\dfrac{y-5}{-4}$　(2) $\dfrac{x-3}{-3}=\dfrac{y}{8}$

(3) $x-2=\dfrac{y-4}{-3}=\dfrac{z+3}{2}$　(4) $y=3,\ \dfrac{x+1}{2}=\dfrac{z-2}{3}$

練習問題 1

[1] (1) $\overrightarrow{\mathrm{BF}}=\boldsymbol{b}-\boldsymbol{a},\ \left|\overrightarrow{\mathrm{BF}}\right|=\sqrt{3}$　(2) $\overrightarrow{\mathrm{AD}}=2\boldsymbol{a}+2\boldsymbol{b},\ \left|\overrightarrow{\mathrm{AD}}\right|=2$

(3) $\overrightarrow{\mathrm{BC}}=\boldsymbol{a}+\boldsymbol{b},\ \left|\overrightarrow{\mathrm{BC}}\right|=1$　(4) $\overrightarrow{\mathrm{AE}}=\boldsymbol{a}+2\boldsymbol{b},\ \left|\overrightarrow{\mathrm{AE}}\right|=\sqrt{3}$

(5) $\overrightarrow{\mathrm{FC}}=2\boldsymbol{a},\ \left|\overrightarrow{\mathrm{FC}}\right|=2$　(6) $\overrightarrow{\mathrm{DF}}=-2\boldsymbol{a}-\boldsymbol{b},\ \left|\overrightarrow{\mathrm{DF}}\right|=\sqrt{3}$

[2] (1) $\boldsymbol{x}=\boldsymbol{a}-3\boldsymbol{b}$　(2) $\boldsymbol{x}=3\boldsymbol{a}+2\boldsymbol{b}$

[3] (1) $\begin{pmatrix} 2 \\ 1 \\ -3 \end{pmatrix}$　(2) $\begin{pmatrix} -1 \\ 4 \\ 2 \end{pmatrix}$　(3) $\mathrm{D}(-1,-1,6)$　$[\overrightarrow{\mathrm{AB}}+\overrightarrow{\mathrm{AD}}=\overrightarrow{\mathrm{AC}}]$

[4] (1) $\dfrac{x-1}{-1}=\dfrac{y-1}{2}=\dfrac{z+2}{-2}$　(2) $\dfrac{x+2}{4}=\dfrac{y-3}{8}=\dfrac{z-1}{-3}$

[5] $x=3,\ y=-\dfrac{15}{2}$　[3 点を A, B, C とすると，$\overrightarrow{\mathrm{AC}}=t\overrightarrow{\mathrm{AB}}$（$t$ は定数）]

[6] (1) $(1-s)\boldsymbol{a}+\dfrac{s}{2}\boldsymbol{b}$　(2) $\dfrac{t}{2}\boldsymbol{a}+(1-t)\boldsymbol{b}$　(3) $s=\dfrac{2}{3},\ t=\dfrac{2}{3}$

(4) $\overrightarrow{\mathrm{OG}}=\dfrac{1}{3}\boldsymbol{a}+\dfrac{1}{3}\boldsymbol{b}=\dfrac{2}{3}\cdot\dfrac{\boldsymbol{a}+\boldsymbol{b}}{2}=\dfrac{2}{3}\overrightarrow{\mathrm{ON}}$ による．

[7] (1) 図のとおり　(2) $\boldsymbol{F}_{\mathrm{A}}=50\,\mathrm{N},\ \boldsymbol{F}_{\mathrm{B}}=50\sqrt{3}\,\mathrm{N}$

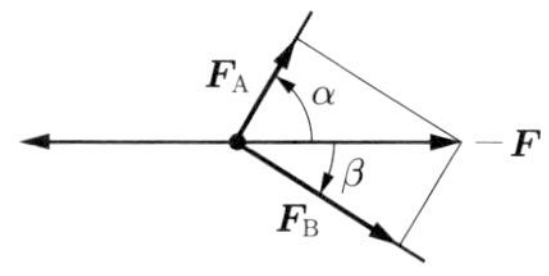

第 2 節の問

2.1 (1) $15\sqrt{3}$　(2) $-8\sqrt{2}$　**2.2** (1) 10　(2) 6

2.3

$$\begin{aligned}\boldsymbol{a}\cdot\boldsymbol{b}&=\frac{1}{2}\left(\mathrm{OA}^2+\mathrm{OB}^2-\mathrm{AB}^2\right)\\&=\frac{1}{2}\left[\left({a_1}^2+{a_2}^2+{a_3}^2\right)+\left({b_1}^2+{b_2}^2+{b_3}^2\right)\right.\\&\qquad\left.-\left\{(b_1-a_1)^2+(b_2-a_2)^2+(b_3-a_3)^2\right\}\right]\\&=a_1b_1+a_2b_2+a_3b_3\end{aligned}$$

2.4 (1) -2　(2) 0　(3) -1

2.5 (1) $\frac{\pi}{6}$　(2) $\frac{\pi}{2}$　(3) $\frac{5\pi}{6}$　(4) $\frac{3\pi}{4}$

2.6 (1) 14　(2) $\sqrt{70}$

2.7 (1) 6　(2) $\frac{\pi}{3}$

2.8 (1) $k=1$　(2) $k=-2$

2.9 $\pm\begin{pmatrix} \frac{4}{5} \\ -\frac{3}{5} \end{pmatrix}$

2.10 (1) $4x+y-10=0$　(2) $-3x+2y+10=0$

2.11 (1) $-4x+3y+z-5=0$　(2) $3x-y+4=0$

2.12 $(0,1,2)$

2.13 (1) $\sqrt{5}$　(2) $\frac{5}{7}$　(3) 3

2.14 (1) $\frac{x-2}{2}=\frac{y-1}{5}=\frac{z+2}{3}$　(2) $\frac{x-3}{4}=\frac{y+2}{2}=\frac{z}{-1}$
(3) $2x-3y+z-1=0$

2.15 (1) $(x+1)^2+(y-2)^2=9$　(2) $(x-3)^2+(y+4)^2=25$

2.16 (1) $(x-3)^2+(y+1)^2+(z-4)^2=25$　(2) $x^2+y^2+z^2=9$

2.17 (1) $(x-5)^2+(y+1)^2=18$　(2) $(x+2)^2+(y-4)^2+z^2=14$

2.18 (1) 中心 $(4,0)$, 半径 3 の円　(2) 中心 $(-1,0,2)$, 半径 2 の球面
(3) 中心 $(3,-1,1)$, 半径 $\sqrt{11}$ の球面

練習問題 2

[1] (1) 3　(2) $\sqrt{10}$　(3) -8　(4) $-\frac{4\sqrt{10}}{15}$

[2] (1) $x=-9$　(2) $x=4$

[3] (1) $x=-\frac{9}{4},\ y=\frac{11}{2}$　(2) $z=5$

[4] (1) $2x-y-10=0$　(2) $3x-y-1=0$

[5] (1) $\frac{x-4}{3}=\frac{y+2}{4}=\frac{z-3}{5}$　(2) $2x+y-4z+6=0$
(3) $x+6y+3z-25=0$

[6] (1) $(x-4)^2+y^2=13$　(2) $(x-2)^2+(y-1)^2+(z+2)^2=19$

[7] (1) $\sqrt{9t^2-18t+29}$　(2) $(0,4,-2)$,　$2\sqrt{5}$

第 1 章の章末問題

1. 点 G, D の位置ベクトルをそれぞれ $\boldsymbol{g}, \boldsymbol{d}$ とすると，$\boldsymbol{d}=\frac{1}{2}(\boldsymbol{b}+\boldsymbol{c})$ であり，$\mathrm{AG}:\mathrm{GD}=2:1$ であるから，
$$\boldsymbol{g}=\frac{\boldsymbol{a}+2\boldsymbol{d}}{2+1}=\frac{\boldsymbol{a}+2\cdot\frac{\boldsymbol{b}+\boldsymbol{c}}{2}}{3}=\frac{\boldsymbol{a}+\boldsymbol{b}+\boldsymbol{c}}{3}$$
となる．したがって，点 G の位置ベクトルは $\frac{1}{3}(\boldsymbol{a}+\boldsymbol{b}+\boldsymbol{c})$ である．

2. (1) $\overrightarrow{\mathrm{AD}}=\frac{1}{2}\overrightarrow{\mathrm{AM}}+\frac{1}{2}\overrightarrow{\mathrm{AC}}=\frac{1}{2}\cdot\frac{1}{2}\boldsymbol{b}+\frac{1}{2}\boldsymbol{c}=\frac{1}{4}\boldsymbol{b}+\frac{1}{2}\boldsymbol{c}$
(2) $\overrightarrow{\mathrm{AE}}=\frac{1}{3}\boldsymbol{b}+\frac{2}{3}\boldsymbol{c}$ であるから，$\overrightarrow{\mathrm{AE}}=\frac{4}{3}\overrightarrow{\mathrm{AD}}$ が成り立つ．したがって，$\overrightarrow{\mathrm{AD}}\,/\!/\,\overrightarrow{\mathrm{AE}}$ であるから，A, D, E は同一直線上にある．

3. $\mathrm{AP}:\mathrm{PD}=s:(1-s)$, $\mathrm{CP}:\mathrm{PB}=t:(1-t)$ とすると，
$$\overrightarrow{\mathrm{OP}}=(1-s)\boldsymbol{a}+s\cdot\frac{1}{2}\boldsymbol{b},\quad \overrightarrow{\mathrm{OP}}=(1-t)\cdot\frac{3}{4}\boldsymbol{a}+t\boldsymbol{b}$$

となる．$\boldsymbol{a}$ と $\boldsymbol{b}$ は平行でないから，$1-s=\dfrac{3}{4}(1-t)$，$\dfrac{1}{2}s=t$ が成り立つ．これを解いて，$s=\dfrac{2}{5}$, $t=\dfrac{1}{5}$ となる．よって，$\overrightarrow{\mathrm{OP}}=\dfrac{3}{5}\boldsymbol{a}+\dfrac{1}{5}\boldsymbol{b}$

4. $|\boldsymbol{a}+\boldsymbol{b}|^2=|\boldsymbol{a}|^2+2\boldsymbol{a}\cdot\boldsymbol{b}+|\boldsymbol{b}|^2$ に条件を代入して，$\boldsymbol{a}\cdot\boldsymbol{b}=-4$ が得られる．よって，$S=\sqrt{|\boldsymbol{a}|^2|\boldsymbol{b}|^2-(\boldsymbol{a}\cdot\boldsymbol{b})^2}=2\sqrt{5}$

5. $|2\boldsymbol{a}-\boldsymbol{b}|^2=4|\boldsymbol{a}|^2-4\boldsymbol{a}\cdot\boldsymbol{b}+|\boldsymbol{b}|^2=4\cdot 2^2-4\cdot 3+\sqrt{3}^2=7$ であるから，$|2\boldsymbol{a}-\boldsymbol{b}|=\sqrt{7}$

6. (1) $\cos\theta=\dfrac{\overrightarrow{\mathrm{OA}}\cdot\overrightarrow{\mathrm{OB}}}{|\overrightarrow{\mathrm{OA}}||\overrightarrow{\mathrm{OB}}|}=\dfrac{-6+4}{\sqrt{10}\sqrt{20}}=-\dfrac{\sqrt{2}}{10}$

(2) $\sin^2\theta=1-\left(-\dfrac{\sqrt{2}}{10}\right)^2=\dfrac{98}{100}$ から，$\sin\theta=\dfrac{7\sqrt{2}}{10}$ となる．よって，求める面積は $\dfrac{1}{2}|\overrightarrow{\mathrm{OA}}||\overrightarrow{\mathrm{OB}}|\sin\theta=7$

7. (1) 法線ベクトルが $\boldsymbol{n}=\begin{pmatrix}4\\3\\-1\end{pmatrix}$ で，点 $(1,-1,0)$ を通ることから，平面の方程式は $4x+3y-z=1$

(2) 法線ベクトルとして $\boldsymbol{n}=\begin{pmatrix}1\\2\\3\end{pmatrix}$ をとると，平面の方程式は，$(x-1)+2(y-2)+3(z-3)=0$ から $x+2y+3z-14=0$

(3) 求める平面の方程式は $2x-y-2z+d=0$ とおくことができる．点 $(1,2,3)$ と平面の距離が 1 であることから，$\dfrac{|-6+d|}{3}=1$，したがって，$d=9,3$ である．よって，求める平面の方程式は，$2x-y-2z+9=0$, $2x-y-2z+3=0$ の 2 つ．

(4) 求める平面の方程式を $ax+by+cz+d=0$ とおく．法線ベクトル $\begin{pmatrix}a\\b\\c\end{pmatrix}$ は，xy 平面の法線ベクトル $\begin{pmatrix}0\\0\\1\end{pmatrix}$ と垂直であるから，$c=0$ となる．また，2 点 $(1,2,0)$, $(0,3,4)$ を通ることから，$a+2b+d=0$, $3b+4c+d=0$ である．以上から，t を任意の実数として，$a=-t$, $b=-t$, $c=0$, $d=3t$ となる．$t=-1$ のとき，$a=1, b=1, c=0, d=-3$ であるから，求める平面の方程式は $x+y-3=0$

8. (1) 球面の方程式に $z=0$ を代入すると $(x-1)^2+(y-2)^2=7$ となるので，中心は $(1,2,0)$ で半径は $\sqrt{7}$

(2) 原点を通って平面 $\alpha: 5x+3y-4z=10\cdots$① に垂直な直線を ℓ とすると，円の中心は α と ℓ の交点である．ℓ の媒介変数表示 $\begin{cases}x=5t\\y=3t\\z=-4t\end{cases}$ を①に代入して，$t=\dfrac{1}{5}$ が得られるので，円の中心は $\mathrm{A}\left(1,\dfrac{3}{5},-\dfrac{4}{5}\right)$ である．球面 $x^2+y^2+z^2=25$ と平面 α との交点 B を 1 つとると，$\mathrm{OA}^2+\mathrm{AB}^2=\mathrm{OB}^2$ が成り立つ．求める円の半径を r とすると，$\mathrm{OB}^2=5^2$, $\mathrm{OA}^2=1^2+\left(\dfrac{3}{5}\right)^2+\left(-\dfrac{4}{5}\right)^2=2$ であるから，$r^2+2=25$ となる．よって，$r=\sqrt{23}$

第 2 章

第 3 節の問

3.1 (1) A は 4×4 型（4 次正方行列），B は 2×3 型，C は 4×1 型（4 次元列ベクトル）．

(2) $\begin{pmatrix} -7 & 0 & 4 & 2 \end{pmatrix}$, $\begin{pmatrix} 2 \\ 4 \\ -2 \\ 3 \end{pmatrix}$ (3) -7 (4) -2

3.2 (1) $\begin{pmatrix} 4 & 1 \\ -5 & -4 \end{pmatrix}$ (2) $\begin{pmatrix} -10 & 7 & 3 \\ 7 & 1 & 5 \end{pmatrix}$ (3) $\begin{pmatrix} -6 & 0 \\ 2 & -4 \end{pmatrix}$ (4) $\begin{pmatrix} 5 & 12 \\ -18 & 13 \\ 0 & 14 \end{pmatrix}$

3.3 $\begin{pmatrix} 5 & 2 \\ 17 & 6 \end{pmatrix}$

3.4 (1) 0 (2) $\begin{pmatrix} 0 \\ 5 \\ 4 \end{pmatrix}$ (3) $\begin{pmatrix} 0 & 2 \\ 5 & -7 \end{pmatrix}$

(4) $\begin{pmatrix} 0 & 2 & 15 \end{pmatrix}$ (5) $\begin{pmatrix} 0 & 2 & 15 \\ 5 & -7 & -11 \end{pmatrix}$ (6) $\begin{pmatrix} 0 & 2 & 15 \\ 5 & -7 & -11 \\ 4 & -17 & 11 \end{pmatrix}$

3.5 (1) $\begin{pmatrix} 16 & 13 \\ 9 & 7 \end{pmatrix}$ (2) $\begin{pmatrix} 22 & -1 \\ -27 & 1 \end{pmatrix}$ (3) $\begin{pmatrix} 24 & -24 \\ 11 & -6 \end{pmatrix}$

3.6 (1) $\begin{pmatrix} -27 & 0 \\ 0 & 8 \end{pmatrix}$ (2) $\begin{pmatrix} 8 & 28 \\ 0 & 64 \end{pmatrix}$ (3) $\begin{pmatrix} -5 & 12 \\ -4 & 15 \end{pmatrix}$

3.7 (1) $\begin{pmatrix} 2 & 5 \\ -3 & -2 \\ 1 & 4 \end{pmatrix}$ (2) $\begin{pmatrix} 3 & -2 & 4 \\ 2 & 1 & 3 \end{pmatrix}$ (3) $\begin{pmatrix} 5 & 2 & -2 & 4 \end{pmatrix}$

3.8 (1) $\begin{pmatrix} 22 & -2 \\ -9 & -13 \end{pmatrix}$ (2) $\begin{pmatrix} 1 & 26 \\ 12 & 8 \end{pmatrix}$ (3) $4x + 7y$ (4) $5x^2 + 6xy - 2y^2$

3.9 (1) 正則である．$A^{-1} = \dfrac{1}{-7}\begin{pmatrix} 2 & 5 \\ 3 & 4 \end{pmatrix}$ (2) 正則ではない．

(3) 正則である．$C^{-1} = \begin{pmatrix} \cos\theta & \sin\theta \\ -\sin\theta & \cos\theta \end{pmatrix}$

3.10 (1) $\dfrac{1}{4}\begin{pmatrix} 9 & -1 \\ 14 & -2 \end{pmatrix}$ (2) $\dfrac{1}{4}\begin{pmatrix} 6 & -2 \\ -5 & 1 \end{pmatrix}$ (3) $\dfrac{1}{4}\begin{pmatrix} 9 & -1 \\ 14 & -2 \end{pmatrix}$

3.11 (1) $x = 3,\ y = -2$ (2) $x = -3,\ y = -2$

練習問題3

[1] (1) $\begin{pmatrix} 35 & -24 \\ 35 & 7 \end{pmatrix}$ (2) $\begin{pmatrix} 14 & -9 \\ 13 & 3 \end{pmatrix}$ (3) $X = \begin{pmatrix} 14 & -3 \\ 3 & 5 \end{pmatrix}$, $Y = \begin{pmatrix} -14 & 9 \\ -13 & -3 \end{pmatrix}$

[2] (1) $\begin{pmatrix} 2 & -4 & 2 \\ 9 & 17 & -11 \\ 5 & -14 & 4 \end{pmatrix}$ (2) $\begin{pmatrix} 17 & -4 & 6 \\ -4 & 10 & -7 \\ 6 & -7 & 9 \end{pmatrix}$ (3) $\begin{pmatrix} 8 \\ -7 \\ 19 \end{pmatrix}$ (4) 45

[3] (1) $a \neq 4$, $\dfrac{1}{4a - 16}\begin{pmatrix} a & -8 \\ -2 & 4 \end{pmatrix}$

(2) $a \neq 0$ または $b \neq 0$, $\dfrac{1}{a^2 + b^2}\begin{pmatrix} a & b \\ -b & a \end{pmatrix}$

(3) $a \neq 5$ かつ $a \neq -2$,　$\dfrac{1}{(a-5)(a+2)}\begin{pmatrix} 1-a & -3 \\ -4 & 2-a \end{pmatrix}$

[4] $a = c = 0$ または $b = c = 0$

[5] (1) $X = \dfrac{1}{4}\begin{pmatrix} 5 & 7 \\ -6 & 2 \end{pmatrix}$　(2) $Y = \dfrac{1}{4}\begin{pmatrix} 3 & 5 \\ -8 & 4 \end{pmatrix}$

[6] (1) $x = -9,\ y = 8$　(2) $x = \dfrac{3}{2},\ y = -\dfrac{4}{3}$

[7] (1) $\begin{cases} R_1I_1 - R_2I_2 = 0 \\ (R_1+R_3)I_1 + R_3I_2 = E \end{cases}$, $\begin{pmatrix} R_1 & -R_2 \\ R_1+R_3 & R_3 \end{pmatrix}$

(2) $I_1 = \dfrac{R_2E}{R_1R_2+R_2R_3+R_3R_1}$ [A],　$I_2 = \dfrac{R_1E}{R_1R_2+R_2R_3+R_3R_1}$ [A]

第4節の問

4.1 (1) -1　(2) -1　(3) 1　(4) -1

4.2 (1) 22　(2) 1　(3) -16　(4) -154

4.3 (1) -35　(2) 400

4.4 (1) -3　(2) 6　(3) 6　(4) -12

4.5 (1) $|A||B| = |AB| = |O| = 0$ であるから，$|A| = 0$ または $|B| = 0$ である．

(2) $|{}^tAA| = |{}^tA||A| = |A||A| = |A|^2$, $|E| = 1$ から，$|A|^2 = 1$．よって，$|A| = \pm 1$ となる．

4.6 (1) 6　(2) -10　(3) -60　(4) 100

4.7 $\widetilde{a}_{13} = 6,\ \widetilde{a}_{22} = -68,\ \widetilde{a}_{32} = -16$

4.8 (1) $\begin{vmatrix} 3 & 4 & 0 \\ 2 & -5 & -1 \\ 1 & 0 & -1 \end{vmatrix} = 1\begin{vmatrix} 4 & 0 \\ -5 & -1 \end{vmatrix} - 0\begin{vmatrix} 3 & 0 \\ 2 & -1 \end{vmatrix} + (-1)\begin{vmatrix} 3 & 4 \\ 2 & -5 \end{vmatrix} = 19$

(2) $\begin{vmatrix} 2 & 0 & -1 & 1 \\ 1 & -1 & 2 & 3 \\ 3 & 2 & 0 & -1 \\ -1 & 1 & 3 & 2 \end{vmatrix}$

$= -0\begin{vmatrix} 1 & 2 & 3 \\ 3 & 0 & -1 \\ -1 & 3 & 2 \end{vmatrix} + (-1)\begin{vmatrix} 2 & -1 & 1 \\ 3 & 0 & -1 \\ -1 & 3 & 2 \end{vmatrix} - 2\begin{vmatrix} 2 & -1 & 1 \\ 1 & 2 & 3 \\ -1 & 3 & 2 \end{vmatrix} + 1\begin{vmatrix} 2 & -1 & 1 \\ 1 & 2 & 3 \\ 3 & 0 & -1 \end{vmatrix}$

$= -40$

4.9 (1) 正則．逆行列は $\begin{pmatrix} -1 & 0 & -1 \\ -2 & 1 & 1 \\ -1 & 1 & 1 \end{pmatrix}$　(2) 正則．逆行列は $\dfrac{1}{2}\begin{pmatrix} 2 & 0 & -4 \\ -2 & 1 & 5 \\ 2 & -1 & -3 \end{pmatrix}$

4.10 (1) $x = \dfrac{5}{7},\ y = -\dfrac{13}{7}$　(2) $x = -\dfrac{9}{2},\ y = -\dfrac{5}{2}$

4.11 (1) $x = -\dfrac{3}{2},\ y = \dfrac{1}{2},\ z = -\dfrac{3}{2}$　(2) $x = -\dfrac{29}{33},\ y = \dfrac{10}{33},\ z = -\dfrac{58}{33}$

4.12 (1) 13　(2) $3\sqrt{6}$

4.13 (1) $\begin{pmatrix} -3 \\ -9 \\ -1 \end{pmatrix}$　(2) $\begin{pmatrix} 3 \\ 9 \\ 1 \end{pmatrix}$　(3) $\begin{pmatrix} 5 \\ 15 \\ 6 \end{pmatrix}$

4.14 (1) 2　(2) 18

練習問題 4

[1] (1) -26 (2) 0 (3) -3

[2] (1) $\begin{vmatrix} a & b & c \\ c & a & b \\ b & c & a \end{vmatrix} = \begin{vmatrix} a+b+c & b & c \\ c+a+b & a & b \\ b+c+a & c & a \end{vmatrix}$ [第 2〜3 列を第 1 列に加える]

$= (a+b+c)\begin{vmatrix} 1 & b & c \\ 1 & a & b \\ 1 & c & a \end{vmatrix}$ [定理 4.5(1)]

$= (a+b+c)\begin{vmatrix} 1 & b & c \\ 0 & a-b & b-c \\ 0 & c-b & a-c \end{vmatrix}$ [第 2 行 + 第 1 行 × (−1) 第 3 行 + 第 1 行 × (−1)]

$= (a+b+c)\begin{vmatrix} a-b & b-c \\ c-b & a-c \end{vmatrix}$ [定理 4.1]

$= (a+b+c)\{(a-b)(a-c)-(c-b)(b-c)\}$

$= (a+b+c)(a^2+b^2+c^2-ab-bc-ca)$

(2) $\begin{vmatrix} 1+a & 1 & 1 & 1 \\ 1 & 1+a & 1 & 1 \\ 1 & 1 & 1+a & 1 \\ 1 & 1 & 1 & 1+a \end{vmatrix} = \begin{vmatrix} 4+a & 4+a & 4+a & 4+a \\ 1 & 1+a & 1 & 1 \\ 1 & 1 & 1+a & 1 \\ 1 & 1 & 1 & 1+a \end{vmatrix}$ [第 2〜4 行を第 1 行に加える]

$= (4+a)\begin{vmatrix} 1 & 1 & 1 & 1 \\ 1 & 1+a & 1 & 1 \\ 1 & 1 & 1+a & 1 \\ 1 & 1 & 1 & 1+a \end{vmatrix}$ [定理 4.5(1)]

$= (a+4)\begin{vmatrix} 1 & 1 & 1 & 1 \\ 0 & a & 0 & 0 \\ 0 & 0 & a & 0 \\ 0 & 0 & 0 & a \end{vmatrix}$ [第 2〜4 行に第 1 行 × (−1) を加える]

$= (a+4)\begin{vmatrix} a & 0 & 0 \\ 0 & a & 0 \\ 0 & 0 & a \end{vmatrix} = a^3(a+4)$

[3] (1) 与式 $= -2\begin{vmatrix} 0 & -2 & 0 \\ 2 & 2 & 1 \\ -3 & 0 & -2 \end{vmatrix} - 3\begin{vmatrix} 0 & 1 & 0 \\ 2 & 0 & 1 \\ -3 & -1 & -2 \end{vmatrix} = 1$

(2) 与式 $= a\begin{vmatrix} x & -1 & 0 \\ 0 & x & -1 \\ 0 & 0 & x \end{vmatrix} - b\begin{vmatrix} -1 & 0 & 0 \\ 0 & x & -1 \\ 0 & 0 & x \end{vmatrix} + c\begin{vmatrix} -1 & 0 & 0 \\ x & -1 & 0 \\ 0 & 0 & x \end{vmatrix} - d\begin{vmatrix} -1 & 0 & 0 \\ x & -1 & 0 \\ 0 & x & -1 \end{vmatrix}$

$= ax^3+bx^2+cx+d$

[4] $a \neq 0$ かつ $a \neq \pm\sqrt{2}$

[5] (1) $\begin{pmatrix} 1 \\ 1 \\ -1 \end{pmatrix}$ (2) $\begin{pmatrix} 3 \\ -2 \\ 1 \end{pmatrix}$ (3) $\begin{pmatrix} 10 \\ -4 \\ -3 \end{pmatrix}$

[6] (1) $x = 1,\ 3$ (2) $x = 2$

[7] (1) $\begin{pmatrix} 2 \\ 1 \\ -1 \end{pmatrix}$ (2) $2x+y-z-5=0$

第 5 節の問

5.1 (1) $x=3,\ y=-1$　(2) $x=\dfrac{2}{5},\ y=\dfrac{1}{5}$　(3) $x=3,\ y=2,\ z=1$　(4) $x=5,\ y=0,\ z=2$

5.2 (1) $\begin{pmatrix} 7 & -2 \\ -3 & 1 \end{pmatrix}$　(2) $\begin{pmatrix} -3 & 1 & 3 \\ 3 & -1 & -2 \\ 1 & 0 & -1 \end{pmatrix}$

5.3 $F = \begin{pmatrix} 1 & 0 & 0 \\ 0 & 0 & 1 \\ 0 & 1 & 0 \end{pmatrix}\begin{pmatrix} 1 & 0 & 0 \\ -3 & 1 & 0 \\ 0 & 0 & 1 \end{pmatrix}\begin{pmatrix} 3 & 0 & 0 \\ 0 & 1 & 0 \\ 0 & 0 & 1 \end{pmatrix} = \begin{pmatrix} 3 & 0 & 0 \\ 0 & 0 & 1 \\ -9 & 1 & 0 \end{pmatrix}$

5.4 (1) 2　(2) 2　(3) 3　(4) 2

5.5 (1) 解 $\begin{cases} x = 3t + 2 \\ y = 2t + 1 \\ z = t \end{cases}$ （t は任意の実数）をもつ　(2) 解をもたない

5.6 解 $\begin{cases} x = 3t \\ y = -4t \\ z = t \end{cases}$ （t は 0 でない実数）をもつ

5.7 (1) 線形従属，$\boldsymbol{a}_1 = \dfrac{3}{2}\boldsymbol{a}_2 + \dfrac{1}{2}\boldsymbol{a}_3$　(2) 線形独立

練習問題 5

[1] (1) $\mathrm{rank}\,A = \mathrm{rank}\,A_+ = 3$ だから，ただ 1 組の解をもつ．$x = -2,\ y = 1,\ z = -1$

(2) $\mathrm{rank}\,A = 1$, $\mathrm{rank}\,A_+ = 2$ だから，解をもたない．

(3) $\mathrm{rank}\,A = \mathrm{rank}\,A_+ = 1 < 3$ だから，無数の解をもつ．

$$\begin{cases} x = -2s + t + 4 \\ y = s \\ z = t \end{cases} \quad (s,\ t \text{ は任意の実数})$$

(4) $\mathrm{rank}\,A = \mathrm{rank}\,A_+ = 2 < 3$ だから，無数の解をもつ．

$$\begin{cases} x = s - 2t + 1 \\ y = 2s + 3t - 1 \\ z = s \\ w = t \end{cases} \quad (s,\ t \text{ は任意の実数})$$

[2] (1) $\begin{pmatrix} -6 & 3 & 1 \\ -1 & 0 & 1 \\ -3 & 1 & 1 \end{pmatrix}$　(2) $\dfrac{1}{2}\begin{pmatrix} 1 & 3 & -2 \\ 1 & 5 & -4 \\ 1 & 1 & -2 \end{pmatrix}$　(3) 逆行列は存在しない

[3] (1) -4　(2) $x = 2t,\ y = t$ （t は 0 でない任意の実数）

[4] (1), (2) は $x = y = z = 0$ 以外の解をもつ．(2) の s, t は同時には 0 でない任意の実数である．

(1) $x = 2t,\ y = -5t,\ z = t$　(2) $x = 3s - t,\ y = s,\ z = t$

(3) $x = y = z = 0$ 以外の解をもたない．

[5] (1) 線形独立　(2) 線形従属，$\boldsymbol{a}_1 = \dfrac{1}{2}\boldsymbol{a}_2 - 2\boldsymbol{a}_3$

第 2 章の章末問題

1. $A^2 - (a+d)A + (ad - bc)E$ を計算し，O であることを確かめる．

2. (1) A は正則であるから，逆行列 A^{-1} が存在する．このとき，

$${}^t\!A\ {}^t\!\left(A^{-1}\right) = {}^t\!\left(A^{-1}A\right) = {}^t\!E = E, \quad {}^t\!\left(A^{-1}\right)\ {}^t\!A = {}^t\!\left(AA^{-1}\right) = {}^t\!E = E$$

が成り立つので，${}^{t}A$ は正則で，逆行列は ${}^{t}(A^{-1})$ である．

(2) (1) の結果から，${}^{t}A$ と ${}^{t}B$ は正則である．よって，${}^{t}A\,{}^{t}B$ は正則であり，

$$\left({}^{t}A\,{}^{t}B\right)^{-1} = \left({}^{t}B\right)^{-1}\left({}^{t}A\right)^{-1} = {}^{t}\!\left(B^{-1}\right){}^{t}\!\left(A^{-1}\right)$$

3. (1) 行の基本変形を行う．

$$\begin{vmatrix} b+c & a-c & a-b \\ b-c & c+a & b-a \\ c-b & c-a & a+b \end{vmatrix} = \begin{vmatrix} b+c & a-c & a-b \\ 2b & 2a & 0 \\ 2c & 0 & 2a \end{vmatrix} \quad [\text{第 1 行を第 2 行と第 3 行に加えた}]$$

$$= 4\begin{vmatrix} b+c & a-c & a-b \\ b & a & 0 \\ c & 0 & a \end{vmatrix}$$

$$= 4\begin{vmatrix} 0 & -c & -b \\ b & a & 0 \\ c & 0 & a \end{vmatrix} \quad [\text{第 1 行から第 2 行と第 3 行を引いた}]$$

$$= 4\cdot 2abc = 8abc$$

(2) 与えられた行列式を D とおく．第 2 列の -1 倍を第 1 列に加え，第 3 列の -1 倍を第 2 列に加えると，

$$D = \begin{vmatrix} a-b & b-c & c \\ a^2-b^2 & b^2-c^2 & c^2 \\ bc-ca & ca-ab & ab \end{vmatrix} = (a-b)(b-c)\begin{vmatrix} 1 & 1 & c \\ a+b & b+c & c^2 \\ -c & -a & ab \end{vmatrix}$$

となる．

$$\begin{vmatrix} 1 & 1 & c \\ a+b & b+c & c^2 \\ -c & -a & ab \end{vmatrix} = \begin{vmatrix} 1 & 0 & 0 \\ a+b & c-a & c^2-ca-cb \\ -c & c-a & ab+c^2 \end{vmatrix}$$

$$= (c-a)\begin{vmatrix} 1 & c^2-ca-cb \\ 1 & ab+c^2 \end{vmatrix} = (c-a)(ab+bc+ca)$$

であるから，$D=(a-b)(b-c)(c-a)(ab+bc+ca)$ となる．

4. 拡大係数行列に行の基本変形を行う．以下，s, t を任意の実数とする．

(1) $$\left(\begin{array}{cccc|c} 1 & 2 & 3 & 2 & 2 \\ 1 & 3 & 2 & 5 & 1 \\ 0 & 2 & 1 & 9 & 1 \\ 2 & 3 & 7 & 1 & 5 \end{array}\right) \sim \left(\begin{array}{cccc|c} 1 & 0 & 0 & -9 & -1 \\ 0 & 1 & 0 & 4 & 0 \\ 0 & 0 & 1 & 1 & 1 \\ 0 & 0 & 0 & 0 & 0 \end{array}\right)$$ となる．$w=t$ とおけば，求める解は $x=9t-1, y=-4t, z=-t+1, w=t$．また，$\operatorname{rank} A = \operatorname{rank} A_+ = 3$

(2) $$\left(\begin{array}{cccc|c} 1 & -2 & 1 & 5 & -5 \\ 2 & -3 & 4 & 7 & -6 \\ 2 & -1 & 8 & 1 & 2 \\ 1 & -1 & 3 & 2 & -1 \end{array}\right) \sim \left(\begin{array}{cccc|c} 1 & 0 & 5 & -1 & 3 \\ 0 & 1 & 2 & -3 & 4 \\ 0 & 0 & 0 & 0 & 0 \\ 0 & 0 & 0 & 0 & 0 \end{array}\right)$$ となる．$z=s$，$w=t$ とおけば，求める解は $x=-5s+t+3, y=-2s+3t+4, z=s, w=t$．また, $\operatorname{rank} A = \operatorname{rank} A_+ = 2$

5. 行の基本変形によって，係数行列は次のように変形することができる．

$$\begin{pmatrix} 1 & -a & 1 \\ 1 & 1 & -a \\ -a & 1 & 1 \end{pmatrix} \sim \begin{pmatrix} 1 & -a & 1 \\ 0 & a+1 & -(a+1) \\ 0 & 0 & -(a+1)(a-2) \end{pmatrix}$$

よって，$x=y=z=0$ 以外の解をもつのは $a=-1,2$ のときである．それぞれの場合について方程式を解いて，次のようになる．

$a=-1$ のときの解は，$x=-s-t$, $y=s$, $z=t$（s, t は任意の実数），

$a=2$ のときの解は，$x=y=z=t$（t は任意の実数）

6. $\boldsymbol{x}=l\boldsymbol{a}+m\boldsymbol{b}+n\boldsymbol{c}$ とすると，$\begin{pmatrix} 2 & 0 & 2 \\ 1 & 1 & 0 \\ 3 & 2 & -1 \end{pmatrix}\begin{pmatrix} l \\ m \\ n \end{pmatrix}=\begin{pmatrix} -6 \\ 2 \\ 5 \end{pmatrix}$ となる．これを解いて，

$l=-1$, $m=3$, $n=-2$ となるので，$\boldsymbol{x}=-\boldsymbol{a}+3\boldsymbol{b}-2\boldsymbol{c}$

7. (1) $x\boldsymbol{a}+y(\boldsymbol{a}+\boldsymbol{b})+z(\boldsymbol{a}+\boldsymbol{b}+\boldsymbol{c})=\boldsymbol{0}$ とすると，$(x+y+z)\boldsymbol{a}+(y+z)\boldsymbol{b}+z\boldsymbol{c}=\boldsymbol{0}$ となる．$\boldsymbol{a}$, $\boldsymbol{b}$, $\boldsymbol{c}$ は線形独立であるから，$\begin{cases} x+y+z=0 \\ y+z=0 \\ z=0 \end{cases}$ となる．これを解くと $x=y=z=0$ となるので，$\boldsymbol{a}$, $\boldsymbol{a}+\boldsymbol{b}$, $\boldsymbol{a}+\boldsymbol{b}+\boldsymbol{c}$ は線形独立である．

(2) $x(\boldsymbol{a}-\boldsymbol{b})+y(\boldsymbol{b}-\boldsymbol{c})+z(\boldsymbol{c}-\boldsymbol{a})=\boldsymbol{0}$ とすると，$(x-z)\boldsymbol{a}+(y-x)\boldsymbol{b}+(z-y)\boldsymbol{c}=\boldsymbol{0}$ となる．$\boldsymbol{a}$, $\boldsymbol{b}$, $\boldsymbol{c}$ は線形独立であるから，$\begin{cases} x-z=0 \\ -x+y=0 \\ -y+z=0 \end{cases}$ となる．これを解くと $x=y=z=t$（t は任意の実数）となるので，$\boldsymbol{a}-\boldsymbol{b}$, $\boldsymbol{b}-\boldsymbol{c}$, $\boldsymbol{c}-\boldsymbol{a}$ は線形従属である．

8. $A\sim B$ ならば $B=FA$ を満たす正則行列 F がある．これは A, B の列ベクトルの間に

$$F\boldsymbol{v}_i=\boldsymbol{w}_i,\quad F\boldsymbol{v}_j=\boldsymbol{w}_j,\quad \ldots,\quad F\boldsymbol{v}_k=\boldsymbol{w}_k$$

が成り立つことを意味する．いま，$\boldsymbol{v}_i,\boldsymbol{v}_j,\ldots,\boldsymbol{v}_k$ の間の関係式

$$x_i\boldsymbol{v}_i+x_j\boldsymbol{v}_j+\cdots+x_k\boldsymbol{v}_k=0 \qquad \cdots\cdots ①$$

の両辺に F をかければ，$\boldsymbol{w}_i,\boldsymbol{w}_j,\ldots,\boldsymbol{w}_k$ の間の関係式

$$x_i\boldsymbol{w}_i+x_j\boldsymbol{w}_j+\cdots+x_k\boldsymbol{w}_k=0 \qquad \cdots\cdots ②$$

が得られる．また，② の両辺に F^{-1} をかければ ① となるから，① が成り立つことと ② が成り立つことは同値である．したがって，① の解が $x_i=x_j=\cdots=x_k=0$ だけであることと，② の解が $x_i=x_j=\cdots=x_k=0$ だけであることは同値である．したがって，$\boldsymbol{v}_i,\boldsymbol{v}_j,\ldots,\boldsymbol{v}_k$ が線形独立であることと，$\boldsymbol{w}_i,\boldsymbol{w}_j,\ldots,\boldsymbol{w}_k$ が線形独立であることは同値である．

第3章

第6節の問

6.1 $A=\begin{pmatrix} 2 & -4 \\ 3 & 2 \end{pmatrix}$, $f(\boldsymbol{p})=\begin{pmatrix} 18 \\ 11 \end{pmatrix}$

6.2 (1) $f(\boldsymbol{e}_1)=\begin{pmatrix} 4 \\ 3 \end{pmatrix}$, $f(\boldsymbol{e}_2)=\begin{pmatrix} 2 \\ 2 \end{pmatrix}$　(2) $f(\boldsymbol{p})=\begin{pmatrix} 10 \\ 7 \end{pmatrix}$

6.3 (1) $\begin{pmatrix} -2 & -5 \\ 1 & 3 \end{pmatrix}$　(2) $\begin{pmatrix} 1 & -1 \\ -1 & 0 \end{pmatrix}$　(3) $\begin{pmatrix} 3 & 2 \\ -2 & -1 \end{pmatrix}$

6.4 $-\dfrac{1}{9}\begin{pmatrix} -2 & -1 \\ -1 & 4 \end{pmatrix}$, $\dfrac{1}{9}\begin{pmatrix} 5 \\ 7 \end{pmatrix}$

6.5 (1) $\dfrac{1}{3}\begin{pmatrix} 1 & 1 \\ -1 & 2 \end{pmatrix}$ (2) $\dfrac{1}{4}\begin{pmatrix} 1 & -1 \\ 1 & 3 \end{pmatrix}$ (3) $\dfrac{1}{12}\begin{pmatrix} 2 & 2 \\ 1 & 7 \end{pmatrix}$

(4) $\dfrac{1}{12}\begin{pmatrix} 2 & -1 \\ -2 & 7 \end{pmatrix}$

6.6

(1)

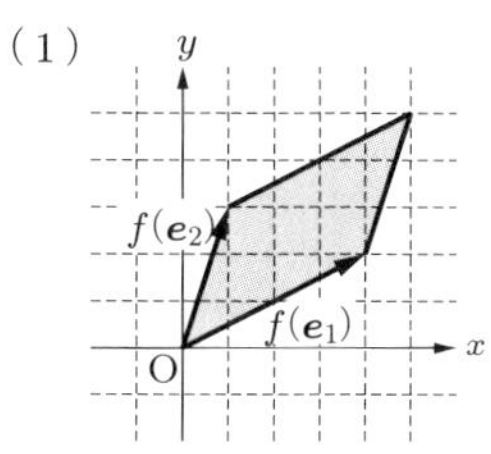

(2)

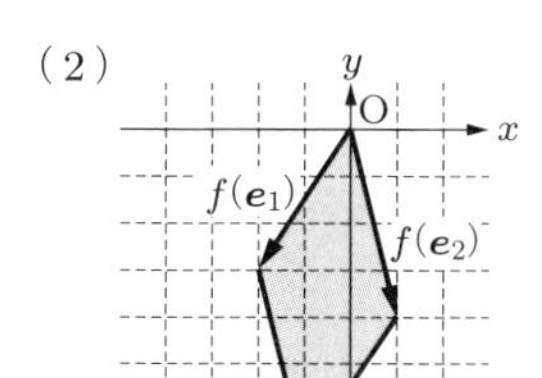

6.7 (1) y 軸方向に 3 倍に拡大 (2) x 軸方向に 2 倍，y 軸方向に 4 倍に拡大

6.8 (1) x 軸に関する対称移動 (2) y 軸に関する対称移動 (3) 原点に関する対称移動

6.9 (1) $\begin{pmatrix} \dfrac{1}{2} & -\dfrac{\sqrt{3}}{2} \\ \dfrac{\sqrt{3}}{2} & \dfrac{1}{2} \end{pmatrix}$ (2) $(-2-\sqrt{3}, -2\sqrt{3}+1)$

6.10 (1) $R(\theta_1)R(\theta_2) = \begin{pmatrix} \cos\theta_1 & -\sin\theta_1 \\ \sin\theta_1 & \cos\theta_1 \end{pmatrix}\begin{pmatrix} \cos\theta_2 & -\sin\theta_2 \\ \sin\theta_2 & \cos\theta_2 \end{pmatrix}$

$$= \begin{pmatrix} \cos\theta_1\cos\theta_2 - \sin\theta_1\sin\theta_2 & -\cos\theta_1\sin\theta_2 - \sin\theta_1\cos\theta_2 \\ \sin\theta_1\cos\theta_2 + \cos\theta_1\sin\theta_2 & -\sin\theta_1\sin\theta_2 + \cos\theta_1\cos\theta_2 \end{pmatrix}$$

であり，加法定理によって，最後の行列は $\begin{pmatrix} \cos(\theta_1+\theta_2) & -\sin(\theta_1+\theta_2) \\ \sin(\theta_1+\theta_2) & \cos(\theta_1+\theta_2) \end{pmatrix}$ となる．したがって，$R(\theta_1)R(\theta_2) = R(\theta_1+\theta_2)$ である．

(2) $|R(\theta)| = \cos^2\theta + \sin^2\theta = 1$ であるから，$R(\theta)$ は正則である．(1) の結果から，$R(\theta)R(-\theta) = R(0) = E$ である．よって，$R(\theta)^{-1} = R(-\theta)$ である．

6.11 (1) $\begin{pmatrix} \dfrac{1}{\sqrt{5}} & \dfrac{2}{\sqrt{5}} \\ -\dfrac{2}{\sqrt{5}} & \dfrac{1}{\sqrt{5}} \end{pmatrix}$ (2) $\begin{pmatrix} \dfrac{1}{\sqrt{10}} & -\dfrac{3}{\sqrt{10}} \\ \dfrac{3}{\sqrt{10}} & \dfrac{1}{\sqrt{10}} \end{pmatrix}$

6.12 (1) -1 (2) -1

6.13 (1) 直線 $\dfrac{x+5}{4} = \dfrac{y-8}{-5}$ または $5x+4y-7=0$

(2) 直線 $\dfrac{x-1}{8} = \dfrac{y-4}{11}$ または $11x-8y+21=0$

6.14 $2xy = 1$

練習問題 6

[1] $\begin{pmatrix} 1 & -2 \\ -7 & 9 \end{pmatrix}$ $\left[\text{表現行列を } A \text{ とすると，} A\begin{pmatrix} -3 & 4 \\ -2 & 3 \end{pmatrix} = \begin{pmatrix} 1 & -2 \\ 3 & -1 \end{pmatrix} \right]$

[2] (1) $(-9, 7)$ (2) $(-1, 1)$ (3) $5x+7y-4=0$ (4) $8x+4y-1=0$

[3] (1) $\begin{pmatrix} -\dfrac{\sqrt{3}}{2} & -\dfrac{1}{2} \\ -\dfrac{1}{2} & \dfrac{\sqrt{3}}{2} \end{pmatrix}$, $\begin{pmatrix} \dfrac{\sqrt{3}}{2} & -\dfrac{1}{2} \\ -\dfrac{1}{2} & -\dfrac{\sqrt{3}}{2} \end{pmatrix}$　(2) $\left(\dfrac{2\sqrt{3}-1}{2}, -\dfrac{\sqrt{3}+2}{2}\right)$

[4] (1) $\dfrac{y+y'}{2} = 2 \cdot \dfrac{x+x'}{2}$　(2) $\dfrac{y'-y}{x'-x} \cdot 2 = -1$

(3) $x' = -\dfrac{3}{5}x + \dfrac{4}{5}y,\ y' = \dfrac{4}{5}x + \dfrac{3}{5}y$　(4) $\dfrac{1}{5}\begin{pmatrix} -3 & 4 \\ 4 & 3 \end{pmatrix}$

[5] ［平行四辺形の面積は定理 4.14(1)］

(1) 5　(2) 4　(3) $\dfrac{1}{5}$　(4) 20

[6] $x^2 + \dfrac{y^2}{4} = 1$

第 7 節の問

解答 7.1, 7.2 で，s, t, u は 0 でない実数とする．

7.1 (1) $\lambda_1 = 2,\ \boldsymbol{p}_1 = s\begin{pmatrix} -1 \\ 1 \end{pmatrix}$;　$\lambda_2 = 5,\ \boldsymbol{p}_2 = t\begin{pmatrix} -1 \\ 4 \end{pmatrix}$

(2) $\lambda = 3$（2 重解），$\boldsymbol{p} = t\begin{pmatrix} 2 \\ 1 \end{pmatrix}$

7.2 (1) $\lambda_1 = 1,\ \boldsymbol{p}_1 = s\begin{pmatrix} -2 \\ -1 \\ 1 \end{pmatrix}$;　$\lambda_2 = -3$（2 重解），$\boldsymbol{p}_2 = t\begin{pmatrix} 2 \\ 1 \\ 3 \end{pmatrix}$

(2) $\lambda_1 = -1,\ \boldsymbol{p}_1 = s\begin{pmatrix} 2 \\ 1 \\ 3 \end{pmatrix}$;　$\lambda_2 = 1,\ \boldsymbol{p}_2 = t\begin{pmatrix} 0 \\ 1 \\ 1 \end{pmatrix}$;　$\lambda_3 = 2,\ \boldsymbol{p}_3 = u\begin{pmatrix} 2 \\ 1 \\ 0 \end{pmatrix}$

7.3 (1) $P = \begin{pmatrix} -2 & 1 \\ 3 & 1 \end{pmatrix}$, $P^{-1}AP = \begin{pmatrix} 4 & 0 \\ 0 & -1 \end{pmatrix}$

(2) $P = \begin{pmatrix} 1 & -1 \\ 2 & 1 \end{pmatrix}$, $P^{-1}AP = \begin{pmatrix} 5 & 0 \\ 0 & -1 \end{pmatrix}$

(3) $P = \begin{pmatrix} 1 & 1 & 1 \\ 2 & -2 & -1 \\ 4 & 4 & 1 \end{pmatrix}$, $P^{-1}AP = \begin{pmatrix} 2 & 0 & 0 \\ 0 & -2 & 0 \\ 0 & 0 & -1 \end{pmatrix}$

7.4 $P = \begin{pmatrix} 1 & -1 & -1 \\ 1 & 1 & 0 \\ 0 & 0 & 1 \end{pmatrix}$, $P^{-1}AP = \begin{pmatrix} 3 & 0 & 0 \\ 0 & 1 & 0 \\ 0 & 0 & 1 \end{pmatrix}$

7.5 (1) $P = \begin{pmatrix} -\dfrac{1}{\sqrt{2}} & \dfrac{1}{\sqrt{2}} \\ \dfrac{1}{\sqrt{2}} & \dfrac{1}{\sqrt{2}} \end{pmatrix}$, ${}^tPAP = \begin{pmatrix} 3 & 0 \\ 0 & -1 \end{pmatrix}$

(2) $P = \begin{pmatrix} \dfrac{1}{\sqrt{2}} & -\dfrac{1}{\sqrt{2}} \\ \dfrac{1}{\sqrt{2}} & \dfrac{1}{\sqrt{2}} \end{pmatrix}$, ${}^tPAP = \begin{pmatrix} 7 & 0 \\ 0 & -1 \end{pmatrix}$

7.6 $P = \begin{pmatrix} -\frac{1}{\sqrt{2}} & \frac{1}{\sqrt{3}} & 0 \\ \frac{1}{\sqrt{2}} & \frac{1}{\sqrt{3}} & 0 \\ 0 & \frac{1}{\sqrt{3}} & 1 \end{pmatrix}$, ${}^tPAP = \begin{pmatrix} 5 & 0 & 0 \\ 0 & 1 & 0 \\ 0 & 0 & 1 \end{pmatrix}$

7.7 (1) $x^2 + 3y^2 = 1$ または $3x^2 + y^2 = 1$，楕円
(2) $-x^2 + 7y^2 = 1$ または $7x^2 - y^2 = 1$，双曲線

7.8 標準形は $x^2 + \dfrac{y^2}{4} = 1$ $\left(\text{または，} \dfrac{x^2}{4} + y^2 = 1\right)$ であり，与えられた曲線は標準形の表す楕円を原点のまわりに $\dfrac{\pi}{3}$ $\left(\text{標準形を } \dfrac{x^2}{4} + y^2 = 1 \text{ とした場合は } -\dfrac{\pi}{6}\right)$ だけ回転させたものである．

7.9 (1) $A^n = \dfrac{1}{5}\begin{pmatrix} 3 + 2\cdot 6^n & 3 - 3\cdot 6^n \\ 2 - 2\cdot 6^n & 2 + 3\cdot 6^n \end{pmatrix}$

(2) $A^n = \dfrac{1}{3}\begin{pmatrix} 2\cdot 2^n + (-1)^n & -2^n + (-1)^n & 2^n - (-1)^n \\ -2\cdot 2^n - (-1)^n & 2^n - (-1)^n & -2^n + (-1)^n \\ -3\cdot(-1)^n & -3\cdot(-1)^n & 3\cdot(-1)^n \end{pmatrix}$

練習問題 7

[1] (1) $P = \begin{pmatrix} 3 & -1 \\ 1 & 3 \end{pmatrix}$, $P^{-1}AP = \begin{pmatrix} 6 & 0 \\ 0 & -4 \end{pmatrix}$

(2) $P = \begin{pmatrix} -3 & 2 \\ 5 & 1 \end{pmatrix}$, $P^{-1}AP = \begin{pmatrix} 8 & 0 \\ 0 & -5 \end{pmatrix}$

[2] (1) $P = \begin{pmatrix} -3 & 0 & 2 \\ -1 & 1 & -1 \\ 2 & 1 & 2 \end{pmatrix}$, $P^{-1}AP = \begin{pmatrix} 1 & 0 & 0 \\ 0 & -2 & 0 \\ 0 & 0 & -4 \end{pmatrix}$ $[\,|A - \lambda E| = -(\lambda^3 + 5\lambda^2 + 2\lambda - 8)\,]$

(2) $P = \begin{pmatrix} 1 & -2 & 0 \\ 1 & -1 & 3 \\ 0 & 1 & 1 \end{pmatrix}$, $P^{-1}AP = \begin{pmatrix} 2 & 0 & 0 \\ 0 & 4 & 0 \\ 0 & 0 & -2 \end{pmatrix}$ $[\,|A - \lambda E| = -(\lambda^3 - 4\lambda^2 - 4\lambda + 16)\,]$

[3] (1) $P = \begin{pmatrix} \frac{1}{\sqrt{2}} & -\frac{1}{\sqrt{2}} \\ \frac{1}{\sqrt{2}} & \frac{1}{\sqrt{2}} \end{pmatrix}$, ${}^tPAP = \begin{pmatrix} 1 & 0 \\ 0 & -1 \end{pmatrix}$ $[\,|A - \lambda E| = \lambda^2 - 1\,]$

(2) $P = \begin{pmatrix} 0 & \frac{1}{\sqrt{3}} & -\frac{2}{\sqrt{6}} \\ -\frac{1}{\sqrt{2}} & \frac{1}{\sqrt{3}} & \frac{1}{\sqrt{6}} \\ \frac{1}{\sqrt{2}} & \frac{1}{\sqrt{3}} & \frac{1}{\sqrt{6}} \end{pmatrix}$, ${}^tPAP = \begin{pmatrix} 2 & 0 & 0 \\ 0 & 3 & 0 \\ 0 & 0 & 0 \end{pmatrix}$ $\left[\begin{array}{l} |A - \lambda E| \\ = -(\lambda^3 - 5\lambda^2 + 6\lambda) \end{array}\right]$

(3) $P = \begin{pmatrix} \frac{1}{\sqrt{3}} & -\frac{1}{\sqrt{2}} & \frac{1}{\sqrt{6}} \\ \frac{1}{\sqrt{3}} & \frac{1}{\sqrt{2}} & \frac{1}{\sqrt{6}} \\ \frac{1}{\sqrt{3}} & 0 & -\frac{2}{\sqrt{6}} \end{pmatrix}$, ${}^tPAP = \begin{pmatrix} 4 & 0 & 0 \\ 0 & 1 & 0 \\ 0 & 0 & 1 \end{pmatrix}$ $\left[\begin{array}{l} |A - \lambda E| \\ = (\lambda^3 - 6\lambda^2 + 9\lambda - 4) \end{array}\right]$

[4] (1) $A^n = \dfrac{1}{10}\begin{pmatrix} 9\cdot 6^n + (-4)^n & 3\cdot 6^n - 3\cdot(-4)^n \\ 3\cdot 6^n - 3\cdot(-4)^n & 6^n + 9\cdot(-4)^n \end{pmatrix}$

(2) $A^n = \begin{pmatrix} \dfrac{1+(-1)^n}{2} & \dfrac{1-(-1)^n}{2} & 0 \\ \dfrac{1-(-1)^n}{2} & \dfrac{1+(-1)^n}{2} & 0 \\ 0 & 0 & 2^n \end{pmatrix}$ $\left[P = \begin{pmatrix} 0 & 1 & -1 \\ 0 & 1 & 1 \\ 1 & 0 & 0 \end{pmatrix},\ P^{-1}AP = \begin{pmatrix} 2 & 0 & 0 \\ 0 & 1 & 0 \\ 0 & 0 & -1 \end{pmatrix} \right]$

[5] 標準形は $\dfrac{x^2}{2^2} - y^2 = 1$ $\left(\text{または } x^2 - \dfrac{y^2}{2^2} = -1\right)$ であり，与えられた曲線は，この双曲線を原点のまわりに $\dfrac{\pi}{4}$ $\left(\text{標準形を } \dfrac{x^2}{2^2} - y^2 = 1 \text{ とした場合は } -\dfrac{\pi}{4}\right)$ だけ回転させたものである．

[6] (1) 等式 $\begin{pmatrix} a_n \\ a_{n+1} \end{pmatrix} = A^{n-1}\begin{pmatrix} a_1 \\ a_2 \end{pmatrix}$ $\cdots$ ① が成り立つことを，n についての数学的帰納法で証明する．$n=1$ のときは，$A^0 = E$ であることから①は成り立つ．$n=k$ について①が成り立つと仮定すると，

$$\begin{pmatrix} a_{k+1} \\ a_{k+2} \end{pmatrix} = A\begin{pmatrix} a_k \\ a_{k+1} \end{pmatrix} = A\cdot A^{k-1}\begin{pmatrix} a_1 \\ a_2 \end{pmatrix} = A^{(k+1)-1}\begin{pmatrix} a_1 \\ a_2 \end{pmatrix}$$

となるので，①は $n=k+1$ のときも成り立つ．したがって，数学的帰納法により，①はすべての自然数 n について成り立つ．

(2) $P = \begin{pmatrix} 1 & 1 \\ 1 & 2 \end{pmatrix}$ とおくと，$P^{-1}AP = \begin{pmatrix} 1 & 0 \\ 0 & 2 \end{pmatrix}$ となる．

(3) $A^n = \begin{pmatrix} -2^n + 2 & 2^n - 1 \\ -2^{n+1} + 2 & 2^{n+1} - 1 \end{pmatrix}$

(4) $\begin{pmatrix} a_n \\ a_{n+1} \end{pmatrix} = \begin{pmatrix} -2^{n-1} + 2 & 2^{n-1} - 1 \\ -2^n + 2 & 2^n - 1 \end{pmatrix}\begin{pmatrix} 2 \\ 1 \end{pmatrix} = \begin{pmatrix} -2^{n-1} + 3 \\ -2^n + 3 \end{pmatrix}$ から，
$a_n = -2^{n-1} + 3$

第3章の章末問題

1. (1) 原点を中心に $\dfrac{5\pi}{6}$ だけ回転する線形変換

(2) A^n を表現行列とする線形変換は，原点を中心に $\dfrac{5\pi}{6}n$ だけ回転する線形変換であり，これが恒等変換となるのは，$\dfrac{5n}{6}$ が 2 の倍数となるときである．したがって，求める最小の自然数は 12

2. $\begin{pmatrix} x' \\ y' \end{pmatrix} = \begin{pmatrix} 1 & -2 \\ -3 & 6 \end{pmatrix}\begin{pmatrix} x \\ y \end{pmatrix}$ $\cdots$ ① とする．A は正則でないことに注意する．

(1) 直線 $2x + y - 1 = 0$ の媒介変数表示 $\begin{cases} x = t \\ y = -2t + 1 \end{cases}$ を①に代入して，

$$\begin{pmatrix} x' \\ y' \end{pmatrix} = \begin{pmatrix} 1 & -2 \\ -3 & 6 \end{pmatrix}\begin{pmatrix} t \\ -2t + 1 \end{pmatrix} = \begin{pmatrix} 5t - 2 \\ -15t + 6 \end{pmatrix}$$

となる．したがって，x', y' をそれぞれ x, y に置き換えて，像の直線の媒介変数表示 $\begin{cases} x = 5t - 2 \\ y = -15t + 6 \end{cases}$ が得られる．これから t を消去して，$3x + y = 0$

(2) 直線 $x-2y+1=0$ の媒介変数表示 $\begin{cases} x = 2t-1 \\ y = t \end{cases}$ を①に代入して，

$$\begin{pmatrix} x' \\ y' \end{pmatrix} = \begin{pmatrix} 1 & -2 \\ -3 & 6 \end{pmatrix} \begin{pmatrix} 2t-1 \\ t \end{pmatrix} = \begin{pmatrix} -1 \\ 3 \end{pmatrix}$$

となる．したがって，像は 1 点 $(-1,3)$

3. $m=0$ の場合は x 軸に関する対称移動であり，表現行列は $\begin{pmatrix} 1 & 0 \\ 0 & -1 \end{pmatrix}$ である．以下，$m \neq 0$ とする．点 $\mathrm{P}(x,y)$ の像を $\mathrm{P}'(x',y')$ とすると，直線 PP' と直線 $y=mx$ は垂直に交わるので，$\dfrac{y-y'}{x-x'} \cdot m = -1$ が成り立つ．また，2 点 P, P′ の中点は直線 $y=mx$ 上にあるので，$\dfrac{y+y'}{2} = m \cdot \dfrac{x+x'}{2}$ が成り立つ．したがって，

$$\begin{cases} x' + my' = x + my \\ mx' - y' = -mx + y \end{cases}$$

が得られる．よって，

$$\begin{pmatrix} 1 & m \\ m & -1 \end{pmatrix} \begin{pmatrix} x' \\ y' \end{pmatrix} = \begin{pmatrix} 1 & m \\ -m & 1 \end{pmatrix} \begin{pmatrix} x \\ y \end{pmatrix}$$

である．$\begin{pmatrix} 1 & m \\ m & -1 \end{pmatrix}$ は正則であるから，逆行列が存在して

$$\begin{pmatrix} x' \\ y' \end{pmatrix} = \begin{pmatrix} 1 & m \\ m & -1 \end{pmatrix}^{-1} \begin{pmatrix} 1 & m \\ -m & 1 \end{pmatrix} \begin{pmatrix} x \\ y \end{pmatrix}$$

となり，f の表現行列は

$$\begin{pmatrix} 1 & m \\ m & -1 \end{pmatrix}^{-1} \begin{pmatrix} 1 & m \\ -m & 1 \end{pmatrix} = \frac{1}{m^2+1} \begin{pmatrix} 1-m^2 & 2m \\ 2m & m^2-1 \end{pmatrix}$$

となる．この結果は $m=0$ の場合でも成り立つ．

4. $(A|E)$ に行の基本変形を行うと，

$$\left(\begin{array}{ccc|ccc} -2 & 2 & -3 & 1 & 0 & 0 \\ 4 & -1 & 1 & 0 & 1 & 0 \\ 5 & 3 & -6 & 0 & 0 & 1 \end{array}\right) \sim \left(\begin{array}{ccc|ccc} 1 & 0 & 0 & 3 & 3 & -1 \\ 0 & 1 & 0 & 29 & 27 & -10 \\ 0 & 0 & 1 & 17 & 16 & -6 \end{array}\right)$$

となるので，A は正則で $A^{-1} = \begin{pmatrix} 3 & 3 & -1 \\ 29 & 27 & -10 \\ 17 & 16 & -6 \end{pmatrix}$ であるから，

$$\begin{pmatrix} x \\ y \\ z \end{pmatrix} = \begin{pmatrix} 3 & 3 & -1 \\ 29 & 27 & -10 \\ 17 & 16 & -6 \end{pmatrix} \begin{pmatrix} x' \\ y' \\ z' \end{pmatrix} = \begin{pmatrix} 3x' + 3y' - z' \\ 29x' + 27y' - 10z' \\ 17x' + 16y' - 6z' \end{pmatrix}$$

となる．これを $2x-y+z=0$ に代入して，$6x'+5y'-2z'=0$ が得られる．x', y', z' をそれぞれ x, y, z に置き換えて，像の方程式 $6x+5y-2z=0$ が得られる．

5. A の固有値と固有ベクトルは $\lambda_1 = 4$, $\boldsymbol{p}_1 = s\begin{pmatrix} -2 \\ 3 \end{pmatrix}$; $\lambda_2 = -1$, $\boldsymbol{p}_2 = t\begin{pmatrix} 1 \\ 1 \end{pmatrix}$ である（s, t

は 0 でない任意の実数). $P = \begin{pmatrix} -2 & 1 \\ 3 & 1 \end{pmatrix}$ とおくと, $P^{-1}AP = \begin{pmatrix} 4 & 0 \\ 0 & -1 \end{pmatrix}$ となる. したがって, $B = \begin{pmatrix} 4 & 0 \\ 0 & -1 \end{pmatrix}$ とおくと,

$$\begin{aligned} A^n &= PB^nP^{-1} \\ &= \begin{pmatrix} -2 & 1 \\ 3 & 1 \end{pmatrix} \begin{pmatrix} 4^n & 0 \\ 0 & (-1)^n \end{pmatrix} \cdot \frac{1}{5} \begin{pmatrix} -1 & 1 \\ 3 & 2 \end{pmatrix} \\ &= \frac{1}{5} \begin{pmatrix} 2 \cdot 4^n + 3 \cdot (-1)^n & -2 \cdot 4^n + 2 \cdot (-1)^n \\ -3 \cdot 4^n + 3 \cdot (-1)^n & 3 \cdot 4^n + 2 \cdot (-1)^n \end{pmatrix} \end{aligned}$$

となる.

6. 与えられた条件から,

$$\begin{pmatrix} x_n \\ y_n \end{pmatrix} = \begin{pmatrix} 7 & 8 \\ 9 & 8 \end{pmatrix}^{n-1} \begin{pmatrix} 1 \\ -1 \end{pmatrix}$$

が成り立つ. $A = \begin{pmatrix} 7 & 8 \\ 9 & 8 \end{pmatrix}$ の固有値と固有ベクトルは, $\lambda_1 = 16$, $\boldsymbol{p}_1 = s\begin{pmatrix} 8 \\ 9 \end{pmatrix}$; $\lambda_2 = -1$, $\boldsymbol{p}_2 = t\begin{pmatrix} -1 \\ 1 \end{pmatrix}$ である (s, t は 0 でない任意の実数). したがって, $P = \begin{pmatrix} 8 & -1 \\ 9 & 1 \end{pmatrix}$ とおくと,

$$P^{-1}AP = \begin{pmatrix} 16 & 0 \\ 0 & -1 \end{pmatrix}$$

であるから,

$$\begin{aligned} A^n &= \begin{pmatrix} 8 & -1 \\ 9 & 1 \end{pmatrix} \begin{pmatrix} 16 & 0 \\ 0 & -1 \end{pmatrix}^n \begin{pmatrix} 8 & -1 \\ 9 & 1 \end{pmatrix}^{-1} \\ &= \frac{1}{17} \begin{pmatrix} 8 \cdot 16^n + 9 \cdot (-1)^n & 8 \cdot 16^n - 8 \cdot (-1)^n \\ 9 \cdot 16^n - 9 \cdot (-1)^n & 9 \cdot 16^n + 8 \cdot (-1)^n \end{pmatrix} \end{aligned}$$

となる. よって,

$$\begin{pmatrix} x_n \\ y_n \end{pmatrix} = \frac{1}{17} \begin{pmatrix} 8 \cdot 16^{n-1} + 9 \cdot (-1)^{n-1} & 8 \cdot 16^{n-1} - 8 \cdot (-1)^{n-1} \\ 9 \cdot 16^{n-1} - 9 \cdot (-1)^{n-1} & 9 \cdot 16^{n-1} + 8 \cdot (-1)^{n-1} \end{pmatrix} \begin{pmatrix} 1 \\ -1 \end{pmatrix} = \begin{pmatrix} (-1)^{n-1} \\ (-1)^n \end{pmatrix}$$

7. A の固有値は $\lambda_1 = 3$ (2 重解), $\lambda_2 = 6$ である.

$\lambda_1 = 3$ に属する固有ベクトルを $\begin{pmatrix} x \\ y \\ z \end{pmatrix}$ とおくと, $x - y + z = 0$ である. よって, $\begin{pmatrix} 1 \\ 1 \\ 0 \end{pmatrix}$ は 1 つの固有ベクトルである. これと直交する固有ベクトルは $\begin{cases} x - y + z = 0 \\ x + y = 0 \end{cases}$ を満たさなければならないから, $x = 1$ として $\begin{pmatrix} 1 \\ -1 \\ -2 \end{pmatrix}$ が得られる. したがって, $\boldsymbol{p}_1 = \dfrac{1}{\sqrt{2}}\begin{pmatrix} 1 \\ 1 \\ 0 \end{pmatrix}$, $\boldsymbol{p}_2 = \dfrac{1}{\sqrt{6}}\begin{pmatrix} 1 \\ -1 \\ -2 \end{pmatrix}$ は互いに直交する単位ベクトルである.

$\lambda_2 = 6$ に属する固有ベクトルは，$t\begin{pmatrix} 1 \\ -1 \\ 1 \end{pmatrix}$ である（t は 0 でない任意の実数）．したがって，

$p_3 = \dfrac{1}{\sqrt{3}}\begin{pmatrix} 1 \\ -1 \\ 1 \end{pmatrix}$ とおき，

$$P = \begin{pmatrix} p_1 & p_2 & p_3 \end{pmatrix} = \frac{1}{\sqrt{6}}\begin{pmatrix} \sqrt{3} & 1 & \sqrt{2} \\ \sqrt{3} & -1 & -\sqrt{2} \\ 0 & -2 & \sqrt{2} \end{pmatrix}$$

とおくと，P は直交行列であり，次が得られる．

$$P^{-1}AP = {}^tPAP = \begin{pmatrix} 3 & 0 & 0 \\ 0 & 3 & 0 \\ 0 & 0 & 6 \end{pmatrix}$$

第4章

基底は例だけを示す．

第8節の問

8.1 (1) 部分空間である (2) 部分空間ではない

8.2 基底1組と次元を示す．

(1) 基底は $\begin{pmatrix} 1 \\ -1 \\ 1 \end{pmatrix}$，1 次元 (2) 基底は e_1, e_3，2 次元

8.3 基底1組と次元を示す．

(1) 基底は $\begin{pmatrix} -3 \\ 1 \\ 1 \end{pmatrix}$，1 次元 (2) 基底は $\begin{pmatrix} -1 \\ -1 \\ 1 \\ 0 \end{pmatrix}, \begin{pmatrix} 3 \\ -1 \\ 0 \\ 1 \end{pmatrix}$，2 次元

8.4 基底1組と次元を示す．

(1) 基底は $\begin{pmatrix} 3 \\ -2 \end{pmatrix}$，1 次元 (2) 基底は $\begin{pmatrix} 1 \\ -1 \\ 2 \end{pmatrix}, \begin{pmatrix} 0 \\ 2 \\ -1 \end{pmatrix}$，2 次元

8.5 基底1組と次元を示す．

(1) 核の基底は $\begin{pmatrix} -3 \\ 1 \\ 1 \end{pmatrix}$，$\dim \mathrm{Ker}(f) = 1$．像の基底は $\begin{pmatrix} 1 \\ 2 \\ 1 \end{pmatrix}, \begin{pmatrix} 2 \\ 1 \\ -4 \end{pmatrix}$，$\dim \mathrm{Im}(f) = 2$

(2) 核の基底は $\begin{pmatrix} -1 \\ -1 \\ 1 \\ 0 \end{pmatrix}, \begin{pmatrix} 3 \\ -1 \\ 0 \\ 1 \end{pmatrix}$，$\dim \mathrm{Ker}(f) = 2$．像の基底は $\begin{pmatrix} 1 \\ 3 \\ 2 \end{pmatrix}, \begin{pmatrix} 2 \\ 5 \\ 1 \end{pmatrix}$，$\dim \mathrm{Im}(f) = 2$

練習問題8

[1] (1) 部分空間ではない (2) 部分空間である (3) 部分空間ではない

[2] 基底は $\begin{pmatrix} -1 \\ 1 \\ 0 \end{pmatrix}$, $\begin{pmatrix} -1 \\ 0 \\ 1 \end{pmatrix}$, 2 次元

[3] (1) 基底は $\begin{pmatrix} 1 \\ -2 \\ 1 \end{pmatrix}$, $\dim \mathrm{Ker}(f) = 1$. 基底は $\begin{pmatrix} 1 \\ 4 \\ 7 \\ 2 \end{pmatrix}$, $\begin{pmatrix} 2 \\ 5 \\ 2 \\ 1 \end{pmatrix}$, $\dim \mathrm{Im}(f) = 2$

(2) 基底は $\begin{pmatrix} 1 \\ -2 \\ 1 \\ 0 \end{pmatrix}$, $\dim \mathrm{Ker}(f) = 1$. 基底は $\begin{pmatrix} 1 \\ 1 \\ 2 \end{pmatrix}$, $\begin{pmatrix} 2 \\ 1 \\ 3 \end{pmatrix}$, $\begin{pmatrix} 4 \\ -3 \\ 2 \end{pmatrix}$, $\dim \mathrm{Im}(f) = 3$

[4] (1) $\boldsymbol{p} + 0\boldsymbol{p} = (0+1)\boldsymbol{p} = \boldsymbol{p}$ が成り立つ．零ベクトルの一意性から，$0\boldsymbol{p} = \boldsymbol{0}$ である．
(2) $\boldsymbol{p} + (-1)\boldsymbol{p} = 1\boldsymbol{p} + (-1)\boldsymbol{p} = (1 + (-1))\boldsymbol{p} = 0\boldsymbol{p} = \boldsymbol{0}$ が成り立つ．逆ベクトルの一意性から，$(-1)\boldsymbol{p} = -\boldsymbol{p}$ である．

[5] (1) 部分空間である．（証明は略す）
(2) 部分空間ではない．反例は，$V = \mathbb{R}^2$, $U = \langle \boldsymbol{e}_1 \rangle$, $W = \langle \boldsymbol{e}_2 \rangle$ など．
(3) 部分空間ではない．反例は，$V = \mathbb{R}^2$, $U = \langle \boldsymbol{e}_1 \rangle$ など．
(4) 部分空間である．（証明は略す）

[6] (1) 任意の実数 k，$S^{\perp}$ の任意の要素 $\boldsymbol{v}_1$, $\boldsymbol{v}_2$ をとる．S の任意の要素 $\boldsymbol{w}$ に対して，

$$(k\boldsymbol{v}_1) \cdot \boldsymbol{w} = k(\boldsymbol{v}_1 \cdot \boldsymbol{w}) = k0 = 0,$$
$$(\boldsymbol{v}_1 + \boldsymbol{v}_2) \cdot \boldsymbol{w} = \boldsymbol{v}_1 \cdot \boldsymbol{w} + \boldsymbol{v}_2 \cdot \boldsymbol{w} = 0 + 0 = 0$$

であるから，$k\boldsymbol{v}_1$ と $\boldsymbol{v}_1 + \boldsymbol{v}_2$ は $S^{\perp}$ の要素である．よって，$S^{\perp}$ は部分空間である．

(2) $W^{\perp} = \left\{ t \begin{pmatrix} -3 \\ 2 \\ 1 \end{pmatrix} \;\middle|\; t \text{ は任意の実数} \right\}$

付録 B

B1.1 (1) $\begin{pmatrix} -3 & 1 & 0 \\ 0 & -3 & 1 \\ 0 & 0 & -3 \end{pmatrix}$ (2) $\begin{pmatrix} 2 & 0 & 0 \\ 0 & 3 & 1 \\ 0 & 0 & 3 \end{pmatrix}$ (3) $\begin{pmatrix} 2 & 1 & 0 & 0 \\ 0 & 2 & 0 & 0 \\ 0 & 0 & 2 & 0 \\ 0 & 0 & 0 & 2 \end{pmatrix}$ (4) $\begin{pmatrix} 4 & 1 & 0 & 0 \\ 0 & 4 & 0 & 0 \\ 0 & 0 & -5 & 1 \\ 0 & 0 & 0 & -5 \end{pmatrix}$

B2.1 ジョルダン標準形への変換行列 P はその例を示す．$P^{-1}AP = J$ が成り立っていれば正答である．

(1) $P = \begin{pmatrix} 2 & 2 & 1 \\ 1 & 2 & 0 \\ 1 & 1 & 0 \end{pmatrix}$, $J = \begin{pmatrix} 3 & 1 & 0 \\ 0 & 3 & 1 \\ 0 & 0 & 3 \end{pmatrix}$ (2) $P = \begin{pmatrix} -1 & 1 & -1 \\ -1 & 0 & 0 \\ 0 & 0 & 1 \end{pmatrix}$, $J = \begin{pmatrix} 3 & 1 & 0 \\ 0 & 3 & 0 \\ 0 & 0 & 3 \end{pmatrix}$

B2.2 (1) $P = \begin{pmatrix} 2 & 1 & 0 \\ 0 & -1 & 0 \\ 2 & 0 & 1 \end{pmatrix}$, $J = \begin{pmatrix} 1 & 1 & 0 \\ 0 & 1 & 0 \\ 0 & 0 & 3 \end{pmatrix}$ (2) $P = \begin{pmatrix} -1 & 1 & 0 \\ 1 & 0 & 5 \\ 1 & 0 & 4 \end{pmatrix}$, $J = \begin{pmatrix} 0 & 1 & 0 \\ 0 & 0 & 0 \\ 0 & 0 & 1 \end{pmatrix}$

索　引

た　行

な　行

は　行

や　行

ら　行

わ　行

監修者　上野　健爾　京都大学名誉教授・四日市大学関孝和数学研究所長
理学博士

編　者　工学系数学教材研究会

編集委員（五十音順）
阿蘇　和寿　石川工業高等専門学校名誉教授［執筆代表］
梅野　善雄　一関工業高等専門学校名誉教授
佐藤　義隆　東京工業高等専門学校名誉教授
長水　壽寛　福井工業高等専門学校教授
馬渕　雅生　八戸工業高等専門学校教授
柳井　忠　新居浜工業高等専門学校教授

執筆者（五十音順）
阿蘇　和寿　石川工業高等専門学校名誉教授
梅野　善雄　一関工業高等専門学校名誉教授
小原　康博　熊本高等専門学校名誉教授
栗原　博之　茨城大学教授
古城　克也　新居浜工業高等専門学校教授
小鉢　暢夫　熊本高等専門学校准教授
佐藤　義隆　東京工業高等専門学校名誉教授
徳一　保生　北九州工業高等専門学校名誉教授
長岡　耕一　旭川工業高等専門学校名誉教授
長水　壽寛　福井工業高等専門学校教授
馬渕　雅生　八戸工業高等専門学校教授
宮田　一郎　元金沢工業高等専門学校教授
森田　健二　石川工業高等専門学校教授
森本　真理　秋田工業高等専門学校准教授
柳井　忠　新居浜工業高等専門学校教授

（所属および肩書きは 2023 年 7 月現在のものです）

編集担当　太田陽喬（森北出版）
編集責任　上村紗帆（森北出版）
組　　版　ウルス
印　　刷　丸井工文社
製　　本　　同

工学系数学テキストシリーズ
線形代数（第2版）

2015年12月22日　第1版第1刷発行
2021年 4 月 5 日　第1版第5刷発行
2021年12月22日　第2版第1刷発行
2023年 7 月31日　第2版第3刷発行

編　　者　工学系数学教材研究会
発 行 者　森北博巳
発 行 所　**森北出版株式会社**
東京都千代田区富士見 1–4–11（〒102–0071）
電話 03–3265–8341 ／ FAX 03–3264–8709
https://www.morikita.co.jp/
日本書籍出版協会・自然科学書協会　会員
JCOPY ＜（一社）出版者著作権管理機構 委託出版物＞

落丁・乱丁本はお取替えいたします.

Printed in Japan ／ ISBN978–4–627–05732–6